MATHEMATIK

6. Schuljahr

Herausgeber

Prof. Walter Breidenbach

Mitarbeiter

Kurt Meinberg

Günter Nordmeier

Friedel Thiesemann

GEORG WESTERMANN VERLAG

Das Unterrichtswerk

Breidenbach · Mathematik

wendet sich an Realschulen und an vergleichbare Züge und Zweige in anderen Schulformen des Sekundarbereichs I.

Aufbau des Werkes

Neubearbeitung

	Schülerband	Lehrerband	
5. Schuljahr	ISBN 3–14–**111755**–1	ISBN 3–14–**191755**–8	
6. Schuljahr	ISBN 3–14–**111756**–X	ISBN 3–14–**191756**–6	i. Vorb.

Bisherige Ausgabe

	Schülerband	Lehrerband
5. Schuljahr	ISBN 3–14–**111621**–0	ISBN 3–14–**191621**–7
6. Schuljahr	ISBN 3–14–**111622**–9	ISBN 3–14–**191622**–5
7. Schuljahr	ISBN 3–14–**111623**–7	ISBN 3–14–**191623**–3
8. Schuljahr	ISBN 3–14–**111624**–4	ISBN 3–14–**191624**–1
9. Schuljahr	ISBN 3–14–**111625**–3	ISBN 3–14–**191625**–X
10. Schuljahr	ISBN 3–14–**111626**–1	ISBN 3–14–**191626**–8

Die Lehrerausgaben enthalten neben methodischen Hinweisen auch die Lösungen der Übungen und für das 5. und für das 6. Schuljahr auch Aufgaben zu einem Kopfrechenlehrgang. Vom 7. Schuljahr an befindet sich in den Lehrerausgaben jeweils eine Sammlung von kleinen mathematischen Problemen.

Verlagslektor: Jürgen Diem
Umschlagentwurf: Dieter Neumann
Hersteller: Dirk von Lüderitz
Gesamtherstellung: Georg Westermann, Braunschweig 1976
ISBN 3–14–**111756**–1

Inhalt

Teiler und Vielfache natürlicher Zahlen

Geometrie I

Bruchzahlen

9. Bruchzahlen

10. Addition und Subtraktion

11. Multiplikation und Division I

12. Multiplikation und Division II

13. Umformungen zwischen gewöhnlichen Brüchen und Dezimalbrüchen

14. Komplexe

Geometrie II

Wahrscheinlichkeitsrechnung

Mengen

$\mathbb{N} = \{0, 1, 2, 3, \ldots\}$
$\mathbb{N}^* = \{1, 2, 3, \ldots\}$
$\mathbb{B}$ = Menge der Bruchzahlen
$\mathbb{B}^*$ = Menge der Bruchzahlen ohne 0.
$\mathbb{V}_3$ = Menge der Vielfachen von $3 = \{3, 6, 9, 12, \ldots\}$
$\mathbb{L}$ = Lösungsmenge
$\{\ \}$ = die leere Menge
$\bar{\mathbb{A}}$ = Komplementärmenge der Menge $\mathbb{A}$

Operationen mit Mengen

$\mathbb{A} \cup \mathbb{B}$ = Vereinigungsmenge von $\mathbb{A}$ und $\mathbb{B}$ („vereinigt mit")
$\mathbb{A} \cap \mathbb{B}$ = Schnittmenge von $\mathbb{A}$ und $\mathbb{B}$ („geschnitten mit")
$\mathbb{A} \setminus \mathbb{B}$ = Restmenge von $\mathbb{A}$ und $\mathbb{B}$ („ohne")
$\mathbb{A} \times \mathbb{B}$ = Kreuzprodukt von $\mathbb{A}$ und $\mathbb{B}$ („kreuz")

Relationen

$\in$ „ist Element von"
$\notin$ „ist kein Element von"
$\subset$ „ist Teilmenge von"
$\not\subset$ „ist keine Teilmenge von"
$<$ „ist kleiner als"
$>$ „ist größer als"
$\leqq$ „ist kleiner oder gleich"
$\geqq$ „ist größer oder gleich"

$|\mathbb{A}|$ „Kardinalzahl von $\mathbb{A}$"
$|$ „ist Teiler von"
$\nmid$ „ist kein Teiler von"
$\parallel$ „parallel"
$\perp$ „senkrecht zu"
$\sim$ „äquivalent"
$\nsim$ „nicht äquivalent"

Logische Zeichen

$\Rightarrow$ wenn—dann
$\Leftrightarrow$ wenn—dann, und umgekehrt

$\wedge$ „und zugleich"
$\vee$ „oder"

● Vermehrte Übungen von normalem Schwierigkeitsgrad
★ Übungen mit höherem Schwierigkeitsgrad
Z Zusatzstoff

Bei den Aufgaben unter dem Strich bedeuten
T Aufgaben zur Wiederholung (tägliches Training)
△ Aufgaben zum Knobeln

Teiler und Vielfache natürlicher Zahlen

1. Teiler und Vielfache

1.1. Einführung der Begriffe

1. a) Eine Menge von 12 Elementen (Bild 1) kann man in Klassen zu je 3 Elementen einteilen.
Man sagt: 3 ist ein Teiler von 12.
Man schreibt: $3 \mid 12$
Man sagt auch: 12 ist ein Vielfaches von 3.

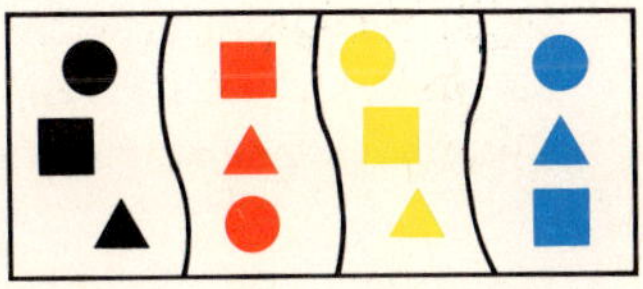
7.1

b) Eine Menge von 12 Elementen (Bild 2) kann man nicht in Klassen zu je 5 Elementen einteilen.
Man sagt: 5 ist kein Teiler von 12.
Man schreibt: $5 \nmid 12$
Man sagt auch: 12 ist kein Vielfaches von 5.

7.2

Übung. Zeige auf die gleiche Weise:
(1) Die Zahlen 1, 2, 3, 4, 6, 12 sind Teiler von 12.
(2) Die Zahlen 5, 7, 8, 9, 10, 11 sind keine Teiler von 12.

2. Auch durch ein Zahlbild von 12 (Bild 3) kann man die Teiler von 12 finden. Begründe das Verfahren. Untersuche die übrigen Fälle.

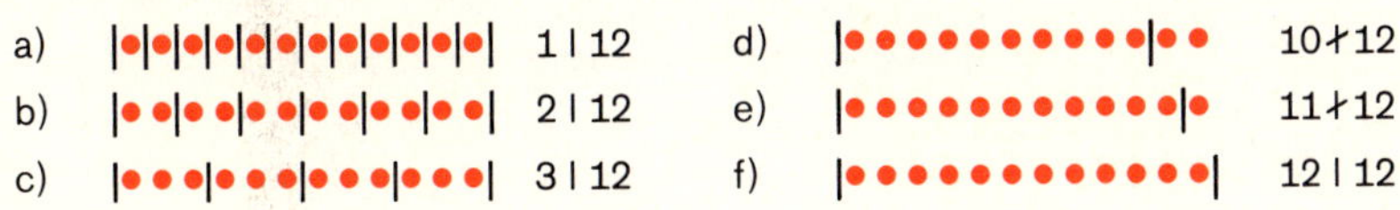

7.3

Übung. Bestimme auf die gleiche Weise die Teiler a) von 8, b) von 9.

3. Die Aussage: „3 ist ein Teiler von 12" ist wahr, da man eine Strecke von 12 cm Länge in Stücke von 3 cm Länge zerlegen kann (Bild 4).

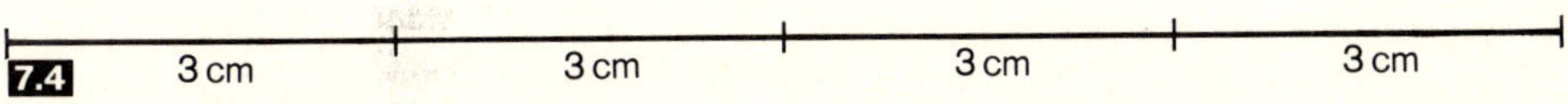

7.4

4. Ein viertes Verfahren ist in Bild 1 dargestellt. Man versucht 12 Plättchen in der Form von Gruppenbildern anzuordnen. Zeichne die übrigen Fälle.
Da ein Gruppenbild in der Regel auf zwei Weisen aufgefaßt und gelesen werden kann, erhält man mit jedem Gruppenbild sofort zwei Teiler von 12.
Wie steht es damit bei den Methoden in Nr. 1 und 2?

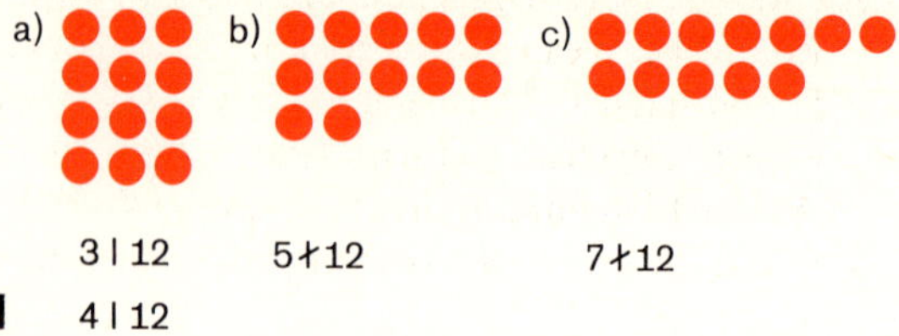

8.1

5. Die Teiler von 12 sind die Zahlen 1, 2, 3, 4, 6, 12.
Sie bilden die Teilermenge von 12. Wir schreiben

$$\mathbb{T}_{12} = \{1, 2, 3, 4, 6, 12\}.$$

Es ist $12 = 1 \cdot 12$, $12 = 2 \cdot 6$, $12 = 3 \cdot 4$. Die Teiler von 12 lassen sich paarweise als Faktoren eines Produktes zusammenfassen, das den Wert 12 hat. Diesen Zusammenhang erkennt man vor allem in den Gruppenbildern.

6. Definition

Unter Beachtung der Verabredungen

$$\mathbb{N} = \{0, 1, 2, 3, 4, \ldots\} \quad \text{und} \quad \mathbb{N}^* = \{1, 2, 3, 4, \ldots\}$$

gilt die Definition:
Sind $a, b \in \mathbb{N}^*$, so heißt a ein Teiler von b, wenn sich die Zahl b als ein Produkt $b = a \cdot x$ mit $x \in \mathbb{N}^*$ schreiben läßt.
Man schreibt dann $a|b$.
Ist eine solche Zerlegung nicht möglich, dann ist a kein Teiler von b.
Man schreibt dann $a \nmid b$.

7. Aus der Definition in Nr. 6 und den Betrachtungen in Nr. 4 folgt der **Satz:**
WENN $z = a \cdot b$, DANN $a|z$ und $b|z$ mit $a, b, z \in \mathbb{N}^*$.

8. Vielfache und Vielfachenmengen

Ist a ein Teiler von b ($a, b \in \mathbb{N}^*$), dann heißt b ein Vielfaches von a.
Man erhält alle Vielfachen von 2, indem man die Zahl 2 der Reihe nach mit allen Elementen von $\mathbb{N}^* = \{1, 2, 3, \ldots\}$ multipliziert.
Man schreibt $\mathbb{V}_2 = \{2, 4, 6, 8, \ldots\}$.

Die Zahl 2 rechnet mit zu den Vielfachen von 2. Die Mathematiker gebrauchen also das Wort „Vielfaches" in einem anderen Sinne, als es in der Umgangssprache geschieht.

T **1.** Die Summe zweier Zahlen ist 189476. Die eine Zahl heißt 103589.

2. Berechne die Differenz aus 1783522 und 809765.

3. Subtrahiere die Differenz aus 174075 und 169443 von 1000000.

ÜBUNGEN

1. Uwe hat 36 (20) gleiche quadratische Plättchen. Er legt mit allen Plättchen Rechtecke. Welche Rechtecksformen kann er legen?

2. Die 36 Schüler (32, 30 Schüler) einer Klasse sollen in der Turnstunde in gleiche Riegen eingeteilt werden. Jede Riege soll mindestens 5 Schüler enthalten. Welche Einteilungen sind möglich?

3. Bestimme nach nebenstehendem Verfahren die Teiler von

a)	72	96	108	144	225
b)	300	400	500	700	1000

★ c) aller Zahlen von 1 bis 30.

$$36 = 1\cdot 36$$
$$= 2\cdot 18$$
$$= 3\cdot 12$$
$$= 4\cdot 9$$
$$= 6\cdot 6$$
$$\mathbb{T}_{36} = \{1, 2, 3, 4, 6, 9, 12, 18, 36\}$$

4. Das Verfahren in Übung 3 verläuft platzsparend, wenn man schreibt:

$$36 = 1\cdot 36 = 2\cdot 18 = 3\cdot 12 = 4\cdot 9 = 6\cdot 6.$$

Zerlege die Zahlen a) von 1 bis 25, b) von 26 bis 50, c) von 51 bis 75, d) von 76 bis 100 auf alle möglichen Weisen in ein Produkt aus zwei Faktoren.

5. Bestimme die ersten fünf Vielfachen von 3, 7, 11, 20, 35.

6. Sind die folgenden Aussagen wahr (w) oder falsch (f)?

a)	$5 \mid 25$	$6 \mid 45$	$7 \mid 21$	$8 \mid 4$	$2 \mid 31$	$7 \nmid 15$	$9 \nmid 12$
b)	$9 \nmid 18$	$6 \nmid 15$	$3 \mid 11$	$9 \nmid 72$	$4 \mid 4$	$30 \mid 60$	$25 \nmid 30$
c)	$6 \in \mathbb{T}_9$	$7 \notin \mathbb{T}_{14}$	$2 \in \mathbb{T}_5$	$12 \in \mathbb{T}_{12}$	$4 \notin \mathbb{T}_8$	$4 \in \mathbb{T}_4$	$9 \in \mathbb{T}_{18}$

1.2. Teilertabelle und Pfeildiagramm

1. In nebenstehender Teilertabelle stehen in der linken Spalte und in der oberen Zeile die natürlichen Zahlen von 1 bis 10.
Ist die Zahl a der linken Spalte Teiler der Zahl b in der oberen Zeile, dann ist ein Kreuzchen gesetzt. Prüfe!
a) Lies die Teiler der Zahlen ab.
b) Welche Zahlen haben den Teiler 2, den Teiler 3, ..., den Teiler 10?

9.1

a \ b	1	2	3	4	5	6	7	8	9	10
1	×	×	×	×	×	×	×	×	×	×
2		×		×		×		×		×
3			×			×			×	
4				×				×		
5					×					×
6						×				
7							×			
8								×		
9									×	
10										×

T **1.** Von welcher Zahl ist 4800 a) der vierte Teil, b) der fünfte Teil, c) der zehnte Teil?

2. Das Achtfache einer Zahl ist a) 1336, b) 2872, c) 12568.

2. In den Bildern 1 und 2 ist dieselbe Menge $\mathbb{M} = \{3, 6, 9, 12\}$ gegeben.

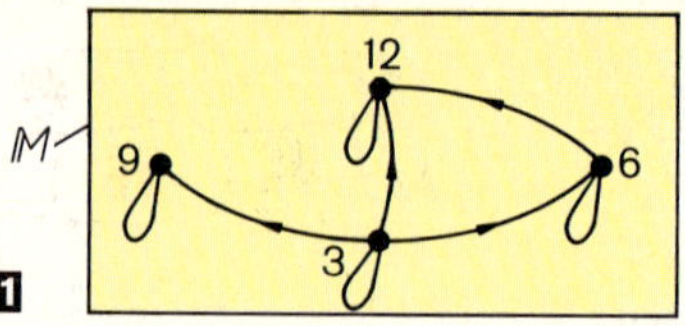

10.1

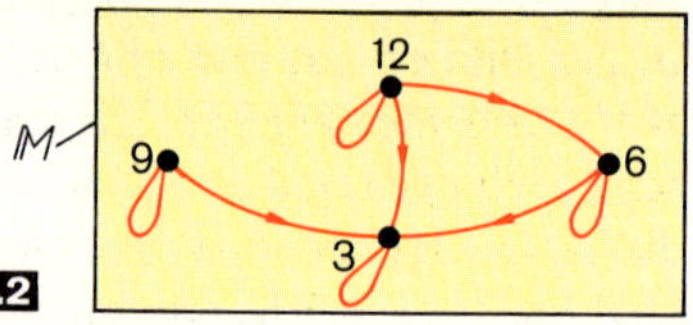

10.2

a) In Bild 1 bedeutet jeder Pfeil „ist Teiler von“. Prüfe!
b) In Bild 2 bedeutet jeder Pfeil „ist Vielfaches von“. Prüfe!
c) Vergleiche beide Bilder.

Ergebnis. Die Beziehungen „ist Teiler von“ und „ist Vielfaches von“ in derselben Menge $\mathbb{M}$ sind U m k e h r u n g e n voneinander.

ÜBUNGEN

1. Ergänze die folgenden Tabellen.

a ist ein Teiler von b						
a \ b	11	12	15	20	35	63
1						
3						
5						
7						
9						
11						

a ist ein Vielfaches von b						
a \ b	2	3	4	5	6	8
12						
25						
30						
40						
48						
60						

10.3

2. Zeichne ein Pfeildiagramm für die Beziehung (Relation)
(1) „ist Teiler von“ (2) „ist Vielfaches von“ in der Menge
a) $\mathbb{A} = \{4, 8, 16\}$ b) $\mathbb{B} = \{1, 5, 7\}$ c) $\mathbb{C} = \{3, 6, 12, 24\}$ d) $\mathbb{D} = \{11, 13\}$

3. Zeichne zwei Tabellen wie in Übung 1. Wähle für die Spalte a und für die Zeile b alle Teiler von 12 (alle Teiler von 40).
a) Setze links für jede wahre Aussage der Form „ist Teiler von“ ein schwarzes Kreuzchen.
b) Setze rechts für jede wahre Aussage der Form „ist Vielfaches von“ ein rotes Kreuzchen.
c) Vergleiche beide Darstellungen.

T **1.**	**2.**	**3.**	**4.**
1 000 000	980 000	573 629	2 360 400
− 809 247	− 705 409	− 100 400	− 989 531
− 73 545	− 124 043	− 340 090	− 1 008 509
− 81 093	− 130 989	− 108 700	− 72 900

1.3. Grundeigenschaften der Teilerrelation

1. In den Bildern 1 a) und 1 b) ist eine Menge M aus 8 Elementen gegeben. Die einfachsten Klasseneinteilungen sind:
die Einteilung in 8 Klassen zu je 1 Element,
die Einteilung in 1 Klasse zu 8 Elementen.

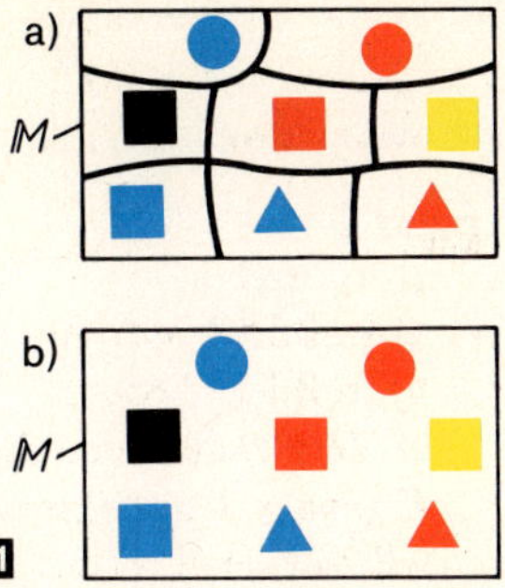

11.1

Zeige an drei weiteren Beispielen, daß die entsprechenden Klasseneinteilungen immer möglich sind.

Satz.
Die Zahl 1 ist Teiler jeder natürlichen Zahl.
Jede natürliche Zahl $a \in \mathbb{N}^*$ ist Teiler von sich selbst.

Für $a \in \mathbb{N}^*$ gilt
$1 \mid a$
$a \mid a$

★ *Beweis.*
Für $a \in \mathbb{N}^*$ gilt immer $1 \cdot a = a$.
Also sind 1 und a Teiler von a.

2. Bild 2 ist das Pfeildiagramm für die Teilerrelation in $M = \{2, 3, 4, 6, 12\}$.
Aufeinanderfolgende Pfeile wie $2 \to 4$ und $4 \to 12$ bilden eine Pfeilkette. Zu dieser Pfeilkette gibt es den Überbrückungspfeil $2 \to 12$.
Suche weitere Beispiele für diesen Zusammenhang zwischen Pfeilkette und Überbrückungspfeil.

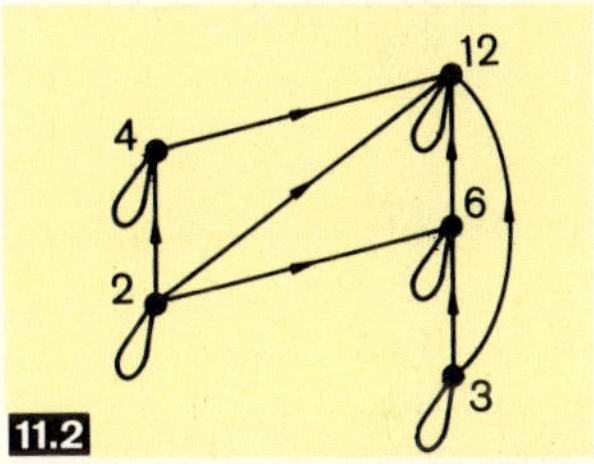

11.2

Satz. Bei einer Teilerbeziehung gibt es zu jeder Pfeilkette einen Überbrückungspfeil.
WENN $a \mid b$ und $b \mid c$, DANN $a \mid c$ $(a, b, c \in \mathbb{N}^*)$.
Wenn a ein Teiler von b und b ein Teiler von c ist, dann ist a ein Teiler von c.

Beweis. $a \mid b$ bedeutet $b = m \cdot a$ mit $m \in \mathbb{N}^*$
$b \mid c$ bedeutet $c = n \cdot b$ mit $n \in \mathbb{N}^*$
$\Rightarrow c = m \cdot n \cdot a$
$\Rightarrow a \mid c$

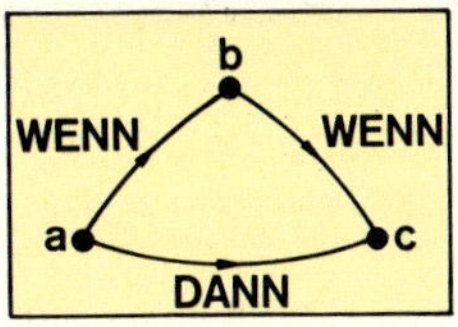

11.3

★ **3.** Es ist $6 \mid 30$, ferner $T_6 = \{1, 2, 3, 6\}$ und $T_{30} = \{1, 2, 3, 5, 6, 10, 15, 30\}$.
Es ist demnach $T_6 \subset T_{30}$ (Bild 4). Es gilt der
Satz: Aus $a \mid b$ folgt $T_a \subset T_b$ mit $a, b \in \mathbb{N}^*$.
Beweis. Es sei $t \in T_a$. Dann ist $t \mid a$.
Aus $t \mid a$ und $a \mid b$ folgt $t \mid b$, also $t \in T_b$.

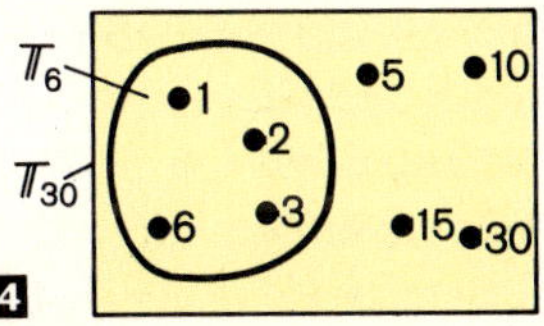

11.4

ÜBUNGEN

1. Zeichne das Pfeildiagramm für die Teilerrelation in den folgenden Mengen
a) $\mathbb{A} = \{3,6,9,12\}$ b) $\mathbb{B} = \{5,10,20,25\}$ c) $\mathbb{C} = \{4,8,12,36\}$
d) $\mathbb{D} = \{2,4,8,16\}$ e) $\mathbb{E} = \{1,3,7,21\}$ f) $\mathbb{F} = \{3,5,6,9,12\}$
Suche jeweils Pfeilketten und den dazugehörigen Überbrückungspfeil auf.

★ *2.* Zeichne in das gleiche Mengenbild
a) $\mathbb{T}_4$ und $\mathbb{T}_8$ b) $\mathbb{T}_5$ und $\mathbb{T}_7$ c) $\mathbb{T}_4$ und $\mathbb{T}_6$ d) $\mathbb{T}_{10}$ und $\mathbb{T}_{12}$

1.4. Primzahlen

1. Vorübung
Bestimme nach der Tabelle auf Seite 9 für die Zahlen 1 bis 10 die Anzahl ihrer Teiler, trage sie in die folgende Tabelle ein und ergänze diese.

n	1	2	3	4	5	6	7	8	9	10	11	12	13	14	15	16	17	18	19	20
Anzahl der Teiler	1	2	2	3	2															

Was fällt dir auf?

2. Nach der Anzahl ihrer Teiler teilt man die natürlichen Zahlen der Menge $\mathbb{N}^*$ in 3 Klassen ein.
a) Zahlen mit nur einem Teiler: die Zahl 1
b) Zahlen mit genau zwei Teilern: Zahlen wie 2, 3, 5, . . .
c) Zahlen mit mehr als zwei Teilern: Zahlen wie 4, 6, 8, 9, . . .

Definition. Eine natürliche Zahl mit genau 2 Teilern heißt Primzahl.

Die kleinsten Primzahlen sind 2, 3, 5, 7, 11, 13, 17, 19, 23, 29, 31, . . .

△ **1.** In einem Bus sind 22 Personen. Die Anzahlen der männlichen und der weiblichen Personen sind gleich. Es sind 13 Erwachsene darunter. Die Anzahl der Mädchen ist um 1 größer als die Anzahl der Jungen. Wieviel Männer, Frauen, Jungen und Mädchen sind im Bus?

⊤ **2.** Ilse kauft ein Geburtstagsgeschenk. Sie gibt die Hälfte ihres Geldes und 30 Pf aus. Nun hat sie noch 3,40 DM. Wieviel hatte sie vorher?

3. Ergänze zu 1 m³: 263 dm³ 5 hl 7,49 hl 418 ℓ 85 dm³ 0,634 m³

4. Ergänze zu 2 ha: 13 a 657 m² 8 a 29 m² 15,63 a 46 m² 19 a 26 m²

5. Berechne das Doppelte von: 5,2 t 17 kg 867 g 43 kg 2,973 kg

ÜBUNGEN

1. Welche der Zahlen sind Primzahlen?
2, 12, 17, 20, 21, 23, 25, 29, 32, 41

2. Bestimme die Primzahlen
a) zwischen 30 und 40,
b) zwischen 40 und 50,
c) zwischen 60 und 70,

3. Alle Primzahlen bis 100 findet man nach dem Sieb des Eratosthenes[1] (Bild 1).
a) Die Zahl 2 ist die erste Primzahl. Streiche außer 2 alle Vielfachen von 2.

13.1

1	2	3	~~4~~	5	~~6~~	7	~~8~~	9	~~10~~
11	~~12~~	13	~~14~~	15	~~16~~	17	~~18~~	19	~~20~~
21	~~22~~	23	~~24~~	25	~~26~~	27	~~28~~	29	~~30~~
31	~~32~~	33	~~34~~	35	~~36~~	37	~~38~~	39	~~40~~
41	~~42~~	43	~~44~~	45	~~46~~	47	~~48~~	49	~~50~~
51	~~52~~	53	~~54~~	55	~~56~~	57	~~58~~	59	~~60~~
61	~~62~~	63	~~64~~	65	~~66~~	67	~~68~~	69	~~70~~
71	~~72~~	73	~~74~~	75	~~76~~	77	~~78~~	79	~~80~~
81	~~82~~	83	~~84~~	85	~~86~~	87	~~88~~	89	~~90~~
91	~~92~~	93	~~94~~	95	~~96~~	97	~~98~~	99	~~100~~

b) Die Zahl 3 ist die nächste Primzahl. Streiche außer 3 alle Vielfachen von 3.
c) Fahre entsprechend fort.

4. a) Berechne die folgenden Summen:
$2+1 \qquad 2\cdot 3+1 \qquad 2\cdot 3\cdot 5+1 \qquad 2\cdot 3\cdot 5\cdot 7+1$
b) Wie sind die Summen gebildet? Was fällt an dem Ergebnis auf?
★ c) Setze die Folge um zwei weitere Aufgaben fort. Die nächste Summe liefert wieder eine Primzahl. Die übernächste Summe läßt sich in $59\cdot 509$ zerlegen.

★ *5.* Berechne folgende Summen. a) $2\cdot 3+1 \qquad 2\cdot 3+2 \qquad 2\cdot 3+3$
b) $2\cdot 3\cdot 5+1, \quad 2\cdot 3\cdot 5+2, \ldots, \quad 2\cdot 3\cdot 5+5$
c) $2\cdot 3\cdot 5\cdot 7+1, \quad 2\cdot 3\cdot 5\cdot 7+2, \ldots, 2\cdot 3\cdot 5\cdot 7+7$
Was fällt auf?

6. Zeige: In einer Vielfachenmenge kann höchstens das erste Element eine Primzahl sein.

★ *7.* Primzahlen, deren Differenz 2 ist, heißen Primzahlzwillinge (z.B. 3 und 5). Suche alle Primzahlzwillinge bis 300.

8. Begründe die Aussage: Jede ungerade Zahl (außer 1) ist Vorgänger oder Nachfolger eines Vielfachen von 4.

9. a) Begründe die Aussage: Die ungeraden Primzahlen sind Vorgänger oder Nachfolger eines Vielfachen von 4.
b) Teile die ungeraden Zahlen von 3 bis 99 in vier Klassen ein:
(1) Die Zahlen sind Vorgänger eines Vielfachen von 4 und Primzahl.
(2) Die Zahlen sind Vorgänger eines Vielfachen von 4 und keine Primzahl.
(3) Die Zahlen sind Nachfolger eines Vielfachen von 4 und Primzahl.
(4) Die Zahlen sind Nachfolger eines Vielfachen von 4 und keine Primzahl.

10. a) Prüfe, ob die folgenden Aussagen wahr sind.
$3=2^2-1^2 \qquad 5=3^2-2^2 \qquad 7=4^2-3^2 \qquad 11=6^2-5^2$
b) Zerlege die nächsten fünf Primzahlen in gleicher Weise.

11. Es gibt eine Zahl, die gleich dem Produkt mit sich selbst ist.

[1] Eratosthenes (275–195 v. Chr.) war Leiter der Bibliothek in Alexandria.

Z

1.5. Teilergraphen

In Bild 1 a) ist der Teilergraph der Menge $\{2, 3, 4, 6, 12\}$ von Bild 2 auf Seite 11 wiederholt.

In Bild 1 b) ist ein vereinfachter Teilergraph derselben Menge gezeichnet.
Ein Graph dieser Art heißt Hasse-Diagramm.
Welche Vereinfachungen sind verabredet worden?

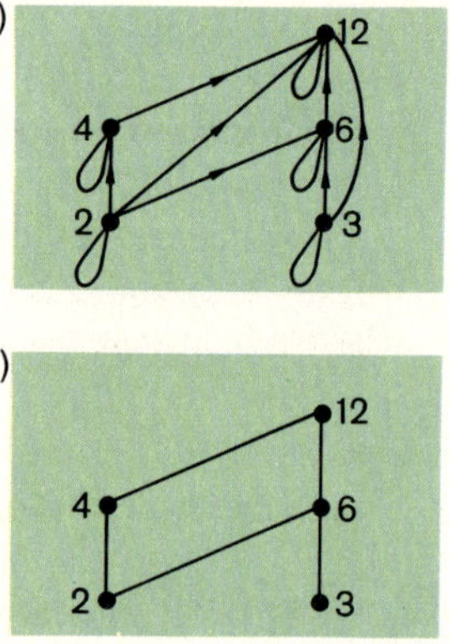

14.1

Vereinbarungen

a) Man läßt die Schleifen weg.
b) Man läßt die Überbrückungspfeile weg.
c) Man läßt die Pfeilspitzen weg.
d) Jede Zahl, die auf einem von 2 (von 3) nach 12 führenden Streckenzug liegt, ist Teiler jeder über ihr stehenden Zahl.
e) Bildpunkte von Primzahlen zeichnet man „auf gleicher Höhe".
f) Zahlen, die auf einem Streckenzug liegen – wie 2, 4, 12 – bilden eine Teilerkette.

ÜBUNGEN

1. Untersuche die folgenden Teilergraphen.

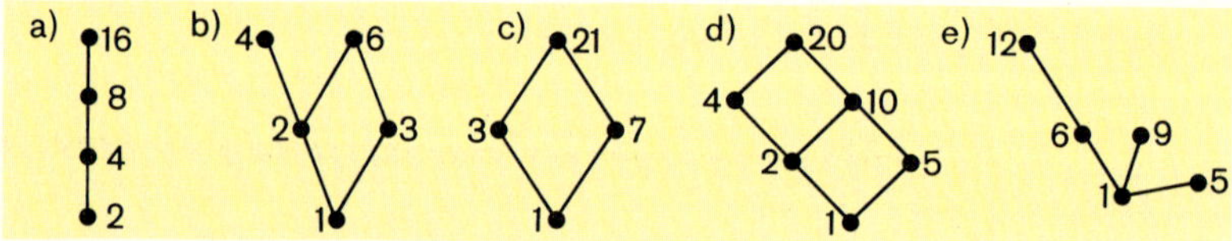

14.2

Welche Teilerketten treten jeweils auf?

2. Zeichne ein Hasse-Diagramm für die folgenden Mengen
a) $\mathbb{A} = \{1, 3, 9, 18\}$ b) $\mathbb{B} = \{2, 4, 6, 10\}$ c) $\mathbb{C} = \{2, 4, 8, 10\}$ d) $\mathbb{D} = \{1, 2, 3, 5\}$.

3. Gehören die folgenden Zahlen jeweils zu einer Teilerkette?
a) 2, 6, 18, 90 b) 3, 9, 18, 27 c) 2, 3, 6, 12

4. Schreibe in den Teilerdiagrammen die richtigen Zahlen an.

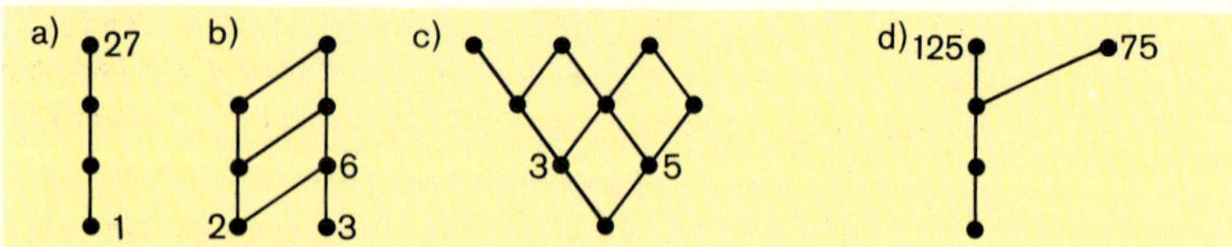

14.3

5. Zeichne Teilerdiagramme von a) $\mathbb{T}_{15}$, b) $\mathbb{T}_{10}$, c) $\mathbb{T}_{21}$, d) $\mathbb{T}_{22}$.
Was stellst du fest?

2. Teilbarkeitsregeln in $\mathbb{N}^*$

Wir verwenden im folgenden die Zeichen $\wedge$ und $\vee$.
a) $a \wedge b$, gelesen: „a und b“, im Sinne von „a und zugleich b“.
b) $a \vee b$, gelesen: „a oder b“, im Sinne von: a oder b oder beide.

2.1. Teilbarkeit von Summen und Produkten

1. Prüfe die folgenden Aussagen:

a) Aus $2 \mid 4 \wedge 2 \mid 6$ folgt $2 \mid (4+6)$.
b) Aus $3 \mid 15 \wedge 3 \mid 12$ folgt $3 \mid (15+12)$.
c) Aus $12 \mid 36 \wedge 12 \mid 72$ folgt $12 \mid (36+72)$.

Für $a, b, p \in \mathbb{N}^*$ gilt	
Aus	$p \mid a \wedge p \mid b$
folgt	$p \mid (a+b)$

Sind in einer Summe alle Summanden durch eine Zahl p teilbar, so ist auch die Summe durch die Zahl p teilbar.
(136 + 482) ist durch 2 teilbar, weil 136 und auch 482 durch 2 teilbar sind.

★ *Beweis.* In Bild 1 liegen auf einer Geraden die Strecke $\overline{AB}$ (a cm lang) und die Strecke $\overline{BC}$ (b cm lang) hintereinander.

15.1
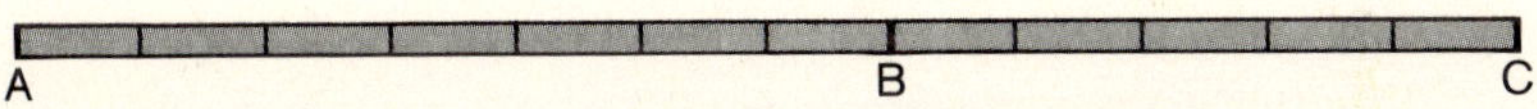

Aus $p \mid a$ folgt: Man kann die Strecke $\overline{AB}$ in Strecken von p cm einteilen.
Aus $p \mid b$ folgt: Man kann die Strecke $\overline{BC}$ in Strecken von p cm einteilen.
Ersichtlich kann man also auch die Strecke $\overline{AC}$ in Strecken von p cm einteilen. Das heißt aber: $p \mid (a+b)$.

2. Prüfe die folgenden Aussagen:

a) Aus $2 \mid 4 \wedge 2 \nmid 5$ folgt $2 \nmid (4+5)$.
b) Aus $5 \mid 10 \wedge 5 \nmid 11$ folgt $5 \nmid (10+11)$.
c) Aus $12 \mid 36 \wedge 12 \nmid 45$ folgt $12 \nmid (36+45)$.

Für $a, b, p \in \mathbb{N}^*$ gilt	
Aus	$p \mid a \wedge p \nmid b$
folgt	$p \nmid (a+b)$

Ist genau ein Summand einer Summe nicht durch eine Zahl p teilbar, so ist die Summe nicht durch die Zahl p teilbar.
(348 + 296 + 101) ist nicht durch 2 teilbar, weil 101 nicht durch 2 teilbar ist.

★ *Beweis.* Führe den Beweis entsprechend wie in Nr. 1.

Beachte: Aus $2 \mid (9+11)$ folgt n i c h t $2 \mid 9$ und $2 \mid 11$.

3. Prüfe die folgenden Aussagen:

a) Aus $2 \mid 10 \wedge 2 \mid 12$ folgt $2 \mid 10 \cdot 12$

b) Aus $2 \mid 10 \wedge 2 \nmid 11$ folgt $2 \mid 10 \cdot 11$

c) Aus $2 \nmid 9 \wedge 2 \nmid 11$ folgt $2 \nmid 9 \cdot 11$

Für $a, b, p \in \mathbb{N}^*$ gilt	
Aus	$p \mid a \vee p \mid b$
folgt	$p \mid a \cdot b$

Ist auch nur ein Faktor eines Produktes durch eine Zahl p teilbar, dann ist das Produkt durch die Zahl p teilbar.

Beispiel. Das Produkt $481 \cdot 347 \cdot 45$ ist durch 5 teilbar, weil 45 durch 5 teilbar ist.

Beweis

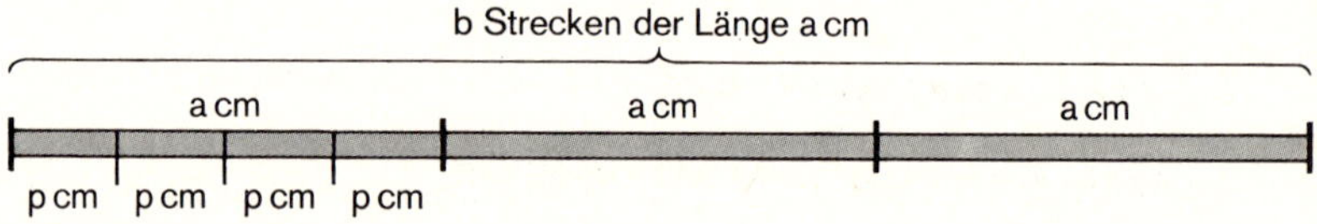

16.1

In Bild 1 ist eine Strecke von a cm Länge b-mal hintereinander auf einer Geraden abgetragen. Da $p \mid a$, kann man jede Strecke der Länge a cm in Teilstrecken der Länge p cm einteilen, mithin auch die Gesamtstrecke.

ÜBUNGEN

1. Welche Aussagen sind wahr, welche falsch?

a) $2 \mid (180 + 8)$ b) $2 \mid (179 + 3)$ c) $7 \mid (140 + 35)$ d) $8 \mid (240 + 60)$

e) $9 \mid (160 + 72)$ f) $3 \mid (2 \cdot 9)$ g) $4 \mid (16 \cdot 24)$ h) $15 \mid (11 \cdot 13)$

i) $20 \mid 180$ k) $30 \mid 200$ l) $300 \mid 2700$ m) $70 \mid 7900$

2. Prüfe, ob die folgenden Zahlen durch 7 teilbar sind. Zerlege sie dazu in geeignete Summen bzw. Produkte.

a) 182 b) 289 c) 735 d) 1045 e) 2261 f) 4550

g) 3500 h) 10500 i) 22000 k) 940 l) $14 \cdot 19$ m) $15 \cdot 35$

3. Welche Aussagen sind wahr, welche falsch?

a) Aus $3 \mid 12 \wedge 3 \mid 18$ folgt $3 \mid (12 + 18)$.

b) Aus $5 \mid 25 \wedge 10 \mid 30$ folgt $(5 + 10) \mid (25 + 30)$.

c) Aus $4 \mid 28 \wedge 14 \mid 28$ folgt $4 \mid 14$.

d) Aus $5 \mid 10 \wedge 10 \mid 50$ folgt $10 \mid (10 + 50)$.

4. Welche Folgerungen sind richtig?

a) Wenn $a \mid b \wedge a \mid c$, dann gilt $a \mid (b + c)$.

b) Wenn $a \mid b \wedge c \mid d$, dann gilt $(a + b) \mid (c + d)$.

c) Wenn $a \mid c \wedge b \mid c$, dann gilt $a \mid b$.

d) Wenn $a \mid b \wedge b \mid c$, dann gilt $b \mid b + c$.

5. Welche Aussageform ist in $\mathbb{N}^*$ lösbar?

a) $568 : 8 = x$ b) $1024 : 4 = y$ c) $(100 + 25) : 25 = x$

d) $(560 \cdot 11) : 8 = x$ e) $(300 + 10) : 4 = y$ f) $(1000 - 900) : 4 = x$

2.2. Teilbarkeitsregeln

1. Vorübung

a) Welche der folgenden Zahlen sind a) durch 10, b) durch 100, c) durch 1000 teilbar?

327	410	5000	300	70	68	312	90	700	610	6000

b) Welche Regel findest du?

c) Leite die Regel aus dem Satz auf Seite 16 Nr. 3 her.

d) Leite die Regel aus einer Darstellung der Zahlen auf dem Rechenbrett her. Wie lautet die Umformungsregel auf dem Rechenbrett?

2. Teilbarkeit durch 10, 100, 1000, . . .

a) Eine Zahl ist durch 10 teilbar, wenn die letzte Stelle null heißt.

b) Eine Zahl ist durch 100 teilbar, wenn die zwei letzten Stellen null heißen.

c) Eine Zahl ist durch 1000 teilbar, wenn die drei letzten Stellen null heißen.

3. Vorübung

a) Welche der folgenden Zahlen sind a) durch 2, b) durch 5 teilbar?

26	25	38	105	47	9872	655	680	904	1721

b) Welche Regel findest du?

c) Versuche die Regel aus den Sätzen auf S. 15 Nr. 1 und Nr. 2 herzuleiten.

4. Teilbarkeit durch 2 und durch 5

a) Eine Zahl ist durch 2 teilbar, wenn die aus den Einern gebildete Zahl durch 2 teilbar ist. Die Einerziffer muß also 0, 2, 4, 6 oder 8 sein.

b) Eine Zahl ist durch 5 teilbar, wenn die aus den Einern gebildete Zahl durch 5 teilbar ist. Die Einerziffer muß also 0 oder 5 sein.

Beweis. Jede Zahl $z \in \mathbb{N}^*$ läßt sich als Summe in der Form $z = a \cdot 10 + b$ mit $a \in \mathbb{N}^*$ und $b = \{0, 1, 2, \ldots, 9\}$ schreiben.

Da der Summand $a \cdot 10$ durch 2 (durch 5) teilbar ist, muß die Zahl b durch 2 (durch 5) teilbar sein, damit z durch 2 (durch 5) teilbar ist. (Vergleiche Seite 15).

Beispiele

$720 = 720 + 0$, also $2 | 720$ $\quad 5 | 720$ $\qquad 723 = 720 + 3$, also $2 \nmid 723$ $\quad 5 \nmid 723$

$724 = 720 + 4$, also $2 | 724$ $\quad 5 \nmid 724$ $\qquad 725 = 720 + 5$, also $2 \nmid 725$ $\quad 5 | 725$

5. Vorübung

a) Welche der folgenden Zahlen sind (1) durch 4, (2) durch 25 teilbar?

150	160	354	434	125	3740	525	436	972	1158
724	350	462	515	650	4830	780	516	652	1075

Lege eine Tabelle an mit den Spalten: durch 4 teilbar, nicht durch 4 teilbar, . . .

b) Welche Regel findest du?

c) Versuche die Regel aus den Sätzen auf S. 15 Nr. 1 und Nr. 2 herzuleiten.

T **1.** Multipliziere die Vielfachen von 12 (von 12 bis 144) a) mit 25, b) mit 125.

2. Multipliziere die Vielfachen von 15 (von 15 bis 150) a) mit 40, b) mit 50.

6. Teilbarkeit durch 4 und durch 25

a) Eine Zahl ist durch 4 teilbar, wenn die aus den Zehnern und Einern gebildete Zahl durch 4 teilbar ist.

b) Eine Zahl ist durch 25 teilbar, wenn die aus den Zehnern und Einern gebildete Zahl durch 25 teilbar ist. Die Zahl muß also auf 00, 25, 50 oder 75 enden.

Beweis. Führe den Beweis entsprechend wie in Nr. 4.

Beispiele.

Es ist $722 = 700 + 32$. Es ist $4 | 7$ H und $4 | 32$, daraus folgt $4 | 732$.

Es ist $714 = 700 + 14$. Es ist $4 | 7$ H und $4 \nmid 14$, daraus folgt $4 \nmid 714$.

7. Quersumme

Die Quersumme der Zahl 749376589, geschrieben: Q (749376589) findet man durch den folgenden Rechengang:

a) Man addiert die Ziffern der Zahl: $7 + 4 + 9 + 3 + 7 + 6 + 5 + 8 + 9 = 58$

b) Man addiert die Ziffern von 58: $5 + 8 = 13$

c) Man addiert die Ziffern von 13: $1 + 3 = 4$

Die *einstellige* Zahl 4 heißt die Quersumme der Ausgangszahl.

Es ist $Q(749376589) = Q(58) = Q(13) = 4$.

Wir schreiben kürzer: $Q(749376589) \rightarrow 58 \rightarrow 13 \rightarrow 4$. (lies: $\rightarrow$ ergibt)

8. Teilbarkeit durch 3

Eine Zahl ist durch 3 teilbar, wenn ihre Quersumme durch 3 teilbar ist.

Beweis

Die Stufenzahlen 1, 10, 100, 1000, ... haben den Dreierrest 1.

a) Daher hat die Zahl $2112 = 2000 + 100 + 10 + 2$
denselben Dreierrest wie $2 + 1 + 1 + 2 = 6$,
ist also durch 3 teilbar. In der Tat ist $2112 = 3 \cdot 704$.

b) Daher hat die Zahl $5723 = 5000 + 700 + 20 + 3$
denselben Dreierrest wie $5 + 7 + 2 + 3 = 17$,
ist also nicht durch 3 teilbar. In der Tat ist $5723 = 3 \cdot 1907 + 2$.

9. Teilbarkeit durch 9[1]

Eine Zahl ist durch 9 teilbar, wenn ihre Quersumme 9 ist.

T **1.** $18 + x = 30$; $98 + y = 127$ **2.** $x - 76 = 108$; $y - 98 = 17$ **3.** $367 + x = 792$; $y - 408 = 991$

4. $34 \cdot x = 136$; $17 \cdot y = 85$ **5.** $324 : 12 = x$; $324 : y = 24$ **6.** $x : 18 = 36$; $720 : y = 24$

△ **7.** Rolf hat weniger als 10 Würfel.

a) Legt er sie zu zweien oder zu dreien zusammen, dann bleibt jedesmal einer übrig.

b) Legt er sie zu vieren zusammen, dann bleiben drei Würfel übrig.

18.1

[1] Der Beweis verläuft entsprechend wie in Nr. 8. Ausführliche Darstellung: 5. Schuljahr, Seite 126f.

ÜBUNGEN

1. Entscheide für jede der aufgeführten Zahlen, ob sie durch 2, durch 3, durch 4, durch 5, durch 9, durch 10, durch 25 teilbar ist.

a) 115612 355536 245340 b) 268320 648936 128550

c) 205980 297684 834480 d) 179475 219240 632694

● *2.* Welche Zahlen (1) zwischen 601 und 647, (2) zwischen 713 und 789 sind a) durch 2, b) durch 5, c) durch 2 und 5 teilbar?

● *3.* Welche Zahlen (1) zwischen 508 und 591, (2) zwischen 868 und 922 sind a) durch 4, b) durch 25, c) durch 4 und 25 teilbar?

4. Welche der folgenden Aussagen ist wahr (w), welche ist falsch (f)? Begründe! Gib je drei Beispiele.

a) Jede durch 9 teilbare Zahl ist auch durch 3 teilbar.
Jede durch 3 teilbare Zahl ist auch durch 9 teilbar.
b) Jede durch 4 teilbare Zahl ist auch durch 2 teilbar.
Jede durch 2 teilbare Zahl ist auch durch 4 teilbar.
c) Jede durch 10 teilbare Zahl ist auch durch 2 und durch 5 teilbar.
Jede durch 2 und durch 5 teilbare Zahl ist auch durch 10 teilbar.
Jede durch 2 teilbare Zahl ist auch durch 10 teilbar.
Jede durch 5 teilbare Zahl ist auch durch 10 teilbar.

5. Welche der folgenden Zahlen ist a) durch 7, b) durch 11, c) durch 13 teilbar?
315 616 631 455 1287 1248 4004 3432 2928
Beachte dabei die Gesetze auf Seite 15.

★ *6.* Welche größte dreistellige Zahl hat die Teiler
a) 2, 3, 4, 5, 9, 10 b) 2, 3, 4, 7, 9 c) 4, 5, 8, 11 d) 2, 3, 4, 6, 7, 8, 24?

★ *7.* Ergänze den folgenden Satz: Ist eine Zahl im Zweiersystem geschrieben, so ist sie durch 2 (durch 4) teilbar, wenn ...

★ *8.* Eine Zahl ist im Fünfersystem geschrieben. Zeige:

a) Die Zahl ist durch 4 teilbar, wenn ihre Quersumme durch 4 teilbar ist.
b) Die Zahl ist durch 2 teilbar, wenn ihre Quersumme durch 2 teilbar ist.
c) In welchem Zusammenhang stehen diese Aussagen mit den Aussagen auf Seite 18 Nr. 8 und 9?

★ *9.* Suche entsprechende Aussagen wie die in Übung 8 a) im 7er-, b) im 8er-System.

T **1.** Aus wieviel Zahlen besteht die einzelne Folge?

a) 24, 48, 72, ..., 480 b) 72, 76, 80, ..., 160 c) 400, 392, 384, ..., 0

d) 1, 3, 5, ..., 99 e) 2, 4, 6, ..., 200 f) 3, 6, 9, ..., 999

2. Löse in $\mathbb{N}$.

a) $x - 7 < 3$ b) $18 < 5 + y$ c) $x + 14 < 16$

d) $12 + y < 17$ e) $36 + x > 20$ f) $92 - y > 80$

3. Gemeinsame Vielfache und gemeinsame Teiler

3.1. Kleinstes gemeinsames Vielfaches

1. Vorübung. In Bild 1 sind die Vielfachen von 2 und die Vielfachen von 3 in der Grundmenge $\mathbb{G} = \{1, 2, \ldots, 20\}$ angekreuzt.

20.1

$\mathbb{G}$	1	2	3	4	5	6	7	8	9	10	11	12	13	14	15	16	17	18	19	20
Vielfache von 2		×		×		×		×		×		×		×		×		×		×
Vielfache von 3			×			×			×			×			×			×		

Was fällt dir alles auf?

Ergebnis. Die Tabelle legt eine Klasseneinteilung in der Menge $\mathbb{G}$ nahe.
1. Einige Zahlen sind weder Vielfache von 2 noch Vielfache von 3. Welche?
2. Einige Zahlen sind Vielfache von 2, aber nicht Vielfache von 3. Welche?
3. Einige Zahlen sind Vielfache von 3, aber nicht Vielfache von 2. Welche?
4. Einige Zahlen sind Vielfache von 2 und zugleich Vielfache von 3. Welche?

Die Zahlen der letzten Klasse heißen gemeinsame Vielfache von 2 und 3.

2. Gemeinsame Vielfache von 2 und 3

Die Vielfachenmenge $\mathbb{V}_2$ enthält *alle* durch 2 teilbaren Zahlen und nur diese.
Die Vielfachenmenge $\mathbb{V}_3$ enthält *alle* durch 3 teilbaren Zahlen und nur diese.

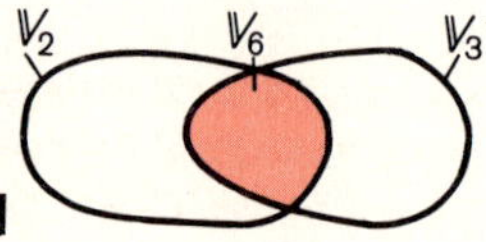

20.2

Die Schnittmenge $\mathbb{V}_2 \cap \mathbb{V}_3$ (Bild 2) enthält alle durch 2 und zugleich durch 3 teilbaren Zahlen und nur diese. Es ist:

$$\mathbb{V}_6 = \{6, 12, 18, 24, \ldots\}$$

Alle Elemente von $\mathbb{V}_6$ sind Elemente von $\mathbb{V}_2$ und zugleich Elemente von $\mathbb{V}_3$.
Mit anderen Worten:

Alle Vielfachen von 6 sind Vielfache von 2 und zugleich Vielfache von 3.

$$\mathbb{V}_6 = \mathbb{V}_2 \cap \mathbb{V}_3$$

Oder auch:

Jede Zahl, die durch 6 teilbar ist, ist auch durch 2 und zugleich durch 3 teilbar.

3. Kleinstes gemeinsames Vielfaches

Unter den gemeinsamen Vielfachen von 2 und 3, d.h. unter den Elementen von $\mathbb{V}_6$, gibt es notwendig ein kleinstes gemeinsames Vielfaches.
Das kleinste gemeinsame Vielfache von 2 und 3 ist 6.
Man schreibt: kgV (2,3) = 6.

Bei kleineren Zahlen läßt sich das kgV schnell durch Probieren bestimmen.
Beispiel: Das kgV von 4, 15 und 20 soll bestimmt werden.
Das kgV ist mindestens gleich der größten dieser Zahlen, nämlich 20.
Die Zahl 15 hat die Teiler 3 und 5. Von diesen ist 5 auch ein Teiler von 20, 3 dagegen nicht.
Daher ist das kgV $= 3 \cdot 20 = 60$
Probe: $60 = 15 \cdot \mathbf{4}$ $\quad 60 = 4 \cdot \mathbf{15}$ $\quad 60 = 3 \cdot \mathbf{20}$

4. Teilbarkeit durch 6

Eine Zahl ist durch 6 teilbar, wenn sie durch 2 und zugleich durch 3 teilbar ist.

Beweis. Ist eine Zahl durch 2 *und zugleich* durch 3 teilbar, dann ist sie ein Element der Schnittmenge $\mathbb{V}_2 \cap \mathbb{V}_3 = \mathbb{V}_6$, also ein Vielfaches von 6.

★ **5.** Uwe schreibt $8 = 2 \cdot 4$ und behauptet daher: Ist eine Zahl durch 2 und 4 teilbar, dann ist sie auch durch 8 teilbar.
Margret sagt: Das stimmt nicht. Nimm nur die Zahlen 4, 12, 20, ...

★ **6. Teilbarkeit durch 12**

Ulli schreibt $12 = 3 \cdot 4$ und behauptet daraufhin:
Eine Zahl ist durch 12 teilbar, wenn sie durch 3 und zugleich durch 4 teilbar ist.
Beweis. Ist eine Zahl durch 3 und zugleich durch 4 teilbar, dann ist sie ein Element der Schnittmenge $\mathbb{V}_3 \cap \mathbb{V}_4 = \mathbb{V}_{12}$, also ein Vielfaches von 12.

★ **7.** Vergleiche die Aussagen in den Überlegungen 4 bis 6.

8. Es seien z, a, b Elemente von $\mathbb{N}^*$.
Ist $z = a \cdot b$ und sind zugleich a und b Zahlen ohne einen gemeinsamen Teiler, dann gilt:

Aus $a|z$ und $b|z$ folgt $a \cdot b|z$.

ÜBUNGEN

1. Bestimme die gemeinsamen Vielfachen
a) von 3 und 15 b) von 7 und 6 c) von 6 und 8 d) von 6 und 12

2. Bestimme das kleinste gemeinsame Vielfache
a) von 4 und 6 b) von 12 und 24 c) von 8 und 12 d) von 5 und 9

T Löse in $\mathbb{N}^* = \{1, 2, 3, 4, \ldots\}$.

1. a) $72 < x < 100$ b) $200 > y > 0$ c) $100 < x < 101$
2. a) $x - 50 > 40$ b) $75 - y > 1$ c) $36 + x > 36$
3. a) $x + x = 10$ b) $x + x < 10$ c) $x + x > 10$

3. Sind die Aussagen wahr oder falsch? Begründe deine Entscheidung.
   a) Die gemeinsamen Vielfachen von 3 und 7 sind durch 3 und durch 7 teilbar.
   b) Die gemeinsamen Vielfachen von 6 und 7 sind durch 2 und durch 3 teilbar.
   c) Die gemeinsamen Vielfachen von 10 und 15 sind durch 2, 3 und 5 teilbar.

4. Schreibe alle zweistelligen Zahlen auf, die teilbar sind
   a) durch 3 und 5 | b) durch 3 und 7 | c) durch 2, 3 und 5
   d) durch 2, 3 und 4 | e) durch 2, 3, 4 und 12 | f) durch 3, 5 und 10

5. Bestimme das kgV (siehe Seite 21 Nr. 3 Kleindruck)

a) von 4 und 5	● b) von 15 und 25	● c) von 22 und 77	d) von 36 und 60
von 6 und 8	von 25 und 30	von 24 und 60	von 45 und 75
von 12 und 18	von 16 und 24	von 65 und 78	von 46 und 69

6. Bestimme das kgV

a) von 24, 36, 48	b) von 3, 5, 9	c) von 6, 8, 25	d) von 6, 8, 20
von 24, 60, 72	von 5, 9, 15	von 9, 16, 32	von 5, 8, 25
von 30, 75, 90	von 8, 12, 16	von 15, 25, 40	von 16, 24, 32

● 7. Bestimme das kgV

a) von 5, 8, 30	b) von 6, 7, 10	c) von 3, 7, 9	d) von 5, 9, 12, 20
von 3, 7, 14	von 5, 8, 20	von 5, 6, 14	von 6, 8, 10, 12
von 6, 9, 30	von 6, 8, 30	von 4, 5, 9	von 9, 12, 15, 24

8. Welche Aussage ist wahr, welche ist falsch? Begründe! Gib Beispiele.
   a) Jede durch 8 teilbare Zahl ist auch durch 4 teilbar.
   Jede durch 4 teilbare Zahl ist auch durch 8 teilbar.
   b) Jede durch 12 teilbare Zahl ist auch durch 2 und durch 6 teilbar.
   Jede durch 2 und durch 6 teilbare Zahl ist auch durch 12 teilbar.

★ 9. Prüfe die folgenden Zahlen auf ihre Teilbarkeit:

a) durch 6:	110312	128782	234316	434128	674130	983248
b) durch 18:	379352	408114	536326	610128	735162	834354
c) durch 12:	311244	432252	423428	327156	436464	782684
d) durch 15:	234125	285905	352635	448760	843465	365315
e) durch 24:	361200	327168	394168	713256	363324	223872
f) durch 30:	119610	100770	289450	331230	429630	405620
g) durch 40:	344740	156240	351620	169410	327760	172330
h) durch 45:	129615	268945	405630	331230	642285	621370

△ Drei Kinder teilen sich einen Vorrat von 9 Äpfeln. Das erste Kind hat 5 Äpfel mitgebracht, das zweite Kind 4 Äpfel, das dritte Kind keinen Apfel. Als Gegenleistung gibt das dritte Kind den anderen zusammen 9 Fotos.

22.1

Wie müssen sich das erste und das zweite Kind die Fotos untereinander teilen?

3.2. Größter gemeinsamer Teiler

1. Vorübung. In Bild 1 sind in der Grundmenge $\mathbb{G} = \{1, 2, \ldots, 20\}$ die Teiler von 12 und die Teiler von 20 angekreuzt.

$\mathbb{G}$	1	2	3	4	5	6	7	8	9	10	11	12	13	14	15	16	17	18	19	20
Teiler von 12	×	×	×	×		×						×								
Teiler von 20	×	×		×	×					×										×

23.1

Was fällt dir alles auf?

Ergebnis. Die Tabelle legt eine Klasseneinteilung in der Menge $\mathbb{G}$ nahe.
1. Einige Zahlen sind weder Teiler von 12 noch Teiler von 20. Welche?
2. Einige Zahlen sind Teiler von 12, aber nicht Teiler von 20. Welche?
3. Einige Zahlen sind Teiler von 20, aber nicht Teiler von 12. Welche?
4. Einige Zahlen sind Teiler von 12 und Teiler von 20. Welche?

Die Zahlen der letzten Klasse heißen gemeinsame Teiler von 12 und 20.

2. Gemeinsame Teiler von 12 und 20
Die Teilermenge $\mathbb{T}_{12}$ enthält alle Teiler von 12 und nur diese Zahlen.
Die Teilermenge $\mathbb{T}_{20}$ enthält alle Teiler von 20 und nur diese Zahlen.

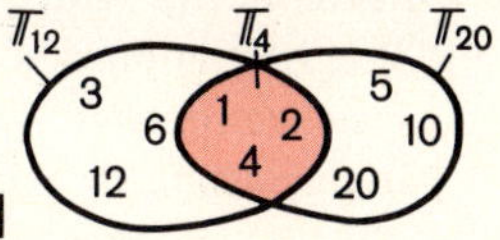

23.2

Die Schnittmenge $\mathbb{T}_{12} \cap \mathbb{T}_{20}$ enthält daher alle Zahlen, die Teiler von 12 und zugleich Teiler von 20 sind, und nur diese Zahlen.

Es ist $\mathbb{T}_{12} \cap \mathbb{T}_{20} = \mathbb{T}_4 = \{1, 2, 4\}$ (Bild 1 und Bild 2).

3. Der größte gemeinsame Teiler von 12 und 20 ist 4 (Bild 2)
Man schreibt: ggT (12, 20) = 4

ÜBUNGEN

1. Bestimme die gemeinsamen Teiler

a) von 12 und 18; von 18 und 24; von 24 und 40
b) von 56 und 60; von 60 und 80; von 80 und 96
c) von 55 und 65; von 45 und 48; von 45 und 24
d) von 11 und 13; von 8 und 27; von 9 und 27

2. Bestimme den größten gemeinsamen Teiler

a) von 18 und 30; von 45 und 60; von 18 und 96
b) von 48 und 84; von 42 und 63; von 96 und 120
● c) von 24 und 56; von 27 und 63; von 36 und 84
d) von 48, 120 und 168; von 48, 112 und 176
e) von 75, 175 und 275; von 60, 165 und 195
f) von 56, 104 und 136; von 72, 312 und 408
g) von 45, 165 und 225; von 91, 130 und 156
h) von 168, 216 und 264; von 51, 85 und 170
i) von 252, 396 und 612; von 432, 504 und 612

3.3. VERMISCHTE ÜBUNGEN

1. In einem Korb sind 35 Äpfel und 50 Birnen. Sie sollen unter einer Anzahl Kinder so verteilt werden, daß jedes Kind ebensoviel Äpfel und ebensoviel Birnen erhält wie jedes andere Kind.

2. Ein Kaufmann will Teepakete von 500 g gegen Pakete von 200 g umtauschen. Bei welchen Massen ist das möglich?

3. Zwei Holzstäbchen sind 63 cm und 99 cm lang. Sie sollen in kleinere gleich lange Stäbchen zerschnitten werden. Wie lang kann man diese Stäbchen höchstens machen?

● *4.* Vater und Sohn machen eine Wanderung. Der Schritt des Vaters ist 80 cm, der Schritt des Sohnes 60 cm lang. In welchen Abständen haben sie gleichen Tritt?

24.1

★ *5.* Die Vorderräder eines Wagens haben 5 m, die Hinterräder 3 m Umfang. Wie weit muß der Wagen fahren, bis alle Räder zum erstenmal gleichzeitig eine ganze Anzahl von Umdrehungen gemacht haben?

★ *6.* a) Von derselben Endstation fahren die Wagen der Linie 5 alle 12 Minuten, die Wagen der Linie 11 alle 20 Minuten ab. Die erste Fahrt beginnt auf beiden Linien um 6 Uhr. Zu welchen Zeiten fahren die Wagen der beiden Linien gleichzeitig ab?
b) Linie 5 fährt alle 15 Minuten, Linie 11 alle 18 Minuten.

★ *7.* Ein Schüler beobachtet 2 Zahnräder, die ineinandergreifen. Das eine Rad hat 24 Zähne, das andere 32 Zähne. Durch Zählen stellt der Schüler fest, wie oft sich jedes Rad drehen muß, bis die gleichen Zähne wieder zusammentreffen. Du kannst das berechnen!

8. Ein Badezimmer hat die Maße 3 m zu 4 m. Der Boden soll mit quadratischen Fliesen ausgelegt werden. Die Kantenlänge der Fliesen beträgt
a) 12 cm b) 15 cm c) 20 cm d) 25 cm e) 40 cm f) 50 cm.
Bei welchen Platten entsteht kein Verschnitt?
Bei welchen Platten muß der Fliesenleger an zwei Wänden stückeln?

T **1.** a) 742 − 98 b) 980 − 570 c) 1590 − 370 d) 324 − 109
506 − 72 710 − 390 2460 − 970 578 − 426
498 − 36 830 − 780 3540 − 680 608 − 574

2. a) [(73 + 19) + (14 + 71)] + 300 b) [(193 − 47) + (102 − 75)] + 1000
c) 570 + [(183 − 35) − (74 + 13)] d) [(165 − 78) − (93 − 78)] − 72

3. a) 470 + 73 + 30 − 93 b) 520 − 327 + 57 + 80
c) 850 − 99 + 297 − 50 d) 537 − 87 + 49 − 19

4. Potenzen und Primfaktoren

4.1. Potenzen

1. Für die Summe $2+2+2+2+2$, die aus gleichen Summanden besteht, gibt es eine abkürzende Schreibweise. Welche?
Für das Produkt $2\cdot2\cdot2\cdot2\cdot2$, das aus fünf gleichen Faktoren besteht, hat man ebenfalls eine abkürzende Schreibweise eingeführt.
Man schreibt $2\cdot2\cdot2\cdot2\cdot2=2^5$ (gelesen: 2 hoch 5).
Der Term 2^5 heißt Potenz[1]. Die Zahl 2 ist die Basis (Grundzahl) der Potenz, die Zahl 5 ist der Exponent (die Hochzahl) der Potenz.
Der Exponent gibt an, wie oft die Basis als Faktor gesetzt werden soll.

2. Es ist

a)	b)	c)
$1^2=1$	$2^2=4$	$3^2=9$
$1^3=1$	$2^3=8$	$3^3=27$
$1^4=1$	$2^4=16$	$3^4=81$
$1^5=1$	$2^5=32$	$3^5=243$

$a^2=a\cdot a$
$a^3=a\cdot a\cdot a$

Diese Folgen von Potenzen setzt man aus Zweckmäßigkeitsgründen nach oben um zwei weitere Schritte fort und definiert:

a)	b)	c)
$1^1=1$	$2^1=2$	$3^1=3$
$1^0=1$	$2^0=1$	$3^0=1$

$a^1=a$
$a^0=1$

Wieso liegt eine zusätzliche Festsetzung gegenüber Nr. 1 vor?

3.

Die Potenzen	1^2	2^2	3^2	4^2	5^2	...
sind die Quadratzahlen	1	4	9	16	25	...
Die Potenzen	1^3	2^3	3^3	4^3	5^3	...
sind die Kubikzahlen	1	8	27	64	125	...

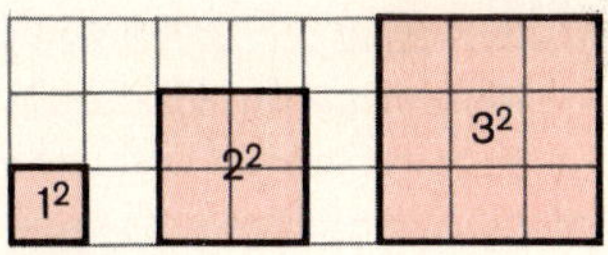

25.1

4. Zehnerpotenzen. Die Potenzen von 10 heißen Zehnerpotenzen.
Sie ergeben die Stufenzahlen des dekadischen Zahlensystems.
$10^0=1$ $10^1=10$ $10^2=100$ $10^3=1000$ $10^4=10000$ ...

5. Wir schreiben die natürlichen Zahlen mit Hilfe der Zehnerpotenzen:
$45679=\mathbf{4}\cdot10^4+\mathbf{5}\cdot10^3+\mathbf{6}\cdot10^2+\mathbf{7}\cdot10^1+\mathbf{9}\cdot10^0$

★ **6.** Schreibe als Summe aus Zweierpotenzen und dann im Zweiersystem:
⑩ a) 31 b) 63 c) 70 d) 95 e) 99 f) 120

---

[1] potentia (lat.) – Macht; basis (gr.) – Grund; exponere (lat.) – herausstellen

ÜBUNGEN

1. Schreibe als Potenzen

a) $2 \cdot 2 \cdot 2$ b) $3 \cdot 3 \cdot 3 \cdot 3 \cdot 3$ c) $4 \cdot 4 \cdot 4 \cdot 4 \cdot 4 \cdot 4$

d) $6 \cdot 6 \cdot 6 \cdot 6$ e) $7 \cdot 7 \cdot 7 \cdot 7 \cdot 7 \cdot 7 \cdot 7$ f) $9 \cdot 9 \cdot 9 \cdot 9 \cdot 9 \cdot 9 \cdot 9 \cdot 9 \cdot 9$

2. Berechne die Quadratzahlen von 1^2 bis 25^2.
Zeichne das Gruppenbild von 6^2 und von 11^2.

● *3.*

a)	b)	c)	d)	e)
$1^2 + 2^2$	$1^2 + 3^2$	$5^2 - 1^2$	$15^2 - 13^2$	$7^2 + 3^2$
$3^2 + 4^2$	$5^2 + 7^2$	$9^2 - 7^2$	$16^2 - 11^2$	$8^2 + 2^2$
$5^2 + 6^2$	$9^2 + 11^2$	$8^2 + 2^2$	$20^2 - 19^2$	$9^2 - 6^2$

4. Berechne
$20^2 - 19^2$ $19^2 - 18^2$ $18^2 - 17^2$ bis $2^2 - 1^2$
Was fällt dir auf?

5. Berechne
$1 + 3$ $1 + 3 + 5$ $1 + 3 + 5 + 7$ bis $1 + 3 + 5 + \ldots + 19$
Wie kannst du die Ergebnisse schreiben?

6. Schreibe als Potenzen 25 36 64 121 169 361 400 10000

★ *7.* Berechne
1^3 $1^3 + 2^3$ $1^3 + 2^3 + 3^3$ $1^3 + 2^3 + 3^3 + 4^3$ bis $1^3 + 2^3 + 3^3 + \ldots + 10^3$
Wie kannst du die Ergebnisse schreiben?

8. Berechne den Wert der Differenz
a) aus 3^2 und 2^3, b) aus 2^5 und 5^2, c) aus 2^6 und 6^2, d) aus 2^7 und 7^2.

9. Berechne den Wert der Summe
a) aus 2^3 und 3^2, b) aus 3^4 und 4^3, c) aus 2^4 und 4^2, d) aus 5^3 und 3^5.

10. Berechne den Wert des Produktes
a) aus 2^2 und 2^3, b) aus 2^3 und 2^4, c) aus 2^5 und 2^3, d) aus 2^3 und 2^3.

● *11.* Berechne 10^2, 10^3 bis 10^{10}.
Vergleiche die Hochzahlen der Potenzen mit der Anzahl der Nullen in den ausgerechneten Potenzwerten. – Sprich eine Regel aus.

★ *12.* Die größte Zahl, die man mit zwei Ziffern schreiben kann, ist 9^9. Berechne sie. Rechne möglichst bequem.

★ *13.* Eine Aufgabe der alten Ägypter: 7 Familien haben je 7 Katzen; jede Katze verzehrt am Tag 7 Mäuse; jede Maus frißt am Tag 7 Ähren; aus jeder Ähre können 7 Maß Getreide entstehen. Wieviel Maß Getreide sind das insgesamt?

△ Sieben Schwestern haben sich nach dem Alter aufgestellt: Anna ist die drittjüngste, Frida ist älter als Hertha, aber jünger als Vera. Erika ist jünger als Frida, aber nicht das jüngste Kind. Nur Eva ist älter als Dora.

26.1

4.2. Primfaktoren

1. Vorübung. Schreibe die Zahl 360 als Produkt aus möglichst vielen Faktoren.

$$\begin{aligned} 360 &= 2\cdot 180 \\ &= 2\cdot 2\cdot 90 \\ &= 2\cdot 2\cdot 2\cdot 45 \\ &= 2\cdot 2\cdot 2\cdot 3\cdot 15 \\ &= 2\cdot 2\cdot 2\cdot 3\cdot 3\cdot 5 \\ &= 2^3\cdot 3^2\cdot 5 \end{aligned}$$

2. Zerlegung einer Zahl in Primfaktoren

Die Zerlegung der Zahl 360 ist nebenstehend durchgeführt. Die Primfaktoren sind die Zahlen 2, 3 und 5. Sie lassen sich nicht weiter zerlegen, da sie Primzahlen sind.

Jede natürliche Zahl, die nicht 0 oder 1 oder eine Primzahl ist, läßt sich als Produkt von Primzahlen schreiben.

Von der Reihenfolge abgesehen, ist die Zerlegung in Primfaktoren eindeutig.

Übung. Zerlege in Primfaktoren: 36, 80, 100, 125, 225, 196, 700, 800, 900.

3. Bestimmung des kgV durch Faktorenzerlegung

Es ist $15 = 3\cdot 5$

$25 = 5\cdot 5$

Das kgV (15,25) muß alle Primfaktoren enthalten, die in beiden Zahlen vorkommen, und zwar so oft, wie der einzelne Primfaktor bei einer der Zahlen vorkommt. Also kgV $(15,25) = 5\cdot 5\cdot 3 = 75$ $(15\cdot 5 = 75,\quad 25\cdot 3 = 75)$.

Übung. Bestimme das kgV von a) 15; 24 b) 12; 20 c) 25; 35 d) 72; 80 e) 45; 100

4. Das kgV von mehr als zwei Zahlen

a) kgV (12, 15, 25)

$$\begin{aligned} 12 &= 2^2\cdot 3 \\ 15 &= 3\cdot 5 \\ 25 &= 5\cdot 5 \end{aligned}$$

kgV (12, 15, 25) $= 2^2\cdot 3\cdot 5^2 = 300$

$12\cdot \mathbf{25} = 300,\ 15\cdot \mathbf{20} = 300,\ 25\cdot \mathbf{12} = 300$

b) kgV (24, 150, 225)

$$\begin{aligned} 24 &= 2^3\cdot 3 \\ 150 &= 2\cdot 3\cdot 5^2 \\ 225 &= 3^3\cdot 5^2 \end{aligned}$$

kgV (24, 150, 225) $= 2^3\cdot 3^2\cdot 5^2 = 1800$

$24\cdot \mathbf{75} = 1800,\ 150\cdot \mathbf{12} = 1800,\ 225\cdot \mathbf{8} = 1800$

Übung. Bestimme das kgV von a) 4, 8, 12 b) 6, 8, 9 c) 8, 12, 15 d) 20, 25, 30

5. Bestimmung des ggT durch Faktorenzerlegung

Es ist $15 = 3\cdot 5$ und $25 = 5\cdot 5$

Der ggT muß alle Primfaktoren enthalten, die beiden Zahlen gemeinsam sind, also ggT $(15,25) = 5$ $(15 = 5\cdot \mathbf{3},\quad 25 = 5\cdot \mathbf{5})$

Übung. Bestimme den ggT von a) 12; 15 b) 24; 27 c) 72; 40 d) 48; 72

6. Der ggT von mehr als zwei Zahlen

a) ggT (12, 15, 18)

$$\begin{aligned} 12 &= 2^2\cdot 3 \\ 15 &= 3\cdot 5 \\ 18 &= 2\cdot 3^2 \end{aligned}$$

ggT (12, 15, 18) $= 3$

$12 = 3\cdot \mathbf{4},\ 15 = 3\cdot \mathbf{5},\ 18 = 3\cdot \mathbf{6}$

b) ggT (24, 60, 28)

$$\begin{aligned} 24 &= 2^3\cdot 3 \\ 60 &= 2^2\cdot 3\cdot 5 \\ 28 &= 2^2\cdot 7 \end{aligned}$$

ggT (24, 60, 28) $= 2^2$

$24 = 4\cdot \mathbf{6},\ 60 = 4\cdot \mathbf{15},\ 28 = 4\cdot \mathbf{7}$

Übung. Bestimme den ggT von a) 36, 60, 84 b) 33, 55, 88 c) 36, 63, 99

4.3. Restklassen

1. Vorübung
Teile die Menge der natürlichen Zahlen $\mathbb{N} = \{0, 1, 2, 3, \ldots\}$ in drei Klassen ein. Die Klassen $\mathbb{D}_0$, $\mathbb{D}_1$, $\mathbb{D}_2$ enthalten diejenigen natürlichen Zahlen, die bei der Division durch 3 den Rest 0 bzw. 1 bzw. 2 ergeben.
Schreibe die fünf ersten Elemente jeder Restklasse auf.

2. Lösung von Nr. 1 (Vergleiche auch Bild 1)
$\mathbb{D}_0 = \{0, 3, 6, 9, 12, 15, \ldots\}$
$\mathbb{D}_1 = \{1, 4, 7, 10, 13, 16, \ldots\}$
$\mathbb{D}_2 = \{2, 5, 8, 11, 14, 17, \ldots\}$

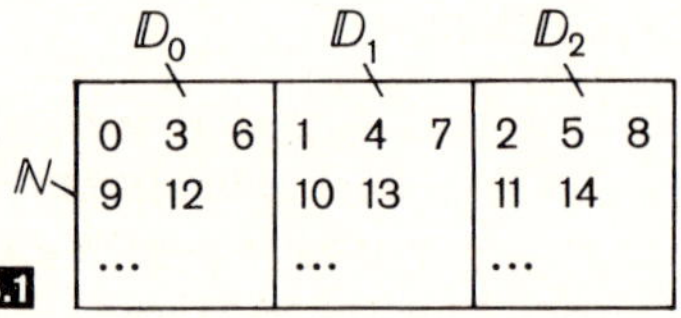

28.1

3. Als Repräsentanten für die Klassen wählen wir die Zahlen 0, 1, 2 und schreiben für die Klassen $\overline{0}$, $\overline{1}$, $\overline{2}$ (gelesen: 0 quer, ...)
Die Aussageformen a) $\overline{1} \oplus \overline{2} = \overline{x}$ b) $\overline{1} \odot \overline{2} = \overline{y}$
sollen bedeuten: Wähle je eine Zahl aus den Klassen $\mathbb{D}_1$ und $\mathbb{D}_2$, berechne a) ihre Summe, b) ihr Produkt und bestimme die Restklasse, der a) die Summe, b) das Produkt angehört.

Beispiele

a) $\overline{1} \oplus \overline{2} = \overline{x}$
$7 + 8 = 15$
$\Rightarrow \overline{1} \oplus \overline{2} = \overline{0}$

b) $\overline{1} \odot \overline{2} = \overline{y}$
$7 \cdot 8 = 56$
$\Rightarrow \overline{1} \odot \overline{2} = \overline{2}$

4. Prüfe die folgenden Tabellen für die additive und multiplikative Verknüpfung der Restklassen.

$\oplus$	$\overline{0}$	$\overline{1}$	$\overline{2}$
$\overline{0}$	$\overline{0}$	$\overline{1}$	$\overline{2}$
$\overline{1}$	$\overline{1}$	$\overline{2}$	$\overline{0}$
$\overline{2}$	$\overline{2}$	$\overline{0}$	$\overline{1}$

$\odot$	$\overline{0}$	$\overline{1}$	$\overline{2}$
$\overline{0}$	$\overline{0}$	$\overline{0}$	$\overline{0}$
$\overline{1}$	$\overline{0}$	$\overline{1}$	$\overline{2}$
$\overline{2}$	$\overline{0}$	$\overline{2}$	$\overline{1}$

ÜBUNGEN

1. In welche Restklasse gehören bei der Division a) durch 3, b) durch 5 die Zahlen
33 37 40 45 51 68 71 85 99 100 111

2. Berechne für die Dreierrestklassen:
a) $\overline{0} \oplus \overline{1} \oplus \overline{2}$ b) $\overline{1} \oplus \overline{1} \oplus \overline{1}$ c) $\overline{2} \oplus \overline{2} \oplus \overline{2}$ d) $\overline{1} \oplus \overline{2} \oplus \overline{0} \oplus \overline{1} \oplus \overline{2}$
e) $\overline{0} \odot \overline{1} \odot \overline{2}$ f) $\overline{1} \odot \overline{1} \odot \overline{1}$ g) $\overline{2} \odot \overline{2} \odot \overline{2}$ h) $\overline{1} \odot \overline{2} \odot \overline{0} \odot \overline{1} \odot \overline{2}$

3. Lege für die Fünferrestklasse Tabellen für die additive und multiplikative Verknüpfung an.

T **1.** 5 cm = □ m **2.** 990 cm = □ m **3.** 3,470 km = □ m **4.** 450 dm = □ m
7 m = □ mm 80 dm = □ mm 3,42 m = □ mm 820 cm = □ mm

5. Komplexe

5.1. Einführung

Ein Taxiunternehmer erweitert seinen Betrieb. Er kauft 4 Pkw zu je 12400 DM und 3 Pkw zu je 10300 DM. Er leistet eine Anzahlung von 35000 DM. Wie groß ist der Restbetrag?

Bau der Aufgabe (Schema)

	Anzahl der Pkw	Preis pro Pkw	Gesamtpreis
1. Sorte	4 St.	$12400\,\frac{\text{DM}}{\text{St.}}$	x DM
2. Sorte	3 St.	$10300\,\frac{\text{DM}}{\text{St.}}$	y DM
	Preis der 1. Sorte	**Preis der 2. Sorte**	**Preis für alle**
	x DM	y DM	z DM
	Preis für alle	**Anzahlung**	**Restbetrag**
	z DM	35000 DM	u DM

In welcher Reihenfolge mußt du rechnen?

ÜBUNGEN

1. Frau Lehnert fuhr mit ihrem Pkw von Frankfurt nach Würzburg (135 km). Sie fuhr um 8.20 Uhr ab und kam um 12.35 Uhr an. In Aschaffenburg machte sie bei ihrer Schwester $1\frac{1}{4}$ Std. Pause. Mit welcher mittleren Geschwindigkeit fuhr Frau Lehnert?

2. Für den Skiurlaub kauft Herr Thiesbach 3 Super-8-Filme zum Preis von 14,50 DM pro Stück und 4 Umkehrfilme für seine Kleinbildkamera, den Film zu 13,60 DM. Wieviel muß er insgesamt zahlen?

3. Nordbergs wollen an die See. Inge kauft 8 Super-8-Filme und 2 Umkehrfilme für insgesamt 130,40 DM. Ein Super-8-Film kostet 12,60 DM. Wie teuer ist ein Umkehrfilm?

4. Stefan kauft Super-8-Filme und Diafilme für insgesamt 90,40 DM. Für die 2 Super-8-Filme zahlt er 13,20 DM pro Stück, für die Diafilme 16 DM pro Stück. Wieviel Diafilme kaufte er?

ÜBUNGEN

1. Herr Wagner fährt mit seinem Pkw von Saarbrücken nach Frankfurt (200 km) mit einer mittleren Geschwindigkeit von 50 $\frac{km}{h}$. Er kommt um 13.15 Uhr in Frankfurt an. Unterwegs hat er eine Pause von 45 Min. eingelegt, um einen Freund zu besuchen. Wann ist er abgefahren?

2. Herr Emmer fährt von Hannover nach Freiburg (630 km) mit einer mittleren Geschwindigkeit von 90 $\frac{km}{h}$. Für das Tanken braucht er 10 Min., für die Mittagspause 35 Min. Er fährt um 7.30 Uhr ab. Wann wird er in Freiburg eintreffen?

3. In einem Geschäft sind 60 Tafeln Schokolade für 55 Pf/Tafel eingetroffen. Eine Tafel wird für 75 Pf verkauft. Wie hoch sind Einnahme und Gewinn?

4. Ein Weinhändler kauft 12 hl einer ersten und 20 hl einer zweiten Weinsorte für zusammen 13800 DM. Für 1 hl der ersten Sorte zahlt er 400 DM.

● a) Wie teuer ist die zweite Sorte?

b) Wie teuer ist 1 hl der zweiten Sorte?

c) Der Händler will pro Hektoliter 100 DM verdienen. Wieviel muß er beim Verkauf beider Sorten einnehmen?

● *5.* Ein Karton Weingläser (6 St.) kostet 42,00 DM. Ein Sektglas des gleichen Musters ist 1,70 DM teurer. Wieviel kostet ein Sektglas?

● *6.* Ein Paket hat ein Gewicht von 8 kg. In ihm sind 36 Beutel Schokoladenkugeln, in jedem Beutel 200 g. Berechne das Gewicht der Verpackung.

7. Ein Obsthändler erhält 200 kg Äpfel. Er rechnet beim Abwiegen mit einem Gewichtsverlust von 4 kg pro 100 kg. Der Händler will an 1 kg Äpfel 30 Pf verdienen. Wie hoch wird der Gewinn sein?

8. Die Schalter einer Bank sind montags bis freitags von 8.30 Uhr bis 13.00 Uhr geöffnet. Am Donnerstag sind die Schalter 2 Stunden länger geöffnet.

a) Wieviel Stunden sind die Schalter am Montag geöffnet?

b) Wieviel Stunden von Montag bis Donnerstag?

c) Wieviel Stunden in der Woche?

30.1

★ *9.* Ein Eilzug soll planmäßig um 12.31 Uhr von Hamburg abfahren und um 17.05 Uhr in Hannover ankommen. Heute fuhr der Zug mit 21 Min. Verspätung ab. Bis Uelzen hatte er 6 Min. aufgeholt. In Hannover traf er um 17.12 Uhr ein. Wieviel Minuten Verspätung hatte der Zug zwischen Uelzen und Hannover aufgeholt?

5.2. Vermischte Übungen

Einfache Rechnungen ordnet man nicht in einen Simplex ein, sondern führt sie unmittelbar als Nebenrechnung durch.

● *1.* Frau Blume kauft 3 Dosen Kondensmilch für je 48 Pf und 4 Becher Margarine für 1,45 DM pro Becher. Sie zahlt mit einem 10-DM-Schein.

2. Ein Kaufmann hat 100 kg Äpfel für 65 DM erhalten.
a) Beim Wiegen entsteht ein Gewichtsverlust von 5 kg. Wieviel Kilogramm Äpfel hat der Kaufmann verkauft?
b) Der Kaufmann verlangt 1 DM für 1 kg Äpfel. Wie groß ist sein Gewinn insgesamt?

31.1

3. Hans holt 4 Flaschen Bier zu 1,60 DM pro Flasche und 3 Flaschen Orangensaft für je 1,80 DM. Das Flaschenpfand für Bier beträgt 20 Pf, für Orangensaft 30 Pf. Wieviel muß Hans zahlen?

● *4.* Ein Lkw hat eine Ladefähigkeit von 5 t. Er wurde 5 Tage lang eingesetzt, um Bauschutt abzufahren. Es wurden täglich 24 Fuhren gemacht. Wieviel Tonnen Bauschutt wurden abgefahren?

★ *5.* Für einen Straßenbau wurde 10 Tage lang von drei Lkw Kies angefahren. Der kleine Lkw (3,500 t) machte 20 Fuhren pro Tag, der mittlere (4 t) machte 18 Fuhren pro Tag, der große Lkw (5 t) machte 15 Fuhren pro Tag.

6. Das Kaufhaus Mell erhält eine Lieferung Kugelschreiberminen: 3 Kartons mit je 10 Packungen blauer Minen, je 2 gleiche Kartons mit roten, schwarzen und grünen Minen. In jeder Packung sind 100 Stück.
a) Eine Packung kostet im Einkauf 18 DM. Wieviel kostet die Lieferung?
★ b) Eine blaue Mine wird für 30 Pf, die anderen werden für 40 Pf verkauft. Berechne die gesamte Einnahme und den Gewinn.

T Setze jede Zahlenfolge um 4 Glieder fort und berechne jedes Mal die Summe aller Glieder einer Folge.

1. 100, 101, 102, 103, . . .
2. 240, 230, 220, 210, . . .
3. 121, 117, 113, 109, . . .
4. 100, 101, 103, 106, . . .
5. Von den 30 Schülern einer Klasse sind 15 in einem privaten Sportverein, haben 12 privaten Musikunterricht. Von den 30 Schülern treiben 8 privat Musik und Sport. Wieviel Schüler treiben privat weder Musik noch Sport?

Ratenzahlung

1. Ein Gastwirt bestellte 40 Stühle zu je 65 DM und 5 Tische zu je 220 DM. Er zahlte 2500 DM an und beglich den Rest in Monatsraten zu je 200 DM. Wieviel Monate mußte er abzahlen?

2.

Kaufsumme	Anzahlung	Anzahl der Raten	Betrag pro Rate (R)
a) 1540 DM	700 DM	□ Raten	$120 \frac{DM}{R}$
b) □ DM	240 DM	6 Raten	$80 \frac{DM}{R}$
c) 890 DM	450 DM	8 Raten	$\square \frac{DM}{R}$

3. Herr V. kaufte 3 Sessel zu je 520 DM, eine Eckcouch für 930 DM und einen Couchtisch für 450 DM. Er zahlte ein Drittel des Kaufpreises an. Den Rest trug er in Raten zu 330 DM ab. Wieviel Raten waren es?

★ *4.* Beim Kauf eines Fernsehgerätes (1880 DM) gewährt der Händler einen Preisnachlaß von 94 DM. Herr Wagner kaufte das Gerät, schloß jedoch einen Ratenvertrag ab. Er zahlte die Hälfte an und mußte den Rest in 4 Raten zu 240 DM abtragen. Wieviel hätte er bei Barzahlung sparen können?

32.1

Pumpen fördern Wasser

5. Nach einem Wolkenbruch wurde ein Keller leergepumpt. Die Pumpe arbeitete 20 Minuten und förderte 270 ℓ pro min. Wieviel Liter (hl, m^3) Wasser waren in den Keller eingedrungen?

Hilfe: Überlege, von welchen Größen (!) in der Aufgabe die Rede ist.

6. In eine Baugrube ist Grundwasser eingedrungen. Eine Pumpe arbeitet ununterbrochen 5 Tage und fördert in der Stunde 2 m^3 Wasser.

7. Eine Baugrube wird von zwei Pumpen in 70 Minuten leergepumpt. Die eine Pumpe fördert 120 ℓ pro min, die andere 80 ℓ pro min.

★ *8.* Die Feuerwehr pumpte Wasser aus einem Keller. Die Pumpe förderte 270 ℓ pro min. Nach 20 Minuten fiel die Pumpe aus. Der Keller war erst halb leer. Bis eine andere Pumpe angeschlossen war, dauerte es 25 Minuten. Die zweite Pumpe hatte eine Leistung von 200 ℓ pro min.

a) Wie lange mußte die zweite Pumpe pumpen?

b) Wieviel Zeit brauchte die Feuerwehr insgesamt?

Geometrie I

6. Vom Kreis

6.1. Erklärungen

1. Namen (Bild 1). Es heißen:

M – **Mittelpunkt** des Kreises
A, B, P, Q – **Randpunkte**
r – **Radius** (Plural: Radien)
d – **Durchmesser**
Kreisausschnitt – das gerasterte Gebiet

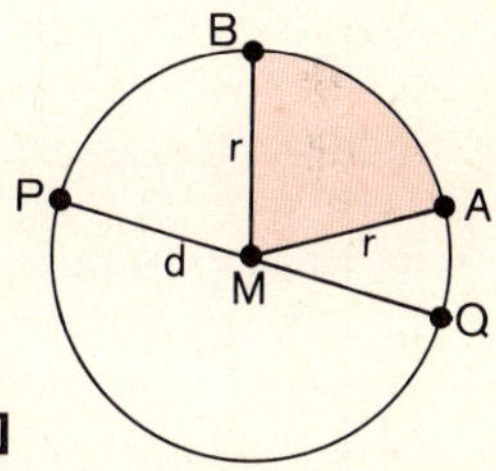

33.1

Alle Randpunkte eines Kreises haben vom Mittelpunkt gleiche Entfernung.

2. Der Kreis ist eine geschlossene Figur ohne Überschneidungen.
Wir können daher vom Innern und vom Äußeren eines Kreises sprechen.
Welche Punkte liegen in Bild 2 im Innern, welche Punkte im Äußeren, welche auf dem Rand?

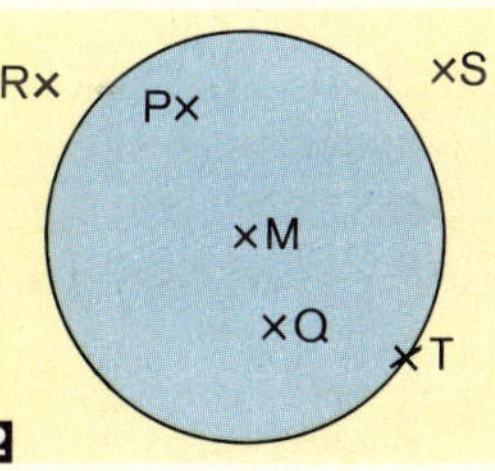

33.2

3. Definition

Kreisrand und Kreisinneres bilden die Kreisfläche.

T **1.** Löse mit Hilfe einer Aussageform (in $\mathbb{N}$):

a) Welche Zahl muß man von 548 subtrahieren, um 277 zu erhalten?

b) Von welcher Zahl muß man 1048 subtrahieren, um 205 zu erhalten?

c) Mit welcher Zahl muß man 243 multiplizieren, um 5589 zu erhalten?

2. Löse in $\mathbb{V}_5$: a) $100 - x < 60$ b) $200 + y > 300$ c) $300 - w < 100$

3. a) $1473 - 589 - 743 + 519 + 312 - 988$ b) $2850 + 4360 - 5190 + 7085 - 6179$

6.2. Übungen

1. Zeichne einen Kreis, dessen Radius a) 2,5 cm, b) 1,8 cm, ● c) 4,2 cm lang ist. Zeichne jedesmal einen Radius ein.

● *2.* Zeichne einen Kreis, dessen Durchmesser a) 8 cm, b) 5,8 cm, ● c) 9,6 cm lang ist. Zeichne jeweils einen Durchmesser ein.

3. Vergleiche die Entfernungen vom Mittelpunkt eines Kreises zu einem Punkt a) im Innern, b) auf dem Rand, c) im Äußeren (Bild 1) mit dem Radius des Kreises.

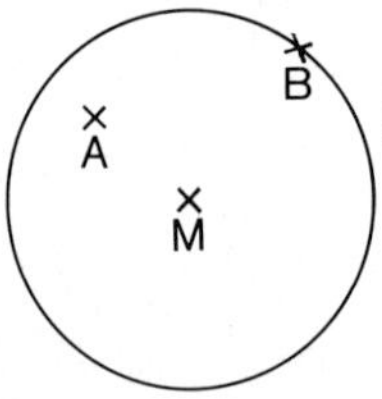

34.1

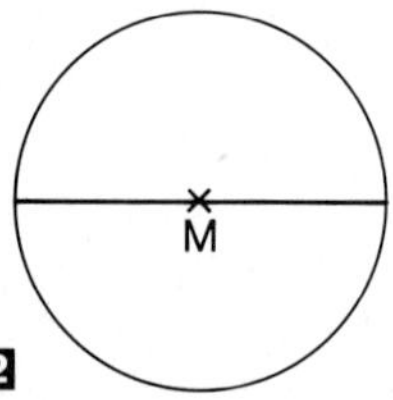

34.2

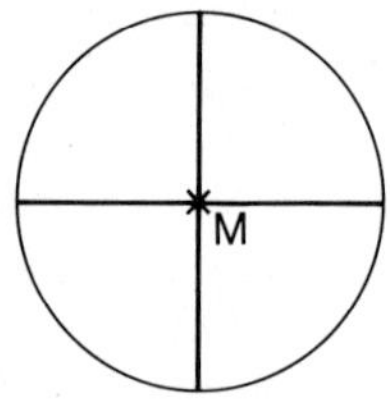

34.3

4. a) Zeichne einen Kreis mit einem Durchmesser (Bild 2).
Es entstehen zwei Halbkreise.
b) Hat die Figur eine (oder mehrere) Spiegelachse(n)?
Sind die Halbkreise gleich groß? Wieso?
c) Zeichne diejenige Spiegelachse ein, die von diesem Durchmesser verschieden ist. Markiere zwei Punkte A und B auf dem Kreis und zeichne ihre Spiegelbilder.

5. a) Zeichne einen Kreis mit zwei senkrechten Durchmessern. Wieviel gleiche Kreisausschnitte sind entstanden?
Ein solcher Kreisausschnitt heißt Viertelkreis.
b) Wieviel Spiegelachsen hat die Figur? Zeichne sie ein.

6. Verbinde in Bild 3 die Endpunkte der Durchmesser reihum.
Welche Figur ist entstanden?
Betrachte ihre Spiegelachsen.

★ *7.* Wieviel Punkte können 3 Kreislinien a) mit gleichen Radien, b) mit verschiedenen Radien gemeinsam haben?
Untersuche auch die möglichen Sonderfälle.

T **1.** Subtrahiere die Summe aus 2475, 3669 und 7217 von 19648.
2. Wie groß ist der Unterschied zwischen 7106598 und 9319412?
3. Berechne die Differenz aus 25643516 und 17903648?
4. Subtrahiere von 3466748 die um 1 verminderte größte sechsstellige Zahl.
5. 247,48 DM + 3417,05 DM + 21,58 DM + 520,00 DM + 1918,75 DM
6. 78357 kg + 22779 kg + 4713 kg + 71800 kg + 500080 kg

7. Winkel

7.1. Links- und Rechtsdrehung

1. Links- und Rechtsdrehung
Nenne Gegenstände, an denen sich ein Zeiger vor einer kreisförmigen Scheibe dreht oder drehen läßt.
Zuweilen kann die Drehung nach beiden Richtungen, zuweilen nur in einer Richtung erfolgen (Bild 1 und Bild 2). Gib weitere Beispiele.
Man unterscheidet die Drehung im Sinne des Uhrzeigers (Rechtsdrehung) von der Drehung entgegen dem Uhrzeiger (Linksdrehung).

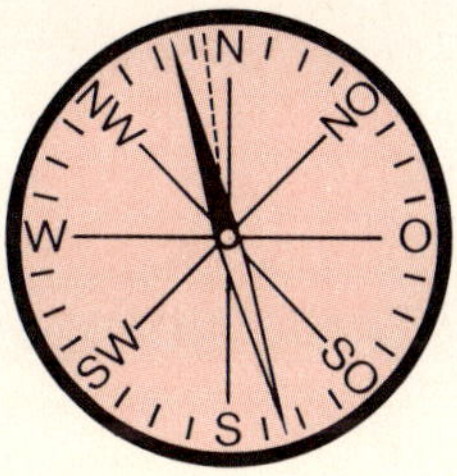

35.1

35.2

2. Sprechweise

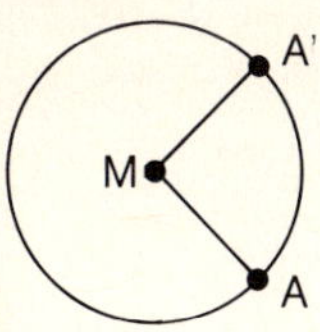

35.3

In Bild 3 ist ein Kreis mit dem Radius $\overline{MA}$ gezeichnet. Da der Radius $\overline{MA}$ festliegt, kann man ihn nicht drehen, sondern sich nur vorstellen, daß er gedreht würde. Der Kürze halber sagt man trotzdem in übertragenem Sinne: „Der Radius $\overline{MA}$ wird in die Lage $\overline{MA'}$ gedreht".

T **1.** 2354673	**2.** 7250000	**3.** 10000000	**4.** 4444444
− 875296	− 800070	− 93485	− 999999
− 19999	− 2130195	− 908217	− 88888
− 107308	− 1009910	− 763108	− 7777
− 42873	− 736518	− 89283	− 66666

5. (73667 + 29118) − (87185 − 56913) + (90909 − 72136)
6. (25813 + 24109) − (43812 − 11007) + (80008 − 56489)
7. (41108 − 18738) − (16700 − 13998) + (45706 − 38504)

7.2. Winkelfeld und Winkel

Wir betrachten zunächst nur Linksdrehungen. Die Erweiterung auf Rechtsdrehungen erfolgt später.

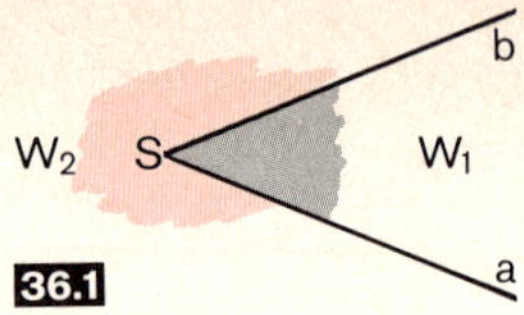

36.1

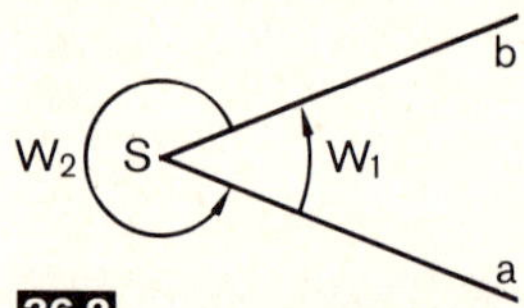

36.2

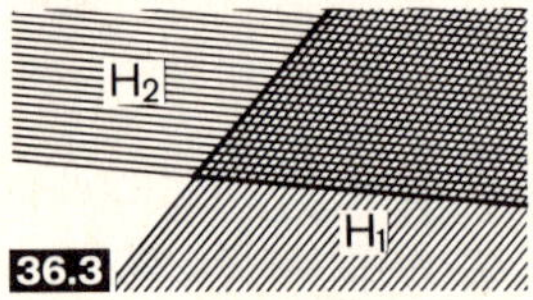

36.3

1. In Bild 1 gehen zwei Halbgeraden a und b von einem Punkt S aus. Die Halbgeraden zerlegen die Ebene in zwei Gebiete W_1 und W_2 (jeweils mit Ausschluß der Halbgeraden). Diese Gebiete heißen W i n k e l f e l d e r.
Man definiert (Bild 2):
Die Figuren, die aus den Halbgeraden a und b und dem Winkelfeld W_1 bzw. W_2 bestehen, heißen W i n k e l.
Man schreibt: ∢ (a, b), gelesen „Winkel zwischen a und b"
∢ (b, a), gelesen „Winkel zwischen b und a".
Da wir uns vorläufig auf Linksdrehungen beschränken, ist ∢ (a, b) dasjenige Gebiet der Ebene, das die Halbgerade a bei einer Linksdrehung überstreicht, bis sie auf die Halbgerade b fällt.
Wie lautet die Erklärung für ∢ (b, a)?
Ein Winkel kann als Punktmenge aufgefaßt werden. Wieso?
Ein Winkel ist die Schnittmenge zweier Halbebenen (Bild 3).

Übung. Bestimme in Bild 4: ∢ (a, b) [grau gerastert] und ∢ (b, a) [rot gerastert].

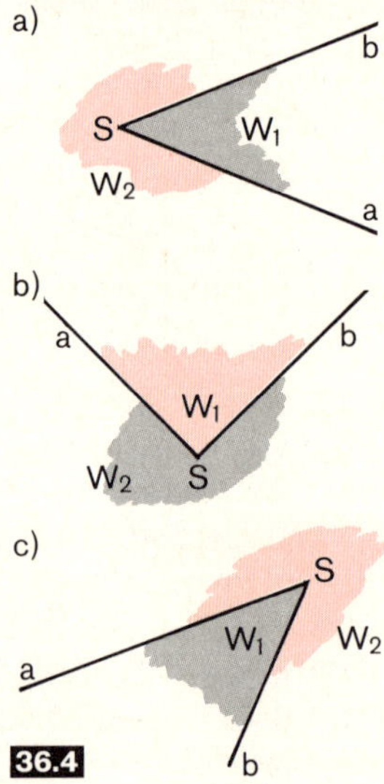

36.4

2. Namen und Bezeichnungen
Die Halbgeraden, die einen Winkel bestimmen, heißen seine S c h e n k e l, der Punkt, von dem beide Schenkel ausgehen, heißt der S c h e i t e l des Winkels (Bild 5).

T **1.** Herr Lehnert fuhr in dieser Woche am Montag 518 km, am Dienstag 293 km, am Mittwoch 413 km, am Donnerstag 173 km und am Freitag 282 km.
a) Die Firma zahlt ihm für jeden Kilometer Fahrt 0,32 DM. Welchen Betrag erhält er erstattet?
b) Wie groß war die mittlere Fahrstrecke pro Tag?

2. Dividiere die Summe aus 105 837 und 216 723
a) durch 12, b) durch 16, c) durch $12 \cdot 16$.

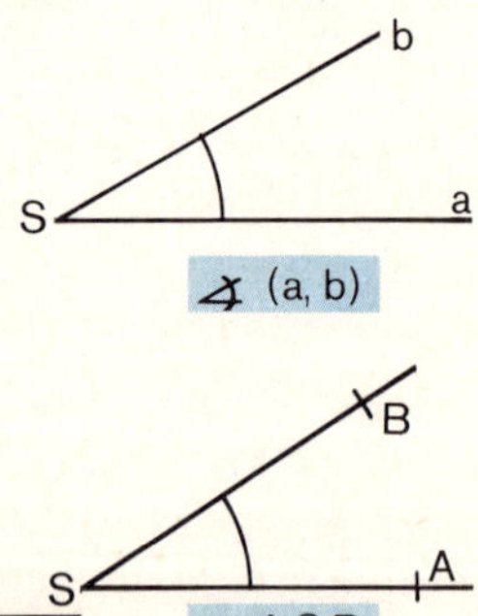

36.5

7.3. Winkelmessung

1. Einteilung der Winkel nach der Größe der Drehung

Ausgezeichnete Winkel entstehen (Bild 1), wenn die Schenkel zusammenfallen (a, g), wenn die Schenkel senkrecht sind (c), wenn die Schenkel eine Gerade bilden (e). Weitere Einteilung und Namen in Bild 1.

Der rechte Winkel entsteht durch eine Vierteldrehung, der gestreckte Winkel durch eine Halbdrehung, der Vollwinkel durch eine Volldrehung.

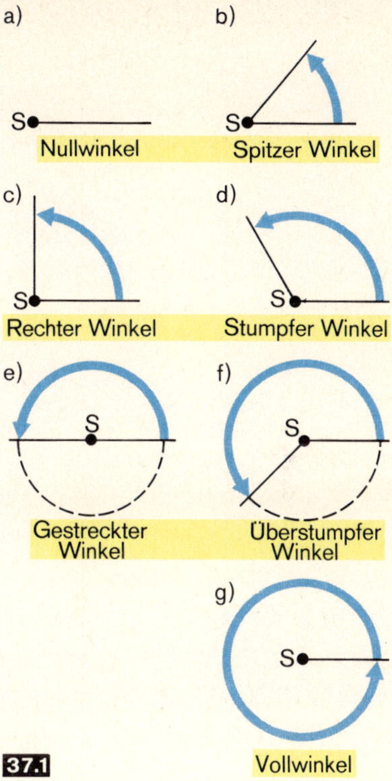

37.1

2. Winkelvergleich

a) Zwei Winkel sind gleich groß, wenn ihre Winkelfelder genau aufeinander passen (Bild 2). Bezeichnen α bzw. β die Größe der beiden Winkel, so ist $\alpha = \beta$.

b) Der Winkel $\sphericalangle (a_1, a_2)$ heißt kleiner als der Winkel $\sphericalangle (b_1, b_2)$ (Bild 3), wenn das Winkelfeld von $\sphericalangle (a_1, a_2)$ nur einen Teil des Winkelfeldes von $\sphericalangle (b_1, b_2)$ deckt. Bezeichnen α bzw. β die Größen der beiden Winkel, so ist $\alpha < \beta$.

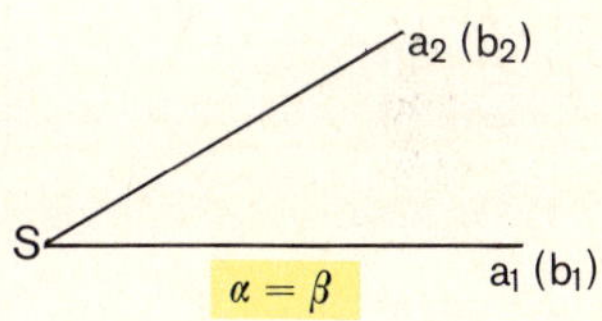

37.2

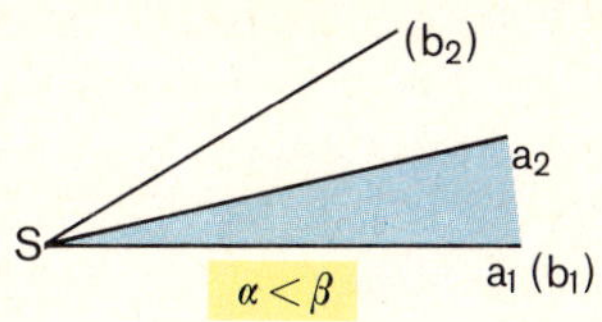

37.3

3. Winkelmessung

Will man einen Winkel messen, so muß man eine W i n k e l e i n h e i t festsetzen, mit der man die übrigen Winkel vergleicht.

a) Eine „natürliche" Einheit wäre der rechte Winkel (R). In dieser Einheit gemessen ist der gestreckte Winkel 2 R, der Vollwinkel 4 R. Miß Winkel im Klassenraum.

b) Der rechte Winkel ist als Winkeleinheit unbequem. Warum?

Man nimmt deshalb den 90. Teil als Einheit. Sie heißt 1 (Winkel-)Grad (1°).[1]

Für genauere Messungen wird der Grad in 60 Minuten ($'$), die Minute in 60 Sekunden ($''$) eingeteilt[2].

Die Einteilung des Vollwinkels in 360 Teile, die weitere Unterteilung in je 60 Teile geht auf das Zahlensystem der Babylonier (60er-System) zurück.

---

[1] gradus (lat.) = Schritt.

[2] partes minutae primae = die ersten verminderten Teile, partes minutae secundae = die zweiten verminderten Teile.

4. Das Ausmessen und Abtragen von Winkeln geschieht mit dem Winkelmesser (Bild 1).

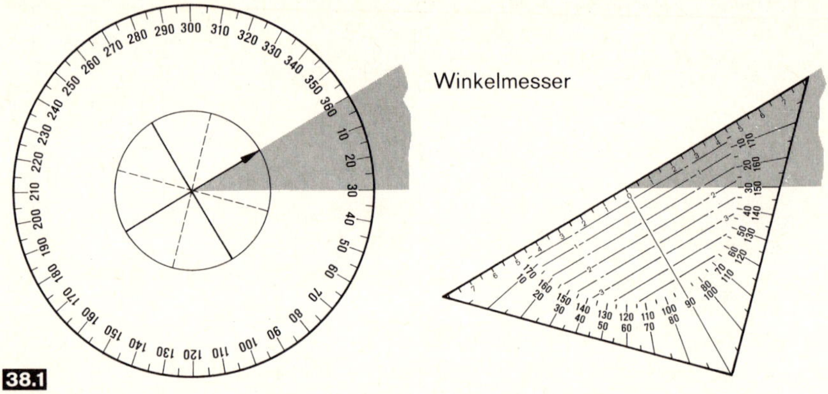

38.1

5. Schreibweise. Hat ein Winkel die Größe 30°, so schreibt man $\alpha = 30°$.
(„Der Winkel mit der Größe $\alpha = 30°$".)

6. Links- und Rechtsdrehungen
In Bild 2 habe ∢ (a, b) die Größe α und ∢ (b, a) die Größe β. Es ist:
bei Linksdrehung (schwarze Pfeile)
$\alpha = +40°, \; \beta = +320°$,
bei Rechtsdrehung (rote Pfeile)
$\alpha = -320°, \; \beta = -40°$.
Welche Verabredung ist getroffen worden?

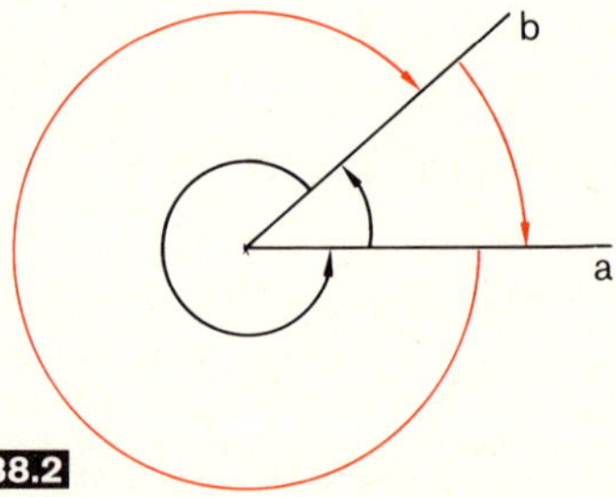

38.2

7. Drehungen durch Winkel > 360°.

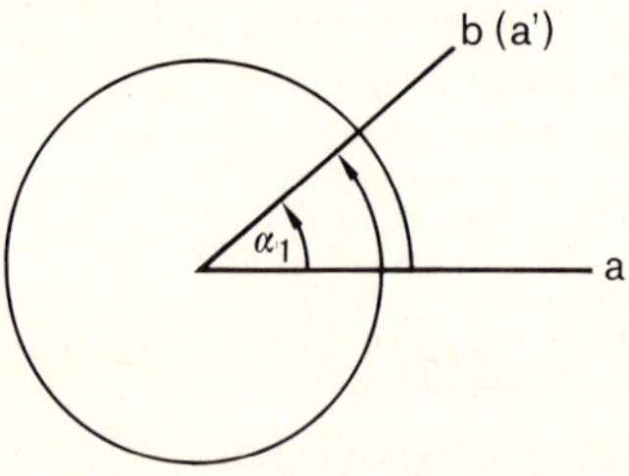

38.3

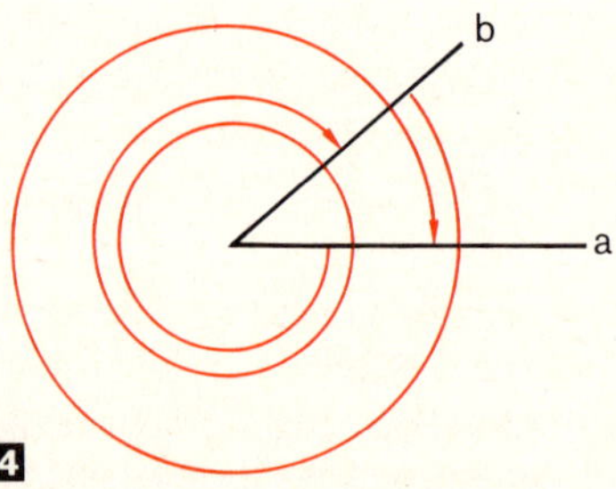

38.4

Bild 3 zeigt ∢ (a, b) mit der Größe $\alpha_1 = 40°$. Dreht man den Schenkel a durch $+(40° + 360°)$, dann fällt a auf b. Die Winkelgröße von ∢ (a, b) kann man deshalb auch mit $\alpha_2 = +(40° + 360°) = +400°$ angeben. Der Winkel ∢ (a, b) hat auch die Größe $\alpha_3 = +720°$. Warum?
Erläutere nun Bild 4.

ÜBUNGEN

Winkel an der Uhr
Man versteht darunter den Winkel, durch den man den großen Zeiger im Uhrzeigersinn drehen müßte, bis er den kleinen Zeiger in seiner augenblicklichen Lage (!) decken würde.

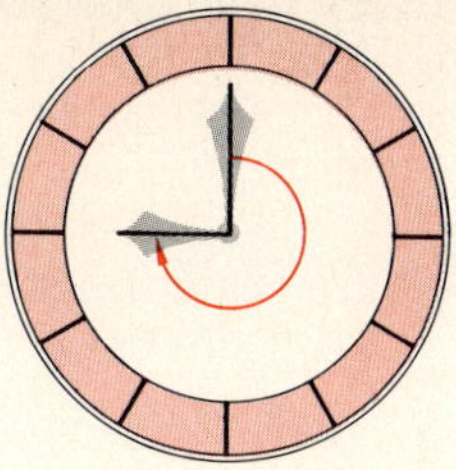

39.1

1. Wie groß ist der Winkel, den die Zeiger einer Uhr bilden

a) um 3.00 Uhr um 6.00 Uhr um 9.00 Uhr
b) um 3.30 Uhr um 6.30 Uhr um 8.30 Uhr

2. Wie groß ist der Winkel, durch den sich der Minutenzeiger dreht:

a) in 1 min in 15 min in 26 min in 35 min
b) in 41 min in 45 min in 54 min in 60 min

3. Zeichne einen Winkel

a) von 35° b) von 70° c) von 125° d) von 147° e) von 230°

4. Zeichne zwei spitze und zwei stumpfe Winkel und miß sie aus.

5. Zeichne eine Gerade g und markiere einen Punkt P auf ihr. Zeichne außerdem einen beliebigen Winkel, seine Größe sei α.
Trage im Punkt P an der Geraden g einen Winkel der Größe α linksherum an. Wieviel Lösungen?

6. Zeichne einen Winkel von 35° und trage im Scheitelpunkt an seinen Schenkeln Winkel von 20° bzw. 40° nach außen an.
Prüfe die Genauigkeit der Zeichnung durch Messung und Rechnung.

★ *7.* Zeichne zwei Winkel der Größe α bzw. β ($\alpha > \beta$) mit $\alpha < 180°$ und $\beta < 180°$. Konstruiere je einen Winkel der Größe a) $\alpha + \beta$, b) $\alpha - \beta$.

8. Zeichne einen spitzen Winkel und verdopple (verdreifache) ihn.

9. Zeichne zwei verschiedene Dreiecke, miß in jedem Dreieck die Winkel und bilde ihre Summe. Was vermutest du?

10. Zeichne ein Viereck nach Bild 2 und bestimme die Summe der Innenwinkel.

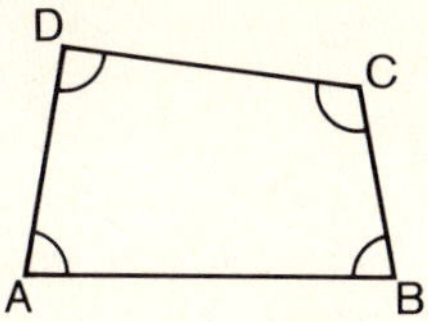

39.2

11. a) Miß die Winkel, die je zwei Kanten des Geodreiecks (eines beliebigen Zeichendreiecks) bilden.

b) Vergleiche die Winkelgrößen mit denen deiner Mitschüler.

c) Nach den Winkelgrößen lassen sich alle Zeichendreiecke in 2 Klassen einteilen.

12. Zeichne einen Winkel, der kleiner als 180° ist. Zeichne nun einen Winkel der gleichen Größe nur mit Hilfe von Zirkel und Lineal.

T Dividiere 49621 a) durch 11, b) durch 13, c) durch $11 \cdot 13$.

Winkel als Richtungsunterschied

Unter N 30° W versteht man die Richtung, die von der Nordrichtung um einen Winkel von 30° gegen Westen abweicht (Bild 1).
Die entgegengesetzte Richtung ist dann S 30° O.

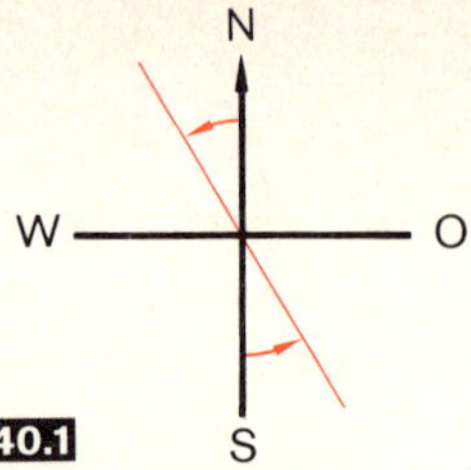

40.1

1. Ein Schiff peilt einen Leuchtturm unter dem Winkel N 40° O an. Unter welchem Winkel wird das Schiff vom Leuchtturm aus angepeilt? (Bild 2)

40.2

2. Zwei Schiffe begegnen sich auf dem Meer. Die Peilung des ersten Schiffes ergibt folgende Richtung:

a) N 55° W	b) S 62° O	c) N 26° O	d) S 18° W
e) N 56° O	f) S 89° O	g) N 17° W	h) S 35° W

Unter welchem Winkel peilt das zweite Schiff das erste an?

3. Bestimme den Richtungsunterschied (den kleineren Winkel) zwischen

a) N 30° W und N 25° O	b) S 25° O und N 25° O
c) N 60° W und S 70° W	d) N 80° W und N 10° W
e) S 40° W und N 10° W	f) S 80° O und S 10° W

4. Ein Regattakurs ist durch drei Bojen markiert (Bild 3). Von Boje 3 aus peilt man Boje 1 unter N 20° W und Boje 2 unter N 15° O an. Von Boje 2 aus peilt man Boje 1 unter N 80° W.

a) Berechne die Winkel, die an den drei Bojen zwischen den Kurslinien entstehen.

b) Bei einer anderen Regatta sollen die Winkel zwischen den Kursen betragen:
bei Boje 3: 30° und bei Boje 1: 55°.
Boje 1 wird von Boje 3 unter N 5° W gepeilt. Berechne alle übrigen Angaben.

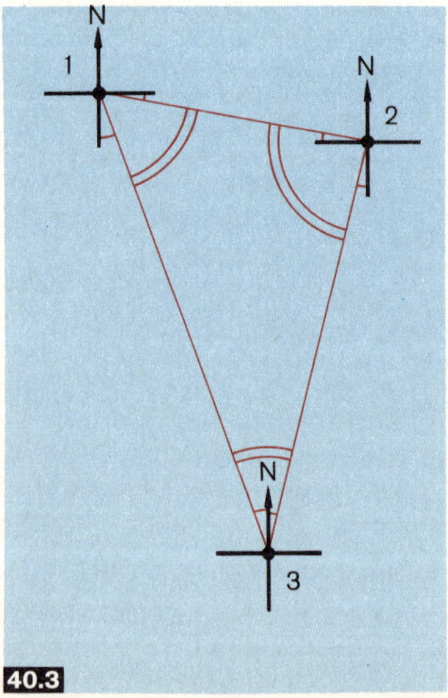

40.3

Bruchzahlen

8. Bruchoperatoren

8.1. Operatoren (Wiederholung)

Die Aussagen sind für Operatoren der 2. Stufe zusammengestellt, weil wir im folgenden vorwiegend mit solchen Operatoren zu tun haben. Sie gelten entsprechend auch für Operatoren der 1. Stufe. Zeige das.

1. Zu jedem Operator gibt es den Gegenoperator.

Beispiele $(\cdot 2) \circ (:2) = (\cdot 1)$ $\qquad (+2) \circ (-2) = (+0)$

2. Mit $\boxed{4}\ (\cdot 5)\ \boxed{20}$ ist zugleich wahr $\boxed{20}\ (:5)\ \boxed{4}$

Vertauscht man in einer Aussage, die einen Operator enthält, Anfangs- und Endzustand, so erhält man wieder eine wahre Aussage, wenn man gleichzeitig den Operator durch den Gegenoperator ersetzt.

3. Mit $\boxed{12}\ (\cdot 2) \circ (:4)\ \boxed{6}$ ist zugleich wahr $\boxed{12}\ (:4) \circ (\cdot 2)\ \boxed{6}$

Gegenbeispiel. $\boxed{25}\ (\cdot 2) \circ (:10)\ \boxed{5}$, dagegen $\boxed{25}\ (:10) \circ (\cdot 2)$ läßt sich so nicht rechnen.

Man darf Operatoren der gleichen Stufe in geeigneten Fällen vertauschen.

4. Mit $\boxed{12}\ (\cdot 2) \circ (:8)\ \boxed{3}$ ist zugleich wahr $\boxed{12}\ (:4)\ \boxed{3}$

Man darf zwei Operatoren der gleichen Stufe zu einem Operator zusammenfassen.

5. Mit $\boxed{12}\ (\cdot 20)\ \boxed{240}$ ist zugleich wahr $\boxed{12}\ (\cdot 2) \circ (\cdot 10)\ \boxed{240}$

Man darf einen Operator in zwei Operatoren der gleichen Stufe zerlegen.

T **1.** Welche Zahl mußt du zu 25 addieren, um 72 zu erhalten?
2. Elli denkt sich eine Zahl. Sie addiert 7 und erhält als Summe 25.
3. Uwe denkt sich eine Zahl. Er subtrahiert 34 und erhält 96.
4. Die Summe von zwei Zahlen ist 9. Wie können die Zahlen heißen?
5. Das Produkt zweier Zahlen ist 90. Die erste Zahl heißt 30.

6. Mit $\boxed{24}\ (\cdot 4) \circ (:6)\ \boxed{16}$ ist zugleich wahr $\boxed{24}\ (\cdot 8) \circ (:12)\ \boxed{16}$

und auch $\boxed{24}\ (\cdot 2) \circ (:3)\ \boxed{16}$

Beweis. $\boxed{24}\ (\cdot 4) \circ (:6) = \boxed{24}\ (\cdot 4) \circ (\cdot 2) \circ (:2) \circ (:6) = \boxed{24}\ (\cdot 8) \circ (:12)$

und $\boxed{24}\ (\cdot 4) \circ (:6) = \boxed{24}\ (\cdot 4) \circ (:2) \circ (\cdot 2) \circ (:6) = \boxed{24}\ (\cdot 2) \circ (:3)$

Treten ein Multiplikator und ein Divisor hintereinander auf, so darf man beide mit derselben natürlichen Zahl multiplizieren oder durch dieselbe natürliche Zahl dividieren.

Man kann kurz sagen:
Die Operatorenketten $(\cdot 4) \circ (:6)$, $(\cdot 8) \circ (:12)$ und $(\cdot 2) \circ (:3)$

sind wirkungsgleich.

ÜBUNGEN

Wende die Umformungsregeln an.

1.
$\boxed{96}\ (:12) \circ (\cdot 8)$
$\boxed{140}\ (:2) \circ (\cdot 3)$
$\boxed{45}\ (\cdot 16) \circ (:24)$

2.
$\boxed{11}\ (:3) \circ (\cdot 6) \circ (\cdot 5)$
$\boxed{12}\ (\cdot 2) \circ (:2) \circ (\cdot 7)$
$\boxed{5}\ (\cdot 3) \circ (\cdot 8) \circ (:3)$

● *3.*
$\boxed{20}\ (\cdot 45) \circ (:36)$
$\boxed{36}\ (\cdot 2) \circ (:6)$
$\boxed{80}\ (\cdot 30) \circ (:20)$

● *4.*
$\boxed{33}\ (\cdot 2) \circ (\cdot 5) \circ (:3)$
$\boxed{24}\ (\cdot 4) \circ (\cdot 7) \circ (:8)$
$\boxed{700}\ (:4) \circ (\cdot 19) \circ (:25)$

★ *5.*
$\boxed{42}\ (\cdot 2) \circ (\cdot 14) \circ (:8) \circ (\cdot 5) \circ (\cdot 10) \circ (:15)\ \boxed{}$
$\boxed{31}\ (\cdot 7) \circ (\cdot 21) \circ (\cdot 6) \circ (:12) \circ (\cdot 4) \circ (:15)\ \boxed{}$
$\boxed{17}\ (\cdot 18) \circ (:27) \circ (\cdot 15) \circ (:30) \circ (\cdot 45) \circ (:15)\ \boxed{}$

T **1.** Ein Quader ist 4 cm lang, 3 cm breit und 2 cm hoch.
a) Zeichne ein Schrägbild.
b) Zeichne ein Netz des Quaders, schneide es aus und klebe ein Flächenmodell.

2. Zeichne eine Gerade g und einen Punkt A. Zeichne nun die Senkrechte zur Geraden g durch den Punkt A.

3. Zeichne eine Gerade g und markiere einen Punkt A außerhalb der Geraden. Zeichne durch A die Parallele zur Geraden.

4. Zeichne ein Quadrat, dessen Seiten 4 cm lang sind.

8.2. Einfache Bruchoperatoren

1. Einführung

„Ein Drittel von 12“ bedeutet: „Der dritte Teil von 12“.
Wir schreiben daher: $\frac{1}{3}$ von $12 = 12:3 = 4$.
Wir nennen „$\frac{1}{3}$ von“ einen Bruchoperator und finden als Ergebnis:

Durch den Bruchoperator „$\frac{1}{3}$ von“ wird der Anfangszustand 12 in den Endzustand 4 übergeführt.

Vergleiche auch die folgenden geometrischen Lösungen.

43.1
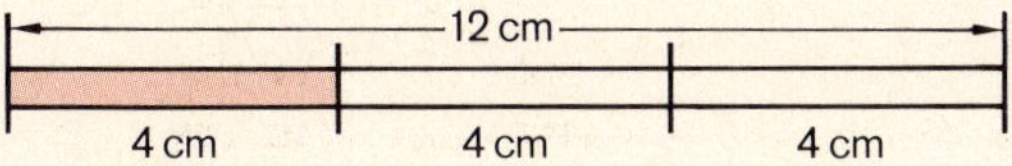

43.2
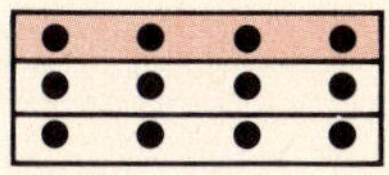

a) Wir teilen eine Strecke von 12 cm Länge in drei gleiche Teile. Dann wird jeder Teil 4 cm lang (Bild 1): $\frac{1}{3}$ von 12 cm = 4 cm.

b) Wir stellen die Zahl 12 in einem Gruppenbild von 3 Zeilen dar. Dann liegen in jeder Zeile 4 Marken (Bild 2): $\frac{1}{3}$ von $12 = 4$.

2. Neue Schreibweise

Wir sind gewohnt, daß der Operator hinter den Anfangszustand geschrieben wird, auf den er einwirkt.

Für $\frac{1}{3}$ von $12 = 4$ schreiben wir daher [12] (davon $\frac{1}{3}$) [4]

Nach den Ausführungen in Nr. 1 und der Verabredung in Nr. 2 gilt:

[12] (davon $\frac{1}{3}$) = [12] (:3) = [4].

ÜBUNGEN

1. [16] (davon $\frac{1}{4}$)
[27] (davon $\frac{1}{3}$)
[42] (davon $\frac{1}{6}$)

● *2.* [38] (davon $\frac{1}{2}$)
[65] (davon $\frac{1}{5}$)
[56] (davon $\frac{1}{8}$)

3. [96] (davon $\frac{1}{12}$)
[80] (davon $\frac{1}{10}$)
[75] (davon $\frac{1}{15}$)

4. Schreibe in die andere Schreibform um und berechne:

a) $\frac{1}{6}$ von 24 m	● b) $\frac{1}{3}$ von 36 kg	c) $\frac{1}{12}$ von 108 DM	★ d) x g = $\frac{1}{24}$ von 360 g
$\frac{1}{4}$ von 20 m	$\frac{1}{9}$ von 54 kg	$\frac{1}{15}$ von 180 DM	24 g = $\frac{1}{8}$ von x g
$\frac{1}{5}$ von 40 m	$\frac{1}{8}$ von 64 kg	$\frac{1}{10}$ von 150 DM	25 g = $\frac{1}{x}$ von 175 g
$\frac{1}{8}$ von 80 m	$\frac{1}{5}$ von 65 kg	$\frac{1}{11}$ von 121 DM	12 g = $\frac{1}{x}$ von 108 g
$\frac{1}{10}$ von 80 m	$\frac{1}{7}$ von 49 kg	$\frac{1}{9}$ von 108 DM	15 g = $\frac{1}{8}$ von x g

8.3. Schwierigere Bruchoperatoren

1. Einführung

„Zwei Drittel von 12“ bedeutet: „Zwei der drei gleichen Teile von 12“.

Wir schreiben $\frac{2}{3}$ von 12 = $\boxed{12}$ (:3) ∘ (·2) = $\boxed{8}$.

Wir nennen „$\frac{2}{3}$ von“ einen Bruchoperator und finden als Ergebnis:

Durch den Bruchoperator „$\frac{2}{3}$ von“ wird der Anfangszustand 12 in den Endzustand 8 übergeführt.

Vergleiche auch die folgenden geometrischen Lösungen. Erkläre sie.

44.1
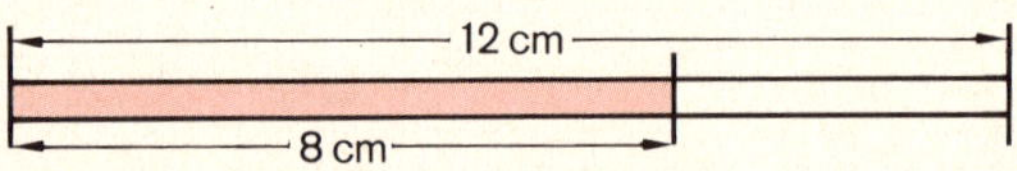

44.2
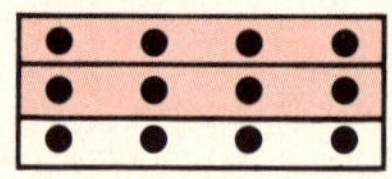

2. Neue Schreibweise

Für $\frac{2}{3}$ von 12 = 8 schreiben wir $\boxed{12}$ (davon $\frac{2}{3}$) $\boxed{8}$

Nach den Ausführungen in Nr. 1 und der Verabredung in Nr. 2 gilt:

$\boxed{12}$ (davon $\frac{2}{3}$) = $\boxed{12}$ (:3) ∘ (·2)

oder auch $\boxed{12}$ (davon $\frac{2}{3}$) = $\boxed{12}$ (·2) ∘ (:3)

In (davon $\frac{2}{3}$) heißt 2 der Zähler, 3 der Nenner des Bruchoperators.

ÜBUNGEN

1.

a)	● b)	c)
$\boxed{15}$ (davon $\frac{2}{3}$)	$\boxed{25}$ (davon $\frac{2}{5}$)	$\boxed{12}$ (davon $\frac{3}{4}$)
$\boxed{20}$ (davon $\frac{3}{5}$)	$\boxed{21}$ (davon $\frac{3}{7}$)	$\boxed{25}$ (davon $\frac{4}{5}$)
$\boxed{18}$ (davon $\frac{5}{6}$)	$\boxed{32}$ (davon $\frac{5}{8}$)	$\boxed{49}$ (davon $\frac{2}{7}$)
$\boxed{28}$ (davon $\frac{3}{4}$)	$\boxed{54}$ (davon $\frac{4}{9}$)	$\boxed{64}$ (davon $\frac{3}{8}$)

d) Gib bei allen Bruchoperatoren der Übungen a), b) und c) den Zähler und den Nenner an.

e) Gib einen Bruchoperator an (1) mit dem Zähler 2 (5, 7), (2) mit dem Nenner 8 (2, 11).

2. In einem Straßenabschnitt von 1104 m Länge sind 24 Straßenlaternen in gleichmäßigen Abständen aufgestellt. Am Anfang und am Ende des Abschnittes steht je eine Laterne. Wie lang ist der Abstand von Laterne zu Laterne?

3.	32	davon $\frac{3}{8}$	*4.*	48	davon $\frac{2}{3}$	*5.*	72	davon $\frac{5}{6}$
	96	davon $\frac{5}{12}$		64	davon $\frac{3}{4}$		72	davon $\frac{3}{4}$
	84	davon $\frac{3}{7}$		40	davon $\frac{7}{8}$		75	davon $\frac{2}{5}$

● *6.* Welches Bruchstück der ganzen Figur (F) ist das rote Teilstück (T)?

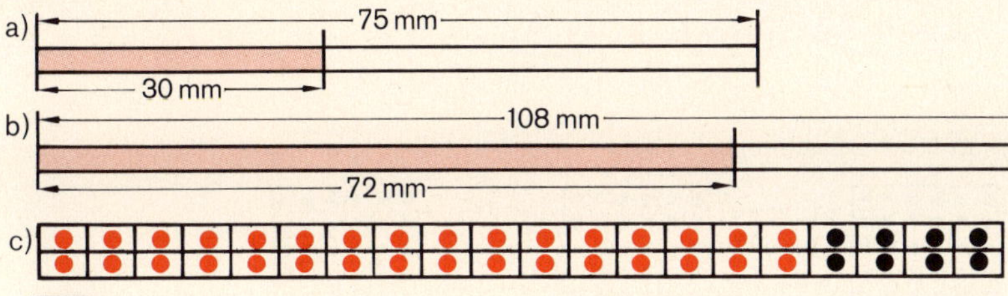

45.1

★ *7.* Kaufmann Schulz sagt nach Ladenschluß zu seiner Frau: „Gestern hatte ich 1650 DM eingenommen, heute war es nur ein Drittel davon." Seine Frau antwortet: „Kurz vor Ladenschluß habe ich mit der Hälfte der Tageseinnahmen einen Lieferanten bezahlt."

★ *8.* Kaufmann Evers verkaufte aus einem Korb Apfelsinen zuerst die Hälfte, dann vom Rest wieder die Hälfte und vom neuen Rest noch einmal die Hälfte. Jetzt lagen noch 3 Apfelsinen im Korb.

9. Welcher Bruchteil der ganzen Fläche ist der rot gerasterte Teil?

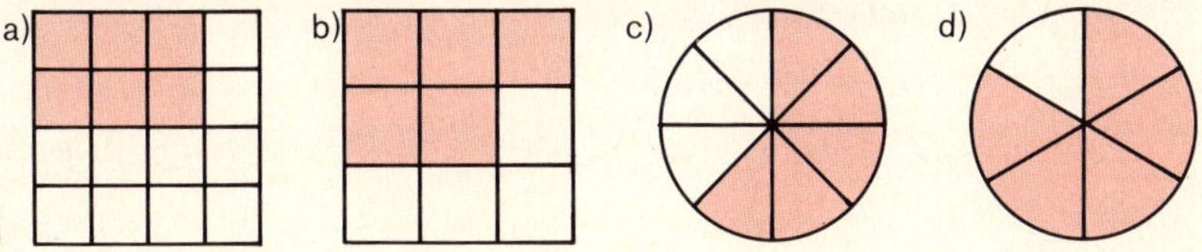

45.2

10.	$\frac{2}{3}$ von 96 g	*11.*	$\frac{2}{9}$ von 108 m	● *12.*	$\frac{2}{5}$ von 55 kg	● *13.*	$\frac{3}{5}$ von 15 DM
	$\frac{3}{5}$ von 125 g		$\frac{5}{8}$ von 160 m		$\frac{3}{10}$ von 70 kg		$\frac{4}{9}$ von 45 DM
	$\frac{5}{6}$ von 30 g		$\frac{2}{3}$ von 36 m		$\frac{7}{12}$ von 84 kg		$\frac{3}{11}$ von 77 DM
	$\frac{3}{4}$ von 80 g		$\frac{4}{5}$ von 80 m		$\frac{5}{12}$ von 96 kg		$\frac{5}{6}$ von 48 DM

14. Udo jammert über die vielen Hausaufgaben: „12 hab ich schon fertig. Aber das sind erst $\frac{3}{5}$ von allen."

8.4. Ketten von Bruchoperatoren; Gegenoperator

1. Prüfe die folgenden Überlegungen (Bild 1):

$$\boxed{30}\ \left(\text{davon } \tfrac{2}{3}\right) \circ \left(\text{davon } \tfrac{2}{5}\right)$$
$$= \boxed{30}\ (:3) \circ (\cdot 2) \circ (:5) \circ (\cdot 2)$$
$$= 30\ (:15) \circ (\cdot 4)$$
$$= 30\ \left(\text{davon } \tfrac{4}{15}\right)$$

46.1

Wir finden (Bild 2):

$$\left(\text{davon } \tfrac{2}{3}\right) \circ \left(\text{davon } \tfrac{2}{5}\right) = \left(\text{davon } \tfrac{4}{15}\right)$$

46.2

Beachte die folgende geometrische Darstellung (Bild 3):

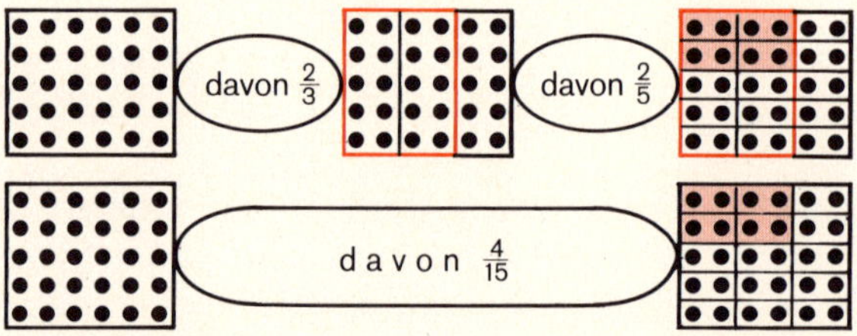

46.3

Zwei Bruchoperatoren, die miteinander verkettet sind, kann man durch e i n e n Bruchoperator ersetzen. Der Zähler (der Nenner) des neuen Bruchoperators ist das Produkt der Zähler (Nenner) der beiden ursprünglichen Operatoren.

$$\left(\text{davon } \tfrac{a}{b}\right) \circ \left(\text{davon } \tfrac{x}{y}\right) = \left(\text{davon } \tfrac{a \cdot x}{b \cdot y}\right) \quad \text{mit} \quad a, b, x, y \in \mathbb{N}^*$$

46.4

2. Gegenoperator eines Bruchoperators

Es ist $\boxed{15}\ \left(\text{davon } \tfrac{2}{3}\right) \circ \left(\text{davon } \tfrac{3}{2}\right)\ \boxed{15}$.

Die Bruchoperatoren $\left(\text{davon } \tfrac{2}{3}\right)$ und $\left(\text{davon } \tfrac{3}{2}\right)$ sind G e g e n o p e r a t o r e n voneinander.

Die Verkettung von Gegenoperatoren verändert den Zustand nicht.

△ **1.** Die Ziffern einer zweistelligen Zahl sind von 0 und voneinander verschieden. Vertausche die Ziffern und bilde die Differenz der Zahlen. Führe die Rechnung an fünf Beispielen durch. Die fünf Ergebnisse besitzen eine gemeinsame Eigenschaft. Welche?

2. Berechne (in 5 Beispielen) die Summe von 3 aufeinanderfolgenden natürlichen Zahlen. Die Ergebnisse haben eine gemeinsame Eigenschaft. Welche?

ÜBUNGEN

1.

24	davon $\frac{1}{2}$	∘	davon $\frac{1}{3}$	
40	davon $\frac{1}{4}$	∘	davon $\frac{1}{2}$	
80	davon $\frac{1}{5}$	∘	davon $\frac{1}{8}$	

● *2.*

30	davon $\frac{2}{5}$	∘	davon $\frac{1}{2}$	
80	davon $\frac{1}{4}$	∘	davon $\frac{1}{5}$	
42	davon $\frac{1}{3}$	∘	davon $\frac{1}{2}$	

3.

84	davon $\frac{2}{3}$	∘	davon $\frac{3}{4}$	
60	davon $\frac{4}{8}$	∘	davon $\frac{2}{3}$	
36	davon $\frac{8}{9}$	∘	davon $\frac{1}{2}$	

● *4.*

72	davon $\frac{3}{4}$	∘	davon $\frac{5}{6}$	
45	davon $\frac{2}{3}$	∘	davon $\frac{3}{5}$	
72	davon $\frac{4}{9}$	∘	davon $\frac{3}{4}$	

5. Werner kaufte für 1,50 DM Süßigkeiten. Damit hat er $\frac{3}{4}$ des Geldes, das er in der Tasche hatte, ausgegeben.

6. Ilse hat 12 DM Taschengeld. Sie kauft sich für $\frac{5}{6}$ dieses Betrages ein Buch.

7. Anita hat 18 DM in ihrer Sparbüchse. Sie entnimmt ihr $\frac{2}{3}$ des Inhalts. Von dem entnommenen Betrag gibt sie $\frac{1}{3}$ für Blumen aus.

8.

84	davon $\frac{2}{3}$	∘	davon $\frac{3}{4}$	
80	davon $\frac{2}{5}$	∘	davon $\frac{3}{4}$	
60	davon $\frac{3}{5}$	∘	davon $\frac{5}{6}$	

★ *9.*

96	davon $\frac{5}{6}$	∘	davon	60
54	davon	∘	davon $\frac{1}{2}$	21
70	davon	∘	davon $\frac{3}{5}$	24

10. Bestimme den Gegenoperator

a)	b)	c)	d)
davon $\frac{2}{3}$	davon $\frac{23}{24}$	davon $\frac{1}{2}$	davon $\frac{7}{10}$
davon $\frac{1}{6}$	davon $\frac{7}{9}$	davon $\frac{1}{100}$	davon $\frac{3}{8}$
davon $\frac{4}{5}$	davon $\frac{7}{12}$	davon $\frac{5}{6}$	davon $\frac{5}{13}$

11.

72	davon $\frac{4}{9}$	∘	davon $\frac{9}{4}$	
12	davon $\frac{3}{4}$	∘	davon	12
21	davon $\frac{5}{7}$	∘	davon	21

12.

90	davon $\frac{8}{9}$	∘	davon	90
16	davon	∘	davon $\frac{5}{8}$	16
24		∘		24

13. Herr M. war Beamter. Sein letztes Gehalt betrug monatlich 2400 DM.

a) Als Ruhegehalt erhielt er $\frac{3}{4}$ seines letzten Gehaltes. Wie hoch war sein Ruhegehalt?

b) Nach seinem Tode erhielt seine Witwe $\frac{3}{5}$ des Ruhegehaltes als Witwenpension. Wie hoch ist sie?

T Ein Tank faßt 20000 Liter. Es wurden abgezapft: 2560 ℓ, 4590 ℓ, 870 ℓ, 2450 ℓ, 750 ℓ und 1850 ℓ. Wieviel Liter Öl sind noch im Tank?

8.5. Eigenschaften der Verkettung von Bruchoperatoren

1. Eigenschaften der Verkettung

a) Die Menge der Bruchoperatoren ist bezüglich der Verkettung *abgeschlossen*, d. h. die Verkettung von Bruchoperatoren führt stets zu einem Bruchoperator.

b) Die Verkettung von Bruchoperatoren ist *kommutativ:*

$$(\text{davon } \tfrac{2}{3}) \circ (\text{davon } \tfrac{2}{5}) = (\text{davon } \tfrac{2}{5}) \circ (\text{davon } \tfrac{2}{3})$$

Beweis.

$$(\text{davon } \tfrac{2}{3}) \circ (\text{davon } \tfrac{2}{5}) = (:3) \circ (\cdot 2) \circ (:5) \circ (\cdot 2) = (:5) \circ (\cdot 2) \circ (:3) \circ (\cdot 2) = (\text{davon } \tfrac{2}{5}) \circ (\text{davon } \tfrac{2}{3})$$

Vergleiche auch Bild 2. Es wirken beide Ketten auf das gleiche Quadrat ein.

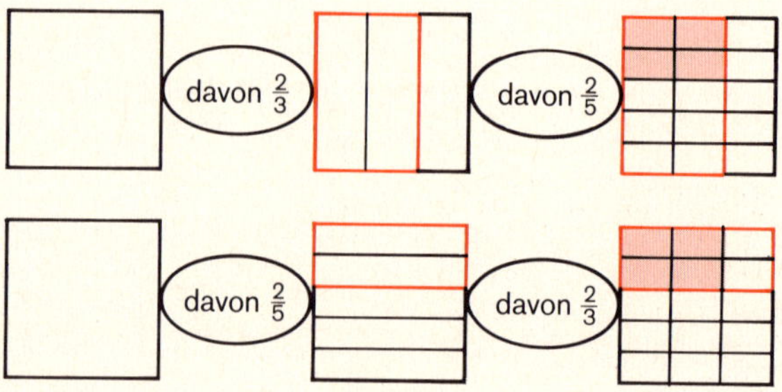

48.2

c) Die Verkettung von Bruchoperatoren ist *assoziativ*. Zeige das an 3 Beispielen.

d) Es gibt einen *neutralen* Bruchoperator, nämlich $(\text{davon } \tfrac{1}{1})$. Zeige das.

Das sind die gleichen Gesetze, wie sie für die Verkettung von Multiplikatoren in $\mathbb{N}$ gelten.
Zeige das.

2. Neue Schreibweise

Wir verwenden daher für Bruchoperatoren die gleiche Schreibweise wie für Multiplikatoren. Dadurch wird die Schreibweise vereinfacht.

Definition Für $(\text{davon } \tfrac{2}{3})$ schreiben wir $(\cdot \tfrac{2}{3})$

Statt $(\text{davon } \tfrac{2}{3}) = (:3) \circ (\cdot 2)$ schreibt man $(\cdot \tfrac{2}{3}) = (:3) \circ (\cdot 2)$

Statt $(\text{davon } \tfrac{2}{3}) = (\cdot 2) \circ (\cdot 3)$ schreibt man $(\cdot \tfrac{2}{3}) = (\cdot 2) \circ (:3)$

3. Für Verkettungen von Bruchoperatoren (Seite 46) heißt jetzt die Regel:

$$\left(\cdot \frac{a}{b}\right) \circ \left(\cdot \frac{x}{y}\right) = \left(\cdot \frac{a \cdot x}{b \cdot y}\right) \quad \text{mit} \quad a, b, x, y \in \mathbb{N}^*$$

4. Bruchzahl

Beim Rechnen in $\mathbb{N}^*$ unterscheiden wir

den Multiplikator $(\cdot 5)$ und die natürliche Zahl 5.

Wir unterscheiden künftig entsprechend:

den **Bruchoperator** $\left(\cdot \frac{3}{4}\right)$ und die **Bruchzahl** $\frac{3}{4}$.

Was eine Bruchzahl ist, erfährst du im nächsten Abschnitt.

ÜBUNGEN

1. Schreibe die Bruchoperatoren mit Malzeichen und rechne dann aus.

a)
- 21 (davon $\frac{2}{3}$)
- 28 (davon $\frac{5}{7}$)
- 45 (davon $\frac{4}{9}$)
- 56 (davon $\frac{3}{8}$)

● b)
- 32 (davon $\frac{3}{4}$)
- 54 (davon $\frac{5}{6}$)
- 63 (davon $\frac{3}{7}$)
- 70 (davon $\frac{3}{10}$)

★ c)
- ☐ (davon $\frac{1}{4}$) 16
- ☐ (davon $\frac{2}{9}$) 36
- ☐ (davon $\frac{7}{8}$) 56
- ☐ (davon $\frac{5}{12}$) 60

2. a)
- 36 $\left(\cdot \frac{2}{3}\right) \circ \left(\cdot \frac{1}{4}\right)$
- 60 $\left(\cdot \frac{4}{5}\right) \circ \left(\cdot \frac{3}{4}\right)$
- 96 $\left(\cdot \frac{5}{6}\right) \circ \left(\cdot \frac{7}{8}\right)$

b)
- 120 $\left(\cdot \frac{3}{8}\right) \circ \left(\cdot \frac{4}{5}\right)$
- 144 $\left(\cdot \frac{7}{9}\right) \circ \left(\cdot \frac{3}{4}\right)$
- 168 $\left(\cdot \frac{5}{6}\right) \circ \left(\cdot \frac{3}{7}\right)$

★ c)
- ☐ $\left(\cdot \frac{1}{2}\right) \circ \left(\cdot \frac{1}{6}\right)$ 168
- ☐ $\left(\cdot \frac{3}{4}\right) \circ \left(\cdot \frac{5}{7}\right)$ 420
- ☐ $\left(\cdot \frac{7}{8}\right) \circ \left(\cdot \frac{2}{3}\right)$ 336

Prüfe die folgenden Zahlen auf ihre Teilbarkeit

1. durch 3 (9)	3266	7122	9054	4812	5940	6789	3618
2. durch 4 (8)	3001	4168	8648	3692	6488	5672	7348
3. durch 5 (15)	6323	7830	6595	4704	7350	9515	9405
4. durch 6 (12)	7344	2628	1435	9246	1248	7152	3342

Setze die Folgen um drei Glieder fort und berechne jeweils die Summe.

5. 1, 3, 6, 10, ... **6.** 1, 2, 4, 8, ... **7.** 2, 5, 8, 11, ... **8.** 640, 320, 160, 80, ...

△ **9.** Bilde (in 5 Beispielen) das Produkt zweier Zahlen, die sich um 2 unterscheiden, und addiere 1. Die entstandenen Terme haben eine gemeinsame Eigenschaft. Welche?

10. Bilde (in 5 Beispielen) das Produkt zweier ungerader Zahlen, die sich um 4 unterscheiden, und addiere 3. Die entstandenen Terme haben eine gemeinsame Eigenschaft. Welche?

9. Bruchzahlen

9.1. Das Kreismodell der Bruchzahlen

1. Vergleiche a) $\boxed{16}\ (\cdot\frac{3}{4}) = \boxed{16}\ (:4) \circ (\cdot 3) = \boxed{12}$

mit b) $\boxed{15}\ (\cdot\frac{3}{4}) = \boxed{15}\ (:4) \circ (\cdot 3) = \boxed{x}$

Ergebnis. Eine Aufgabe dieser Art ist nur lösbar, wenn der Ausgangszustand ein Vielfaches des Nenners des Bruchoperators ist.
Wollen wir, daß auch Aufgaben vom Typ b) eine Lösung haben, müssen wir eine neue Sorte Zahlen einführen.

2. Wir wählen als Bild der Zahl 1 – wie schon öfters – eine Kreisscheibe und wollen „im Kreismodell“ rechnen.

a) Es ist

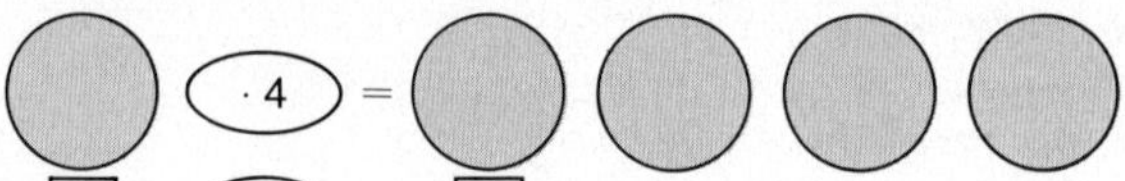

oder in Zahlen $\boxed{1}\ (\cdot 4) = \boxed{4}$

oder einfacher $1 \cdot 4 = 4$

b) Es ist

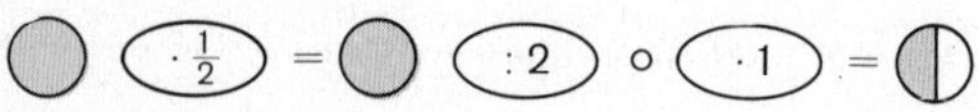

Rechts steht die Hälfte des Vollkreises.
In Analogie zu a) schreiben wir

$\boxed{1}\ (\cdot\frac{1}{2}) = \boxed{\frac{1}{2}}$

oder kürzer $1 \cdot \frac{1}{2} = \frac{1}{2}$.

An Hand dieser Betrachtungen definieren wir:

$\boxed{\frac{1}{2}}$ oder $\frac{1}{2}$ soll das Zeichen für eine Zahl sein. Wir nennen sie eine Bruchzahl. Sie gehört zum Bruchoperator $(\cdot\frac{1}{2})$

T **1.** 458 617 + 429 + 20 831 + 7 603 + 45 + 228 + 7 308
2. 800 702 − 989 − 39 056 − 8 309 − 59 − 878 − 4 727
3. 400 208 − 434 − 88 888 − 5 614 − 89 − 117 − 5 313

3. Wir lösen im Kreismodell die Aufgabe

Rechts stehen zwei Drittel des Vollkreises. In Analogie zu a) schreiben wir

$$\boxed{1}\ (\cdot \tfrac{2}{3}) = \boxed{\tfrac{2}{3}}$$

oder kürzer

$$1 \cdot \tfrac{2}{3} = \tfrac{2}{3}.$$

Wir erklären: $\boxed{\tfrac{2}{3}}$ oder $\tfrac{2}{3}$ soll das Zeichen für diejenige Bruchzahl sein, die zum Bruchoperator $(\cdot \tfrac{2}{3})$ gehört.

4. Wir lösen im Kreismodell die Aufgabe

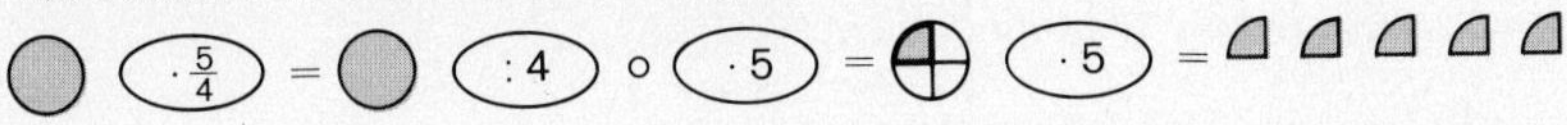

Rechts stehen fünfviertel des Vollkreises. In Analogie zu a) schreiben wir

$$\boxed{1}\ (\cdot \tfrac{5}{4}) = \boxed{\tfrac{5}{4}}$$

oder kürzer

$$1 \cdot \tfrac{5}{4} = \tfrac{5}{4}$$

Wir erklären: $\boxed{\tfrac{5}{4}}$ oder $\tfrac{5}{4}$ soll das Zeichen für diejenige Bruchzahl sein, die zum Bruchoperator $(\cdot \tfrac{5}{4})$ gehört.

5. Definition (Zusammenfassung)

Der Term $\frac{a}{b}$ (gelesen: „a durch b“) mit $a, b \in \mathbb{N}^*$ heißt Bruchzahl.

Es ist $\boxed{\tfrac{a}{b}} = \boxed{1}\ (\cdot \tfrac{a}{b})$.

Das heißt: Man erhält die Bruchzahl $\frac{a}{b}$, wenn man den Bruchoperator $(\cdot \tfrac{a}{b})$ auf die Zahl $\boxed{1}$ einwirken läßt.

Die Zahl über dem Strich, dem Bruchstrich, heißt der Zähler der Bruchzahl. die Zahl unter dem Bruchstrich heißt der Nenner der Bruchzahl.

Eine Bruchzahl mit dem Zähler 1 heißt Stammbruch.
Die Menge der Stammbrüche ist $\{\frac{1}{1}, \frac{1}{2}, \frac{1}{3}, \frac{1}{4}, \ldots\}$.

Die Menge aller Bruchzahlen $\frac{a}{b}$ mit $a, b \in \mathbb{N}^*$ bezeichnen wir mit $\mathbb{B}^*$.
Wie $\mathbb{N}^*$ enthält auch $\mathbb{B}^*$ die Zahl 0 nicht als Element.
Wie $\mathbb{N} = \mathbb{N}^* \cup \{0\}$ ist, so schreiben wir $\mathbb{B}$ für die Menge $\mathbb{B}^* \cup \{0\}$.

T **1.** Alfred multipliziert eine Zahl mit sich selbst und erhält 144. Wie heißt die Zahl?
2. Das Produkt zweier Zahlen ist 24. Wie können die Zahlen heißen? Gib alle Möglichkeiten an.
3. Der Quotient zweier Zahlen ist 2. Wie können die Zahlen lauten? Gib 3 Beispiele.

6. Folgen von Bruchzahlen an der Zahlengeraden (Zweites Modell)
Als Bilder der Bruchzahlen sind hier Strecken gewählt. Wieso?

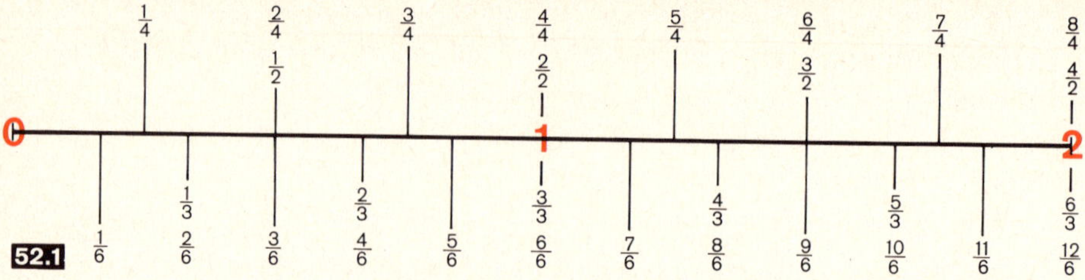

52.1

Bild 1 beschränkt sich auf Bruchzahlen mit den Nennern 2, 3, 4, 6. Einige Bruchzahlen haben mehrere Namen. Welche?

7. Die natürlichen Zahlen sind in die Bruchzahlen eingebettet (Bild 1).
(Mache es dir auch am Kreismodell klar.)
Es ist:

a) $1 = \frac{1}{1}$ $\quad 1 = \frac{2}{2}$ $\quad 1 = \frac{3}{3}$ $\quad 1 = \frac{4}{4}$ $\quad 1 = \frac{5}{5}$ ...
b) $2 = \frac{2}{1}$ $\quad 2 = \frac{4}{2}$ $\quad 2 = \frac{6}{3}$ $\quad 2 = \frac{8}{4}$ $\quad 2 = \frac{10}{5}$ ...

Es gilt zusätzlich:

c) $0 = \frac{0}{1}$ $\quad 0 = \frac{0}{2}$ $\quad 0 = \frac{0}{3}$ $\quad 0 = \frac{0}{4}$ $\quad 0 = \frac{0}{5}$ ...

★ Beweis ($a, k \in \mathbb{N}^*$)

$\boxed{a} = \boxed{1}\,(\cdot a) = \boxed{1}\,(\cdot a)\circ(\cdot k)\circ(:k) = \boxed{1}\,(\cdot ka)\circ(:k) = \boxed{\frac{k\cdot a}{k}}$

8. Gemischte Zahlen
Definition. Für $1 + \frac{1}{2}$ schreibt man $1\frac{1}{2}$, für $1 + \frac{3}{4}$ schreibt man $1\frac{3}{4}$.

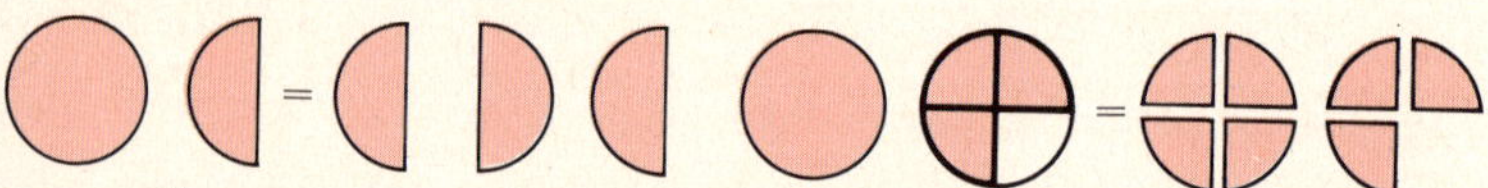

52.2 $\quad 1\frac{1}{2} = \frac{3}{2} \qquad 1\frac{3}{4} = \frac{7}{4}$

Zahlen wie $1\frac{3}{4}$ nennt man **gemischte Zahlen**. Gemischte Zahlen sind Summen aus natürlichen Zahlen und Bruchzahlen.
Es ist $\quad 1\frac{3}{4} = 1 + \frac{3}{4} = \frac{4}{4} + \frac{3}{4} = \frac{7}{4}$.

T **1.** Setze jeweils dreimal passende Größen ein:

a) $\square\ (\cdot 5)\ \square$ $\qquad$ b) $\square\ (:4)\ \square$ $\qquad$ c) $\square\ (\cdot 12)\ \square$

d) $\square\ (\cdot \frac{1}{2})\ \square$ $\qquad$ e) $\square\ (\cdot \frac{2}{4})\ \square$ $\qquad$ f) $\square\ (\cdot \frac{5}{8})\ \square$

2. Verwende Rechenvorteile: $\quad$ a) $39 \cdot 25$ $\quad$ b) $102 \cdot 75$ $\quad$ c) $99 \cdot 101$

ÜBUNGEN

1. Welche Bruchzahlen gehören zu den folgenden Bruchoperatoren?

$(\cdot\frac{7}{12})$ $(\cdot\frac{1}{2})$ $(\cdot\frac{3}{4})$ $(\cdot\frac{5}{6})$ $(\cdot\frac{4}{9})$ $(\cdot\frac{7}{8})$ $(\cdot\frac{1}{10})$

2. Schreibe die Bruchzahlen mit dem Zähler 7 auf, deren Nenner ein Element der Menge $A = \{2, 3, 4, \ldots, 12\}$ ist.

3. Schreibe die Bruchzahlen mit dem Nenner 15 auf, deren Zähler ein Element der Menge $A = \{2, 3, 4, \ldots, 12\}$ ist.

4. Gisela sagt: „Die Bruchzahlen $\frac{2}{3}$ und $\frac{3}{2}$ liegen an derselben Stelle der Zahlengeraden, denn bei beiden Bruchzahlen sind Zähler und Nenner Elemente der Menge $\{2, 3\}$." Was sagst du dazu?

5. Schreibe jede der Zahlen $2, 3, 4, 5, \ldots, 10$
a) als Halbe, b) als Drittel, c) als Viertel, ..., i) als Zehntel.

● *6.* Schreibe als natürliche Zahl $\frac{12}{6}$ $\frac{8}{4}$ $\frac{5}{5}$ $\frac{35}{5}$ $\frac{36}{6}$ $\frac{4}{2}$

● *7.* Schreibe als natürliche Zahl oder als gemischte Zahl
$\frac{7}{4}$ $\frac{6}{5}$ $\frac{11}{8}$ $\frac{11}{6}$ $\frac{16}{8}$ $\frac{9}{6}$ $\frac{9}{5}$ $\frac{12}{6}$ $\frac{9}{8}$ $\frac{4}{3}$ $\frac{7}{5}$

● *8.* Schreibe als Bruchzahl
$1\frac{1}{3}$ $1\frac{3}{5}$ $2\frac{7}{8}$ $1\frac{3}{4}$ $2\frac{4}{5}$ $1\frac{5}{6}$ $2\frac{1}{5}$ $1\frac{1}{6}$ $3\frac{2}{3}$ $1\frac{1}{4}$ $4\frac{3}{5}$

● *9.* Ergänze zur nächsten natürlichen Zahl $3\frac{1}{8}$ $4\frac{3}{4}$ $2\frac{5}{9}$ $5\frac{3}{8}$ $3\frac{1}{4}$

★ *10.* In einer Bruchzahl ist der Nenner doppelt so groß wie der Zähler. Die Summe aus Zähler und Nenner ist 3.

● *11.* Ergänze zur Zahl 1: $\frac{3}{8}$ $\frac{4}{9}$ $\frac{8}{15}$ $\frac{6}{25}$ $\frac{7}{30}$ $\frac{8}{29}$ $\frac{3}{20}$

● *12.* Subtrahiere von 1: $\frac{3}{4}$ $\frac{7}{8}$ $\frac{7}{9}$ $\frac{3}{5}$ $\frac{5}{6}$ $\frac{7}{10}$ $\frac{9}{20}$

13. Schreibe die Bruchzahlen a) mit dem Nenner 2, b) mit dem Nenner 3, c) mit dem Nenner 4, d) mit dem Nenner 5 auf, die an der gleichen Stelle der Zahlengeraden liegen wie die Bruchzahlen
$\frac{3}{1}$ $\frac{5}{1}$ $\frac{7}{1}$ $\frac{8}{1}$ $\frac{9}{1}$ $\frac{12}{1}$ $\frac{15}{1}$

14. Peter sagt: „Alle Gegenstände unserer Umgebung können wir in gleiche Bruchteile zerlegen, z.B. eine Torte, einen Apfel, eine Heftseite, ..."
Hat er recht?
Nenne Beispiele, bei denen die Behauptung von Peter falsch ist.

15. Manche Gegenstände kann man in Gedanken in beliebig viele gleiche Teile zerlegen. In der Praxis sind aber sehr bald Grenzen gesetzt. Versuche einen Papierstreifen in 2, 4, 8, 16, ... Teile zu zerlegen.

16. Vervollständige die folgenden Aussagen:
a) In je mehr gleiche Teile man einen Gegenstand zerlegt, desto ...
b) In je weniger gleiche Teile man einen Gegenstand zerlegt, desto ...

17. Der Stab in Bild 1 ist in 16 gleiche Abschnitte geteilt worden. Der Stab soll ein Bild der Zahl 1 sein. Welche Bruchzahlen entsprechen den gleichfarbigen Teilstücken?

54.1 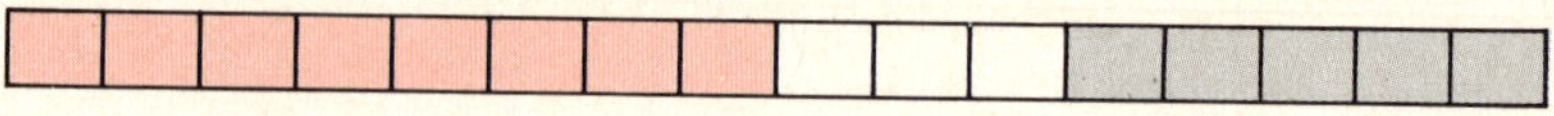

18. Schreibe

a) als Pf	b) als cm	c) als ℓ	d) als mm	e) als m	f) als g
$\frac{1}{2}$ DM	$\frac{1}{2}$ m	$\frac{1}{2}$ hl	$\frac{1}{2}$ m	$\frac{1}{2}$ km	$\frac{1}{4}$ kg
$\frac{1}{4}$ DM	$\frac{2}{5}$ m	$\frac{1}{5}$ hl	$\frac{4}{5}$ m	$\frac{1}{4}$ km	$\frac{3}{4}$ kg
$\frac{3}{4}$ DM	$\frac{7}{10}$ m	$\frac{3}{10}$ hl	$\frac{9}{10}$ m	$\frac{3}{4}$ km	$\frac{1}{8}$ kg

19. Schreibe

a) als kg	b) als Mon.	c) als Std.	d) als Min.	e) als Std.	f) als Tg.
$\frac{3}{10}$ t	$\frac{1}{4}$ J.	$\frac{1}{2}$ Tg.	$\frac{1}{4}$ Std.	15 Min.	12 Std.
$\frac{2}{5}$ t	$\frac{3}{4}$ J.	$\frac{1}{4}$ Tg.	$\frac{3}{4}$ Std.	10 Min.	6 Std.
$\frac{1}{2}$ t	$1\frac{1}{2}$ J.	$1\frac{1}{2}$ Tg.	$\frac{1}{5}$ Std.	20 Min.	4 Std.

20. Jede der folgenden Figuren ist ein Bild der Zahl 1. Welche Bruchzahlen entsprechen jeweils den gleichfarbigen Teilstücken?

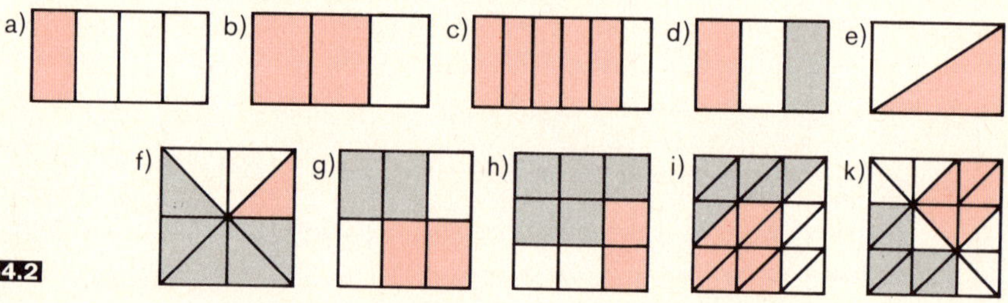

54.2

21. Margot verlor beim Spiel 8 Glaskugeln. Das waren $\frac{2}{3}$ ihrer Kugeln.

22. Horst gibt seinem Bruder $\frac{1}{3}$ seiner Briefmarken. Jetzt hat er noch 90 Stück.

★ *23.* Ute schenkt ihrer Freundin die Hälfte ihrer Abziehbilder und noch 5 Stück dazu. Jetzt hat sie selbst noch 15 Stück. Wieviel hatte sie anfangs?

★ *24.* Wolfgang verschenkt Sahnebonbons: 3 Stück bekommt seine Schwester, den Rest teilt er mit seinen beiden Brüdern. Dabei behält er selbst 4 Bonbons. Wieviel hatte er anfangs?

★ *25.* Die Größe $\frac{1}{3}$ m liegt zwischen den Größen 3 dm und 4 dm. Man schreibt:
$3 \text{ dm} < \frac{1}{3} \text{ m} < 4 \text{ dm}$.
Zwischen welchen Größen a) mit der Einheit Zentimeter, b) mit der Einheit Millimeter liegt die Größe $\frac{1}{3}$ m?

T Gib die Lösungsmenge an

1. von $3x < 10$ a) in $\mathbb{N}$ b) in $\{2, 4, 6, 8, 10\}$ c) in $\{1, 3, 5, \ldots, 99\}$

2. von $7 + x > 10$ a) in $\mathbb{N}$ b) in $\mathbb{V}_4$ c) in $\{1, 2, 3, \ldots, 10\}$

3. von $2x - 9 < 10$ a) in $\mathbb{N}$ b) in $\mathbb{V}_5$ c) in $\{0, 1, 2, \ldots, 10\}$

26. a) Zeichne Bild 1 von Seite 52 nach. Wähle für die Einheit 1 eine Länge von 6 cm.
b) Trage noch die Folge der Bruchzahlen $\frac{1}{5}, \frac{2}{5}, \ldots, \frac{10}{5}$ ein.
c) Schreibe alle eingezeichneten Bruchzahlen der Größe nach auf.

27. Wir betrachten auf einer Zahlengeraden die Marken für:
a) die Menge der natürlichen Zahlen $\{0, 1, 2, 3, \ldots\}$,
b) die Menge der Bruchzahlen $\{\frac{0}{9}, \frac{1}{9}, \frac{2}{9}, \frac{3}{9}, \ldots\}$.
Was fällt dir an der Anordnung der Marken auf?

28. Betrachte die Mengen $\mathbb{S} = \{\frac{0}{7}, \frac{1}{7}, \frac{2}{7}, \frac{3}{7}, \ldots\}$ und $\mathbb{E} = \{\frac{0}{11}, \frac{1}{11}, \frac{2}{11}, \frac{3}{11}, \ldots\}$.
Bei welcher Menge liegen die Marken auf einer Zahlengeraden dichter? Begründe deine Aussage.

★ *29.* a) In welchem Abschnitt der Zahlengeraden liegen die Marken der Bruchzahlen mit dem Zähler 1?
b) Wie sind sie auf diesen Abschnitt verteilt?

30. Welchen Wert hat eine Bruchzahl, wenn Zähler und Nenner gleich sind?

31. Wie ändert sich der Wert einer Bruchzahl, wenn man den Nenner beibehält und den Zähler a) vergrößert, b) verkleinert? Beispiele!

32. Wie ändert sich der Wert einer Bruchzahl, wenn man den Zähler beibehält und den Nenner a) vergrößert, b) verkleinert? Beispiele!

★ *33.* Wir betrachten die folgende Menge $\mathbb{M}$ von Bruchzahlen $\mathbb{M} = \{\frac{3}{2}, \frac{4}{3}, \frac{5}{4}, \frac{6}{5}, \ldots\}$.
a) Gib die nächsten drei Elemente der Menge an. Wie lautet das Gesetz?
b) Schreibe die Elemente als gemischte Zahlen.
c) Vergleiche nun den Wert der Elemente untereinander.

★ *34.* Stelle die gleichen Betrachtungen wie in Übung 33 an bei den Mengen
$\mathbb{C} = \{\frac{4}{2}, \frac{5}{3}, \frac{6}{4}, \frac{7}{5}, \ldots\}$ $\qquad$ $\mathbb{D} = \{\frac{10}{2}, \frac{11}{3}, \frac{12}{4}, \frac{13}{5}, \ldots\}$

35. Zeichne die Bilder 1 bis 3 vergrößert in dein Heft.

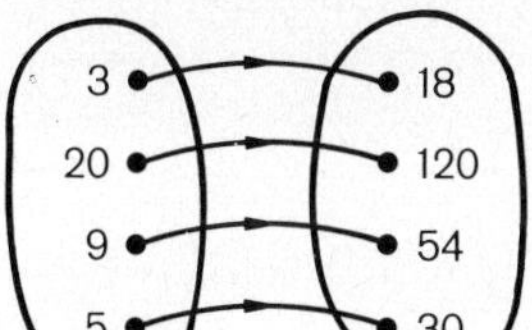

55.1

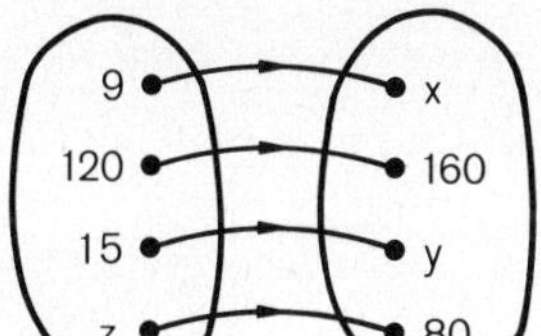

55.2

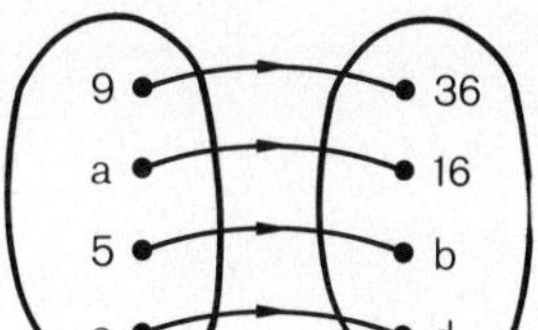

55.3

Die schwarzen Pfeile bedeuten
a) in Bild 1 „ist der 6. Teil von“, b) in Bild 2 „ist $\frac{3}{4}$ von“, c) in Bild 3 „ist $\frac{1}{4}$ von“.
Setze für die Platzhalter Zahlen, so daß wahre Aussagen entstehen.
Zeichne überall einen roten Pfeil von rechts nach links. Was bedeutet er in den einzelnen Bildern?

9.2. Bruchzahlen haben viele Namen

Schon auf Seite 52 haben wir Bruchzahlen kennengelernt, die mehrere Namen haben. Wir untersuchen die Frage: Trifft das bei allen Bruchzahlen zu?

1. Wir rechnen mit Kreisstücken als Modelle für Bruchzahlen.

a) In Bild 1a) ist die Kreisfläche in 4 gleiche Stücke zerlegt worden, und es sind 3 Stücke genommen worden. Es ist die Bruchzahl „dreiviertel" ($\frac{3}{4}$) dargestellt.

56.1

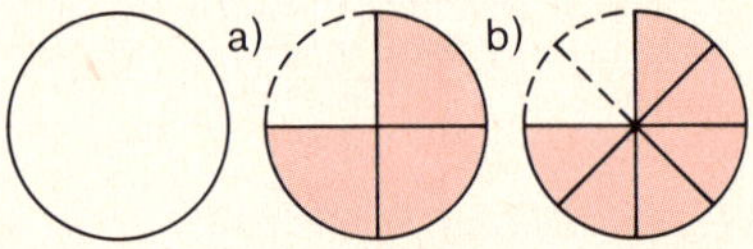

56.2

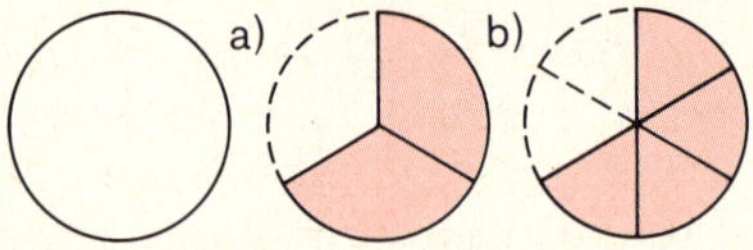

In Bild 1b) ist die Kreisfläche in $2 \cdot 4 = 8$ gleiche Stücke zerlegt worden, und es sind $2 \cdot 3 = 6$ Stücke genommen worden. Es ist die Bruchzahl „sechsachtel" ($\frac{6}{8}$) dargestellt.
Ersichtlich ist $\frac{3}{4} = \frac{6}{8}$

Der Übergang vom Namen $\frac{3}{4}$ zum Namen $\frac{6}{8}$ heißt Erweitern.

b) Was kannst du aus Bild 2 ablesen?

2. Wir formen Bruchzahlen um. (Begründe die einzelnen Schritte.)

a) $\boxed{\frac{3}{4}} = \boxed{1}\ (\cdot \frac{3}{4})$
$= \boxed{1}\ (:4) \circ (\cdot 3)$
$= \boxed{1}\ (:8) \circ (\cdot 6)$ (Seite 42, Nr. 6)
$= \boxed{\frac{6}{8}}$

b) $\boxed{\frac{2}{3}} = \boxed{1}\ (\cdot \frac{2}{3})$
$= \boxed{1}\ (:3) \circ (\cdot 2)$
$= \boxed{1}\ (:9) \circ (\cdot 6)$
$= \boxed{\frac{6}{9}}$

3. Erweitern. Aus den Betrachtungen in Nr. 1 und 2 lesen wir ab

a) $\boxed{\frac{3}{4}} = \boxed{\frac{3 \cdot 2}{4 \cdot 2}} = \boxed{\frac{6}{8}}$

b) $\boxed{\frac{2}{3}} = \boxed{\frac{2 \cdot 3}{3 \cdot 3}} = \boxed{\frac{6}{9}}$

Ergebnis. Man kann eine Bruchzahl auf verschiedene Weise schreiben und nennen. Multipliziert man Zähler *und* Nenner mit derselben Zahl, dann erhält man einen neuen Namen für die gleiche Bruchzahl. Diese Umformung in eine neue Schreibform heißt Erweitern (Siehe Bild 3).

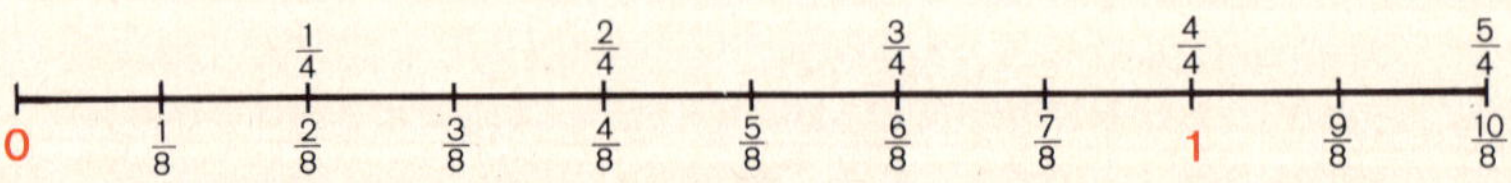

56.3

4. Aus den Aussagen in Nr. 3 folgt umgekehrt:

a) $\boxed{\frac{6}{8}} = \boxed{\frac{6:2}{8:2}} = \boxed{\frac{3}{4}}$

Beweis

$\boxed{\frac{6}{8}} = \boxed{1}\,(:8) \circ (\cdot 6)$

$= \boxed{1}\,(:4) \circ (\cdot 3)$

$= \boxed{\frac{3}{4}}$

b) $\boxed{\frac{6}{9}} = \boxed{\frac{6:3}{9:3}} = \boxed{\frac{2}{3}}$

Beweis

$\boxed{\frac{6}{9}} = \boxed{1}\,(:9) \circ (\cdot 6)$

$= \boxed{1}\,(:3) \circ (\cdot 2)$

$= \boxed{\frac{2}{3}}$

Ergebnis. Haben Zähler und Nenner einer Bruchzahl einen gemeinsamen Teiler, so kann man Zähler und Nenner durch den gemeinsamen Teiler dividieren. Man erhält einen neuen Namen für die Bruchzahl. Dabei ändert sich der Wert natürlich nicht.
Diese Umwandlung in eine neue Schreibform heißt K ü r z e n.

5. Regel

Eine Bruchzahl wird *erweitert*, wenn man Zähler *und* Nenner mit derselben natürlichen Zahl ($\neq 0$) (der Erweiterungszahl) multipliziert.

$\frac{a}{b} = \frac{a \cdot k}{b \cdot k}$ $(a, b, k \in \mathbb{N}^*)$

$\frac{3}{5} = \frac{3 \cdot 2}{5 \cdot 2} = \frac{6}{10}$

Eine Bruchzahl wird *gekürzt*, wenn man Zähler *und* Nenner durch dieselbe natürliche Zahl ($\neq 0$) (der Kürzungszahl) dividiert.

$\frac{a}{b} = \frac{a:k}{b:k}$ $(a, b, k \in \mathbb{N}^*)$, $k|a$, $k|b$

$\frac{30}{45} = \frac{30:15}{45:15} = \frac{2}{3}$

Bruchzahlen, die durch Erweitern oder Kürzen auseinander hervorgehen, haben auf der Zahlengeraden denselben Bildpunkt. Unter diesen Bruchzahlen gibt es eine, die sich nicht weiter kürzen läßt.

Beispiel $\frac{3}{4} = \frac{6}{8} = \frac{9}{12} = \frac{12}{16} = \frac{15}{20} = \frac{18}{24} = \ldots$

$\frac{315}{525} = \frac{63}{105} = \frac{21}{35} = \frac{3}{5}$.

T Bestimme die Lösungsmenge in $\mathbb{N}$.

1. a) $x + 37 = 47$ b) $y + 13 < 47$ c) $x - 37 = 47$ d) $y - 13 < 47$

2. a) $7 < x < 50$ b) $12 > y > 0$ c) $12 < x < 13$ d) $1 < 2 \cdot x < 10$

3. a) $2 \cdot x = 80$ b) $2 \cdot x > 80$ c) $2 \cdot x + 2 < 80$ d) $2 \cdot x - 2 > 80$

4.

·	7	84	513	209
5673				
8394				

5.

:	20	18	64	720
5760				
4320				

ÜBUNGEN

Mündlich und halbschriftlich

1. Erweitere $\frac{2}{3}$ mit 2 $\quad \frac{3}{8}$ mit 4 $\quad \frac{2}{3}$ mit 3 $\quad \frac{5}{12}$ mit 5 $\quad \frac{4}{15}$ mit 8

2. Kürze $\frac{15}{20} \quad \frac{8}{12} \quad \frac{9}{12} \quad \frac{10}{20} \quad \frac{6}{8} \quad \frac{25}{30} \quad \frac{12}{15} \quad \frac{24}{36} \quad \frac{8}{16} \quad \frac{6}{12}$

3. Bestimme die Kürzungszahl. Prüfe die Aussagen.
$\frac{24}{36}=\frac{2}{3} \quad \frac{63}{72}=\frac{7}{8} \quad \frac{60}{80}=\frac{3}{4} \quad \frac{33}{55}=\frac{3}{5} \quad \frac{32}{36}=\frac{8}{9} \quad \frac{26}{39}=\frac{2}{3}$

4. Bringe die Bruchzahl $\frac{1}{3}$ auf die Nenner 6, 9, 12, 15, 18, 21, 24.

5. Suche die Erweiterungszahl und den fehlenden Zähler.
a) $\frac{3}{4}=\frac{x}{8}$ b) $\frac{5}{6}=\frac{x}{18}$ c) $\frac{12}{18}=\frac{y}{9}$ d) $\frac{25}{30}=\frac{z}{6}$ e) $\frac{1}{2}=\frac{u}{8}$ f) $\frac{4}{5}=\frac{x}{40}$

6. Bestimme die fehlenden Größen.

a)

12 m	$\cdot\frac{5}{6}$	
	$\cdot\frac{3}{4}$	24 m
75 m	$\cdot\frac{3}{5}$	

b)

18 kg	$\cdot\frac{x}{y}$	12 kg
	$\cdot\frac{4}{8}$	112 kg
	$\cdot\frac{5}{13}$	65 kg

c)

48 t	$\cdot\frac{a}{b}$	16 t
57 t	$\cdot\frac{2}{3}$	
	$\cdot\frac{2}{5}$	20 t

Schriftlich

7. In Bild 1 bedeuten die Pfeile „hat auf der Zahlengeraden dieselbe Marke wie".
a) Was bedeutet das für den Wert der Bruchzahlen in den einzelnen Klassen?
b) Zeichne das entsprechende Diagramm für die Bruchzahlen
$\frac{9}{12} \quad \frac{6}{14} \quad \frac{12}{16} \quad \frac{21}{28} \quad \frac{15}{35} \quad \frac{28}{35} \quad \frac{21}{49}$

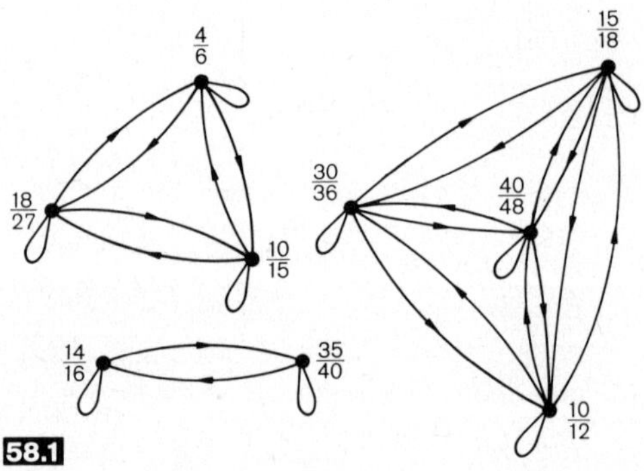

58.1

8. Erweitere auf Hundertstel.
a) $\frac{1}{2} \quad \frac{1}{4} \quad \frac{1}{5} \quad \frac{3}{5} \quad \frac{4}{5}$ b) $\frac{17}{20} \quad \frac{9}{5} \quad \frac{13}{20} \quad \frac{11}{25} \quad \frac{37}{50}$

9. Kürze möglichst weit.
a) $\frac{9}{12} \quad \frac{20}{25} \quad \frac{6}{8} \quad \frac{4}{10} \quad \frac{12}{14} \quad \frac{22}{24}$ b) $\frac{18}{20} \quad \frac{14}{30} \quad \frac{32}{50} \quad \frac{98}{100} \quad \frac{38}{40} \quad \frac{34}{36}$
c) $\frac{5}{10} \quad \frac{15}{20} \quad \frac{10}{25} \quad \frac{5}{30} \quad \frac{35}{40} \quad \frac{45}{50}$ d) $\frac{75}{10} \quad \frac{90}{25} \quad \frac{20}{30} \quad \frac{44}{35} \quad \frac{60}{75} \quad \frac{35}{90}$

10. Kürze, ohne die Produkte vorher auszurechnen.
a) $\frac{8\cdot 7}{7\cdot 9}$ b) $\frac{9\cdot 20}{21\cdot 18}$ c) $\frac{2\cdot 3\cdot 5}{8\cdot 6\cdot 10}$ ● d) $\frac{15\cdot 24}{36\cdot 35}$ ● e) $\frac{18\cdot 35}{42\cdot 25}$ ● f) $\frac{9\cdot 12\cdot 3}{15\cdot 24}$
$\frac{5\cdot 12}{15\cdot 18} \quad \frac{14\cdot 30}{35\cdot 12} \quad \frac{7\cdot 4\cdot 10}{5\cdot 4\cdot 12} \quad \frac{16\cdot 25}{20\cdot 12} \quad \frac{15\cdot 8}{25\cdot 3} \quad \frac{14\cdot 48}{7\cdot 16\cdot 15}$

ÜBUNGEN

Mündlich und halbschriftlich

11. Erweitere $\frac{3}{4}$ mit 5 $\quad \frac{5}{11}$ mit 12 $\quad \frac{7}{15}$ mit 6 $\quad \frac{7}{12}$ mit 4 $\quad \frac{9}{10}$ mit 7 $\quad \frac{8}{13}$ mit 6

12. Kürze $\frac{14}{21} \quad \frac{56}{63} \quad \frac{48}{56} \quad \frac{33}{77} \quad \frac{60}{84} \quad \frac{26}{39} \quad \frac{45}{105} \quad \frac{35}{49} \quad \frac{36}{45} \quad \frac{77}{88} \quad \frac{50}{70} \quad \frac{24}{48}$

13. Bestimme die Erweiterungszahl. Prüfe die Aussagen.

$\frac{1}{2} = \frac{3}{6} \quad \frac{3}{4} = \frac{15}{20} \quad \frac{5}{6} = \frac{15}{18} \quad \frac{7}{20} = \frac{14}{40} \quad \frac{8}{9} = \frac{24}{27} \quad \frac{11}{15} = \frac{44}{60} \quad \frac{5}{12} = \frac{25}{60}$

14. Bringe die Bruchzahl $\frac{3}{4}$ auf die Nenner 8, 20, 12, 24, 16, 32, 28.

15. Suche die Erweiterungszahl und den fehlenden Zähler bzw. Nenner.

a) $\frac{2}{3} = \frac{6}{a}$ b) $\frac{4}{5} = \frac{12}{a}$ c) $\frac{16}{20} = \frac{8}{x}$ d) $\frac{27}{36} = \frac{3}{b}$ e) $\frac{32}{48} = \frac{16}{y}$ f) $\frac{y}{5} = \frac{20}{y}$ g) $\frac{3}{4} = \frac{21}{x}$

$\frac{y}{2} = \frac{2}{4} \quad \frac{b}{8} = \frac{3}{4} \quad \frac{z}{10} = \frac{18}{20} \quad \frac{x}{15} = \frac{2}{5} \quad \frac{x}{12} = \frac{2}{3} \quad \frac{a}{6} = \frac{1}{2} \quad \frac{y}{9} = \frac{18}{27}$

16. Suche den passenden Bruchoperator.

a) 2 cm = $\frac{a}{b}$ von 8 cm $\quad$ b) 8 m = $\frac{x}{y}$ von 12 m $\quad$ c) 10 kg = $\frac{u}{v}$ von 50 kg

12 cm = $\frac{a}{b}$ von 48 cm $\quad$ 15 m = $\frac{x}{y}$ von 25 m $\quad$ 2 kg = $\frac{u}{v}$ von 16 kg

Schriftlich

17. Bild 1 ist ein Mengendiagramm der Menge $A = \{\frac{1}{2}, \frac{2}{3}, \frac{1}{4}, \frac{5}{6}, \frac{8}{9}\}$. Die Elemente sollen der Größe nach geordnet werden. Bild 2 zeigt die Lösung. Was bedeuten die Pfeile?

18. Ordne wie in Übung 17 die Elemente der Menge $C = \{\frac{1}{2}, \frac{2}{3}, \frac{1}{4}, \frac{3}{4}, \frac{5}{6}, \frac{3}{8}, \frac{5}{12}, \frac{9}{16}, \frac{15}{16}\}$, indem du jeden Bruch auf den Nenner 48 erweiterst.

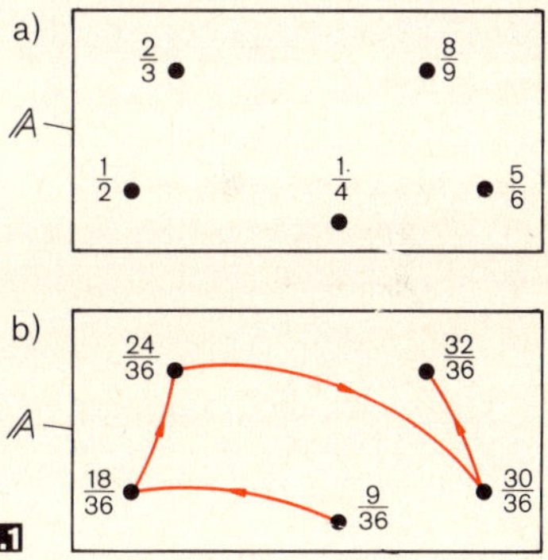

59.1

19. Erweitere auf Tausendstel.

a) $\frac{1}{2} \quad \frac{1}{4} \quad \frac{1}{5} \quad \frac{3}{4} \quad \frac{9}{10} \quad \frac{2}{5} \quad \frac{1}{8} \quad \frac{17}{20} \quad \frac{3}{8} \quad \frac{5}{8}$

● b) $\frac{7}{8} \quad \frac{1}{25} \quad \frac{1}{50} \quad \frac{7}{25} \quad \frac{1}{20} \quad \frac{43}{50} \quad \frac{17}{100} \quad \frac{8}{125} \quad \frac{49}{200} \quad \frac{51}{100}$

★ *20.* Ordne die Bruchzahlen in Übung 19 nach der Größe. Verwende in a) das Zeichen $<$, in b) das Zeichen $>$.

21. Kürze möglichst weit.

a) $\frac{72}{108} \quad \frac{90}{135} \quad \frac{85}{102} \quad \frac{180}{216} \quad \frac{100}{144}$ $\quad$ ● b) $\frac{108}{180} \quad \frac{75}{225} \quad \frac{42}{126} \quad \frac{225}{375} \quad \frac{144}{180}$

c) $\frac{150}{275} \quad \frac{175}{210} \quad \frac{540}{612} \quad \frac{660}{165} \quad \frac{330}{132}$ $\quad$ ● d) $\frac{425}{20} \quad \frac{675}{150} \quad \frac{612}{90} \quad \frac{208}{304} \quad \frac{125}{135}$

e) $\frac{252}{432} \quad \frac{315}{525} \quad \frac{288}{360} \quad \frac{336}{624} \quad \frac{315}{405}$ $\quad$ ★ f) $\frac{396}{576} \quad \frac{228}{684} \quad \frac{144}{192} \quad \frac{396}{468} \quad \frac{198}{484}$

ÜBUNGEN

Mündlich und halbschriftlich

22. Erweitere $\frac{4}{5}$ mit 4 $\frac{8}{9}$ mit 8 $\frac{7}{20}$ mit 10 $\frac{3}{25}$ mit 4 $\frac{6}{13}$ mit 7 $\frac{11}{12}$ mit 9

23. Kürze $\frac{16}{48}$ $\frac{20}{24}$ $\frac{25}{35}$ $\frac{65}{90}$ $\frac{38}{57}$ $\frac{90}{168}$ $\frac{21}{28}$ $\frac{48}{96}$ $\frac{64}{80}$ $\frac{52}{65}$ $\frac{72}{120}$ $\frac{40}{120}$

24. Prüfe die Aussagen.
$\frac{3}{4}=\frac{57}{76}$ $\frac{72}{96}=\frac{2}{3}$ $\frac{5}{6}=\frac{85}{102}$ $\frac{65}{78}=\frac{5}{6}$ $\frac{4}{5}=\frac{68}{90}$ $\frac{3}{7}=\frac{42}{98}$ $\frac{5}{6}=\frac{35}{42}$

25. Bringe die Bruchzahlen auf den Nenner 60: $\frac{1}{2}$ $\frac{2}{3}$ $\frac{1}{4}$ $\frac{3}{4}$ $\frac{2}{5}$ $\frac{5}{6}$ $\frac{3}{10}$ $\frac{7}{12}$ $\frac{4}{15}$

26. Bestimme den fehlenden Nenner.
a) $\frac{3}{b}=\frac{9}{12}$ b) $\frac{2}{y}=\frac{8}{12}$ c) $\frac{12}{a}=\frac{3}{4}$ d) $\frac{20}{y}=\frac{2}{3}$ e) $\frac{22}{b}=\frac{2}{5}$ f) $\frac{36}{z}=\frac{3}{5}$ g) $\frac{45}{u}=\frac{3}{5}$

27. Suche den passenden Bruchoperator
a) 30 cm = $\frac{x}{y}$ von 90 cm b) 20 m = $\frac{x}{y}$ von 60 m c) 14 kg = $\frac{u}{v}$ von 35 kg
25 cm = $\frac{x}{y}$ von 75 cm 16 m = $\frac{x}{y}$ von 80 m 18 kg = $\frac{u}{v}$ von 72 kg

Schriftlich

28. Ordne die Bruchzahlen nach der Größe. Erweitere vorher
zu $\frac{}{40}$ a) $\frac{1}{4}$ $\frac{1}{5}$ $\frac{4}{5}$ $\frac{5}{8}$ $\frac{1}{10}$ $\frac{7}{10}$ b) $\frac{1}{2}$ $\frac{3}{4}$ $\frac{1}{8}$ $\frac{7}{8}$ $\frac{3}{10}$
zu $\frac{}{48}$ c) $\frac{1}{2}$ $\frac{3}{4}$ $\frac{3}{8}$ $\frac{1}{12}$ $\frac{11}{12}$ $\frac{9}{16}$ d) $\frac{2}{3}$ $\frac{5}{6}$ $\frac{5}{8}$ $\frac{7}{12}$ $\frac{5}{16}$
zu $\frac{}{60}$ ● e) $\frac{1}{3}$ $\frac{1}{4}$ $\frac{1}{6}$ $\frac{3}{5}$ $\frac{7}{12}$ $\frac{4}{15}$ ● f) $\frac{1}{2}$ $\frac{2}{3}$ $\frac{3}{4}$ $\frac{5}{6}$ $\frac{9}{10}$
zu $\frac{}{80}$ ● g) $\frac{1}{2}$ $\frac{3}{4}$ $\frac{3}{5}$ $\frac{5}{8}$ $\frac{1}{8}$ $\frac{7}{10}$ ● h) $\frac{3}{16}$ $\frac{7}{16}$ $\frac{3}{20}$ $\frac{11}{20}$ $\frac{13}{20}$

29. Ordne nach der Größe. Verwende in a) das Zeichen $<$, in b) das Zeichen $>$.
a) Erweitere auf den Nenner 120 $\frac{1}{3}$ $\frac{3}{4}$ $\frac{4}{5}$ $\frac{5}{6}$ $\frac{3}{8}$ $\frac{7}{12}$
● b) Erweitere auf den Nenner 240 $\frac{1}{2}$ $\frac{2}{3}$ $\frac{3}{4}$ $\frac{3}{5}$ $\frac{5}{6}$ $\frac{11}{12}$

30. Erweitere a) $\frac{1}{2}$, b) $\frac{2}{3}$, c) $\frac{3}{4}$, d) $\frac{4}{5}$ mit 2, 3, 4, ..., 10.
Betrachte die Folgen der entstandenen Bruchzahlen.

31. Schreibt man die Größe 2 m als 200 cm, dann hat man erweitert. Wieso?

32. Kann das Umschreiben einer Größe in eine Größe mit anderer Einheit auch ein Kürzen sein? Beispiele!

33. Auch im Leben gibt es Vorgänge des Erweiterns.
Das liegt vor, wenn jemand 4 Viertelliter Wein bestellt. Wieso?

34. Wann kann man eine Bruchzahl kürzen, wann nicht?

★ *35.* Was für eine Zahl erhält man, wenn man eine Bruchzahl kürzen kann a) durch ihren Nenner, b) durch ihren Zähler? Gib Beispiele.

★ *36.* Durch Kürzen erkennt man sofort: Eine Bruchzahl, deren Zähler und Nenner gleich sind, hat den Wert 1. Gib Beispiele!

9.3. Vergleich von Bruchzahlen; Hauptnenner

1. Vergleich von Bruchzahlen mit dem gleichen Nenner

Es ist z. B. $\frac{3}{40} < \frac{7}{40} < \frac{19}{40} < \frac{27}{40} < \frac{35}{40}$.

Bei gleichem Nenner ist die Bruchzahl mit kleinerem Zähler kleiner als die Bruchzahl mit größerem Zähler.

2. Vergleich von Bruchzahlen mit dem gleichen Zähler

a) Ein Stammbruch ist um so kleiner, je größer der Nenner ist.

Es ist z. B. $\frac{1}{2} > \frac{1}{4} > \frac{1}{10} > \frac{1}{26}$

b) Daher gilt bei beliebigem festen Zähler

$$\frac{3}{2} > \frac{3}{4} > \frac{3}{10} > \frac{3}{26}$$

Bei gleichem Zähler ist die Bruchzahl mit dem kleineren Nenner größer als die Bruchzahl mit dem größeren Nenner.

3. Vergleich von beliebigen Bruchzahlen

Man vergleicht beliebige Bruchzahlen, indem man sie auf den gleichen Nenner bringt. Damit ist der allgemeine Fall auf den Sonderfall in Nr. 1 zurückgeführt.

Beispiele.		a)	b)	c)
	Statt zu vergleichen	$\frac{2}{3}$ mit $\frac{3}{5}$	$\frac{3}{4}$ mit $\frac{6}{8}$	$\frac{7}{10}$ mit $\frac{11}{15}$
	vergleichen wir	$\frac{10}{15}$ mit $\frac{9}{15}$	$\frac{6}{8}$ mit $\frac{6}{8}$	$\frac{21}{30}$ mit $\frac{22}{30}$
	und finden	$\frac{2}{3} > \frac{3}{5}$	$\frac{3}{4} = \frac{6}{8}$	$\frac{7}{10} < \frac{11}{15}$

4. Hauptnenner

Will man die Bruchzahlen $\frac{2}{3}$ und $\frac{3}{5}$ vergleichen, so kann man sie auf mannigfache Weise auf den gleichen Nenner bringen; z. B. auf die Nenner 15, 30, 45, ...
Der kleinste Nenner, der möglich ist, heißt der H a u p t n e n n e r der beiden Bruchzahlen.
Der Hauptnenner von $\frac{3}{5}$ und $\frac{5}{7}$ ist 35, der Hauptnenner von $\frac{3}{10}$ und $\frac{7}{15}$ ist 30.

ÜBUNGEN

Mündlich und halbschriftlich

1. Ordne nach der Größe mit Hilfe des Zeichens >. Schreibe dazu die Größen:

a) in cm $\frac{1}{2}$ m $\frac{1}{10}$ m $\frac{3}{10}$ m $\frac{1}{4}$ m $\frac{3}{4}$ m $\frac{2}{5}$ m $\frac{7}{20}$ m $\frac{4}{5}$ m

b) in m $\frac{1}{2}$ km $\frac{1}{4}$ km $\frac{3}{8}$ km $\frac{7}{8}$ km $\frac{1}{10}$ km $\frac{3}{4}$ km $\frac{9}{10}$ km $\frac{3}{5}$ km

2. Ordne nach der Größe. Beginne mit der kleinsten Bruchzahl.

a) $\frac{4}{7}$ $\frac{3}{7}$ $\frac{6}{7}$ $\frac{1}{7}$
$\frac{12}{15}$ $\frac{7}{15}$ $\frac{1}{15}$ $\frac{6}{15}$
$\frac{8}{27}$ $\frac{5}{27}$ $\frac{19}{27}$ $\frac{16}{27}$

● b) $\frac{4}{9}$ $\frac{4}{11}$ $\frac{4}{3}$ $\frac{4}{7}$
$\frac{7}{10}$ $\frac{7}{15}$ $\frac{7}{8}$ $\frac{7}{13}$
$\frac{11}{12}$ $\frac{11}{4}$ $\frac{11}{20}$ $\frac{11}{8}$

● c) $\frac{13}{20}$ $\frac{13}{19}$ $\frac{13}{11}$ $\frac{13}{25}$
$\frac{7}{12}$ $\frac{18}{12}$ $\frac{11}{12}$ $\frac{5}{12}$
$\frac{7}{30}$ $\frac{13}{30}$ $\frac{4}{30}$ $\frac{19}{30}$

Mündlich und halbschriftlich

3. Welche Bruchzahl ist größer? Überlege dazu, welche Bruchzahl näher bei 1 liegt.
a) $\frac{2}{3}$ oder $\frac{3}{4}$ b) $\frac{3}{4}$ oder $\frac{4}{5}$ c) $\frac{3}{2}$ oder $\frac{4}{3}$ ● d) $\frac{4}{5}$ oder $\frac{5}{6}$ ● e) $\frac{4}{3}$ oder $\frac{5}{4}$

4. Welche Bruchzahl liegt auf der Zahlengeraden näher bei 1?
a) $\frac{7}{8}$ oder $\frac{8}{7}$ b) $\frac{5}{4}$ oder $\frac{4}{5}$ c) $\frac{6}{7}$ oder $\frac{7}{6}$ ● d) $\frac{2}{3}$ oder $\frac{3}{2}$ ● e) $\frac{5}{6}$ oder $\frac{6}{5}$

5. Welche Bruchzahlen kannst du auf die einfachste Weise zwischenschalten?
a) zwischen $\frac{5}{13}$ und $\frac{9}{13}$ b) zwischen $\frac{6}{17}$ und $\frac{8}{17}$ ★ c) zwischen $\frac{9}{4}$ und $\frac{10}{4}$

Schriftlich

6. Bringe folgende Bruchzahlen auf den Hauptnenner.

a)	b)	c)	● d)	● e)
$\frac{5}{6}$ und $\frac{4}{5}$	$\frac{3}{4}$ und $\frac{7}{8}$	$\frac{3}{10}$ und $\frac{7}{15}$	$\frac{3}{4}$ und $\frac{5}{6}$	$\frac{3}{4}$ und $\frac{5}{7}$
$\frac{1}{2}$ und $\frac{4}{9}$	$\frac{7}{15}$ und $\frac{3}{5}$	$\frac{5}{12}$ und $\frac{7}{16}$	$\frac{7}{8}$ und $\frac{5}{12}$	$\frac{3}{8}$ und $\frac{1}{3}$
$\frac{1}{3}$ und $\frac{1}{10}$	$\frac{11}{12}$ und $\frac{5}{6}$	$\frac{5}{6}$ und $\frac{7}{9}$	$\frac{3}{10}$ und $\frac{7}{12}$	$\frac{7}{9}$ und $\frac{1}{2}$

7. Bringe die Bruchzahlen auf den Hauptnenner.

a)	b)	● c)	★ d)	★ e)
$\frac{13}{24}$ und $\frac{5}{6}$	$\frac{11}{20}$ und $\frac{3}{4}$	$\frac{15}{16}$ und $\frac{7}{32}$	$\frac{29}{48}$ und $\frac{31}{60}$	$\frac{47}{96}$ und $\frac{91}{120}$
$\frac{3}{7}$ und $\frac{7}{8}$	$\frac{5}{24}$ und $\frac{7}{32}$	$\frac{3}{5}$ und $\frac{3}{4}$	$\frac{17}{56}$ und $\frac{21}{64}$	$\frac{41}{48}$ und $\frac{59}{72}$
$\frac{7}{9}$ und $\frac{8}{15}$	$\frac{3}{11}$ und $\frac{5}{13}$	$\frac{5}{36}$ und $\frac{9}{24}$	$\frac{23}{35}$ und $\frac{26}{45}$	$\frac{7}{36}$ und $\frac{13}{45}$

8. Prüfe, ob alle Marken richtig bezeichnet sind (Bild 1).

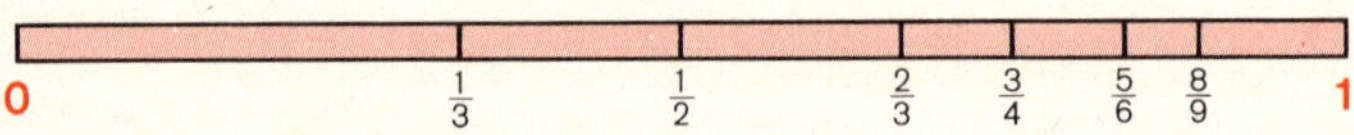

62.1

9. Liegt auf der Zahlengeraden die Marke für $\frac{4}{7}$ vor oder hinter der Marke für $\frac{3}{5}$?

10. Ordne die Bruchzahlen nach der Größe. Verwende das Zeichen $>$.

a)			● b)			★ c)			★ d)		
$\frac{3}{4}$	$\frac{2}{3}$	$\frac{7}{12}$	$\frac{11}{24}$	$\frac{5}{8}$	$\frac{5}{6}$	$\frac{8}{15}$	$\frac{9}{20}$	$\frac{7}{12}$	$\frac{15}{11}$	$\frac{11}{24}$	$\frac{3}{8}$
$\frac{1}{2}$	$\frac{3}{4}$	$\frac{5}{8}$	$\frac{4}{5}$	$\frac{1}{2}$	$\frac{5}{2}$	$\frac{11}{24}$	$\frac{3}{8}$	$\frac{7}{16}$	$\frac{9}{10}$	$\frac{19}{20}$	$\frac{29}{30}$
$\frac{2}{3}$	$\frac{3}{4}$	$\frac{4}{5}$	$\frac{7}{9}$	$\frac{13}{18}$	$\frac{11}{12}$	$\frac{9}{14}$	$\frac{7}{10}$	$\frac{22}{35}$	$\frac{2}{15}$	$\frac{1}{6}$	$\frac{3}{10}$

11. a) In Bild 2 bedeuten die schwarzen Pfeile „liegt näher an 1 als“. Prüfe das!

b) Was bedeuten die roten Pfeile?

c) Zeichne das entsprechende Diagramm für die Menge $\{\frac{1}{2}, \frac{1}{3}, \frac{1}{4}, \frac{1}{5}\}$.

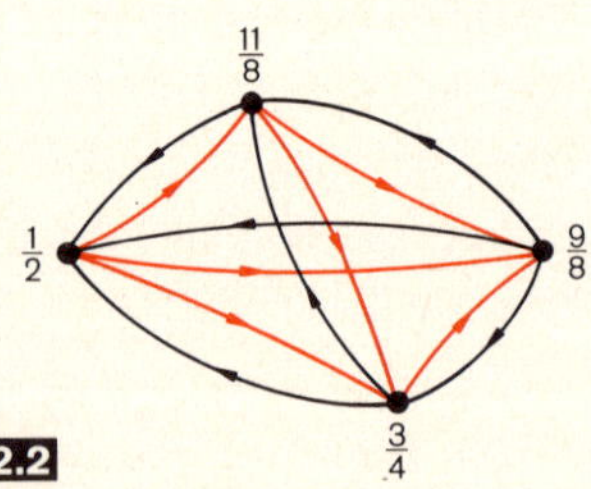

62.2

12. Schreibe als Tausendstel und ordne nach der Größe.
a) $\frac{3}{10}$ $\frac{31}{100}$ $\frac{311}{1000}$ b) $\frac{7}{10}$ $\frac{69}{100}$ $\frac{689}{1000}$ ● c) $\frac{9}{10}$ $\frac{99}{100}$ $\frac{999}{1000}$

Mündlich und halbschriftlich

13. Welcher Zeitabschnitt ist länger?

a) $\frac{2}{3}$ Std. oder $\frac{3}{4}$ Std. b) $\frac{4}{5}$ Std. oder $\frac{5}{6}$ Std. ● c) $\frac{3}{10}$ Std. oder $\frac{1}{4}$ Std.

14. Bringe auf den Hauptnenner

a) $\frac{1}{4}, \frac{1}{8}$	$\frac{3}{5}, \frac{1}{10}$	$\frac{1}{2}, \frac{1}{3}$	$\frac{2}{3}, \frac{1}{5}$	$\frac{1}{3}, \frac{4}{9}$	$\frac{11}{25}, \frac{13}{50}$	$\frac{7}{10}, \frac{1}{3}$
b) $\frac{1}{2}, \frac{1}{8}$	$\frac{1}{2}, \frac{7}{10}$	$\frac{1}{3}, \frac{1}{4}$	$\frac{3}{4}, \frac{2}{5}$	$\frac{5}{6}, \frac{2}{3}$	$\frac{7}{20}, \frac{9}{40}$	$\frac{1}{2}, \frac{3}{5}$
c) $\frac{3}{4}, \frac{3}{8}$	$\frac{1}{4}, \frac{3}{12}$	$\frac{2}{3}, \frac{3}{4}$	$\frac{1}{2}, \frac{3}{5}$	$\frac{3}{8}, \frac{1}{4}$	$\frac{11}{30}, \frac{29}{90}$	$\frac{1}{4}, \frac{4}{5}$

Schriftlich

15. Eine merkwürdige Eigenschaft haben die folgenden Bruchterme.

(1) $\frac{10\cdot 9\cdot 8}{1\cdot 2\cdot 3}$ $\frac{9\cdot 8\cdot 7}{1\cdot 2\cdot 3}$ $\frac{8\cdot 7\cdot 6}{1\cdot 2\cdot 3}$ $\frac{7\cdot 6\cdot 5}{1\cdot 2\cdot 3}$

(2) $\frac{10\cdot 9\cdot 8\cdot 7}{1\cdot 2\cdot 3\cdot 4}$ $\frac{9\cdot 8\cdot 7\cdot 6}{1\cdot 2\cdot 3\cdot 4}$ $\frac{8\cdot 7\cdot 6\cdot 5}{1\cdot 2\cdot 3\cdot 4}$ $\frac{7\cdot 6\cdot 5\cdot 4}{1\cdot 2\cdot 3\cdot 4}$

a) Bestimme ihren Wert.
b) Nach welcher Regel sind die Terme gebildet worden?
c) Welcher Zahlenmenge gehören ihre Werte an?
d) Bilde jeweils die nächsten 3 Terme und rechne.

16. a) In Bild 1 bedeuten die schwarzen Pfeile „ist größer als". Prüfe!
b) Was bedeuten die roten Pfeile? Fehlen noch rote Pfeile?

★ *17.* Zeichne den Graph wie in Übung 16 für die Menge $\{\frac{1}{3}, \frac{4}{5}, \frac{7}{4}, \frac{9}{2}\}$.

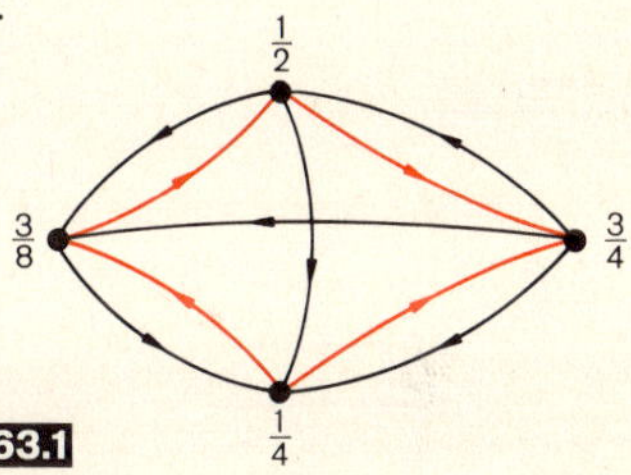

63.1

18. Schreibe als Tausendstel und ordne nach der Größe:

a) $\frac{7}{10}$ $\frac{71}{100}$ $\frac{703}{1000}$ b) $\frac{5}{10}$ $\frac{49}{100}$ $\frac{491}{1000}$ c) $\frac{8}{10}$ $\frac{81}{100}$ $\frac{807}{1000}$

Scharf nachdenken

★ *19.* Gib je drei Bruchzahlen an
a) zwischen $\frac{2}{15}$ und $\frac{7}{15}$ b) zwischen $\frac{2}{5}$ und $\frac{3}{5}$ c) zwischen $\frac{3}{4}$ und $\frac{6}{7}$

★ *20.* Können auf der Zahlengeraden die Marken zweier Bruchzahlen so dicht nebeneinander liegen, daß man die Marke für eine weitere Bruchzahl nicht mehr zwischenschalten kann?

★ *21.* Kann man die Bruchzahlen $\frac{2}{3}, \frac{5}{7}, \frac{8}{15}$ mit dem Nenner 10 oder dem Nenner 100 schreiben? Begründe deine Antwort.

★ *22.* Gib fünf Bruchzahlen an, die man nicht mit dem Nenner 10 oder dem Nenner 100 schreiben kann.

★ *23.* Nenne je drei Bruchzahlen, die man a) mit dem Nenner 10, b) mit dem Nenner 100, c) mit dem Nenner 1000 schreiben kann.

9.4. Bruchzahlen im Zweiersystem

Wir stellen im folgenden Zahlen auf einem Rechenbrett im Zweiersystem dar. Wir sprechen aber die Darstellungen mit den Zahlwörtern des Zehnersystems aus und schreiben auch mit den Zahlzeichen des Zehnersystems.

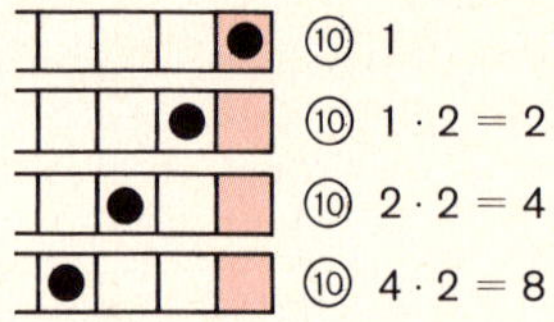

64.1

1. Prüfe die Darstellung in Bild 1.
Durchgeht man die Darstellung von oben nach unten, so findet man:

Das Weiterrücken einer Marke um 1 Feld nach links bedeutet die Multiplikation mit zwei.

Durchgeht man die Darstellung von unten nach oben, so findet man:

Das Weiterrücken einer Marke um 1 Feld nach rechts bedeutet die Division durch zwei.

2. Prüfe die folgenden Darstellungen und Aussagen:

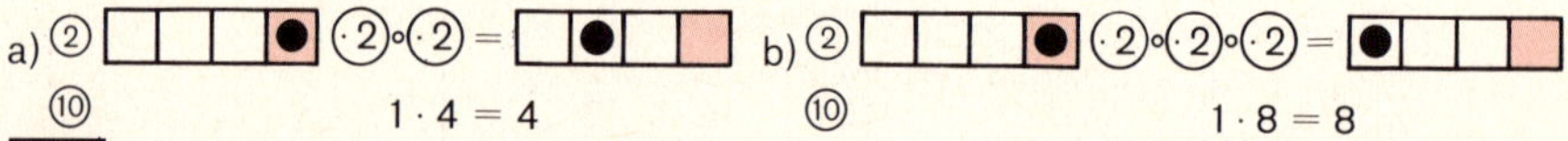

64.2

Das Weiterrücken einer Marke um 2 Felder (um 3 Felder) nach links bedeutet die Multiplikation mit vier (mit acht).

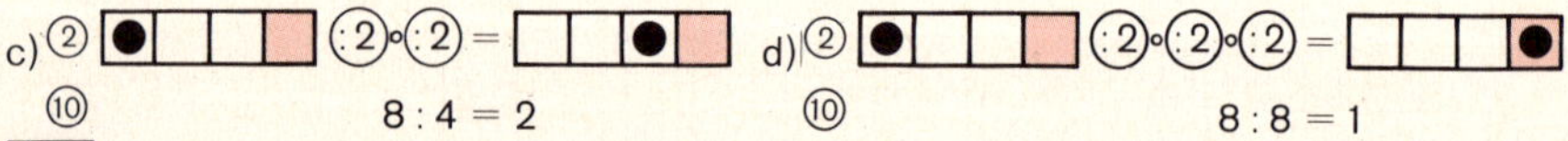

64.3

Das Weiterrücken einer Marke um 2 Felder (um 3 Felder) nach rechts bedeutet die Division durch vier (durch acht).

Übung. Im folgenden sind auf den Rechenbrettern Zahlen im Zweiersystem dargestellt. Es ist jeweils der Operator zu finden. Er soll mit den Ziffern des Zehnersystems geschrieben werden.

64.4

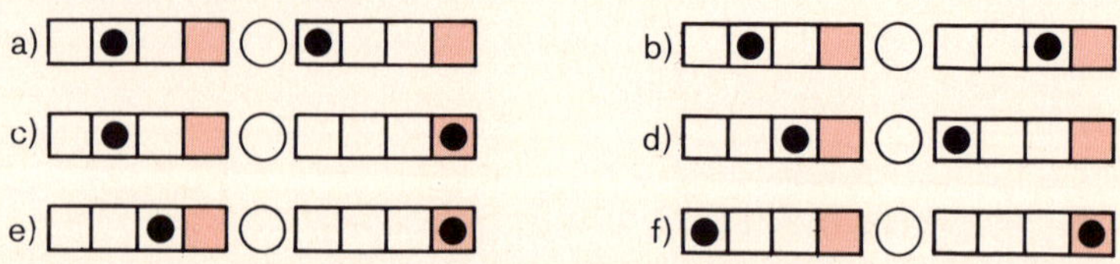

T Setze die Folgen um 3 Glieder fort und berechne jeweils die Summe.
1. 1, 3, 9, 27, ... **2.** 64, 32, 16, 8, ... **3.** 600, 540, 480, 420, ...

3. Wir erweitern das Rechenbrett nach rechts (Bild 1).

65.1

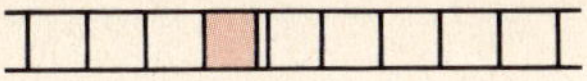

Das Einerfeld bleibt weiter rot unterlegt; außerdem grenzen wir das Einerfeld nach den neuen Feldern hin durch einen Doppelstrich ab.

a) Wir rücken 1 Marke des Einerfeldes um ein Feld nach rechts (Bild 2):

65.2

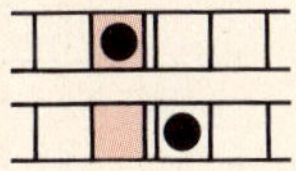

② = ⑩ 1

② = ⑩ $\frac{1}{2}$ Wir schreiben ② 0,1.

b) Wir rücken 1 Marke des Einerfeldes um zwei Felder nach rechts (Bild 3).

65.3

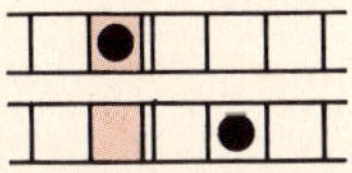

② = ⑩ 1

② = ⑩ $\frac{1}{4}$ Wir schreiben ② 0,01.

c) Wir rücken 1 Marke des Einerfeldes um drei Felder nach rechts (Bild 4).

65.4

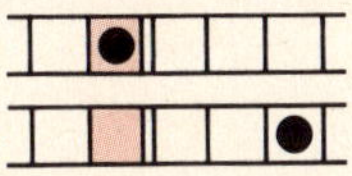

② = ⑩ 1

② = ⑩ $\frac{1}{8}$ Wir schreiben ② 0,001.

d) Zusammenfassung: Es ist ② 0,1 = ⑩ $\frac{1}{2}$, ② 0,01 = ⑩ $\frac{1}{4}$, ② 0,001 = ⑩ $\frac{1}{8}$.

4. Wir vervollständigen die Stellenwerttafel des Zweiersystems.

Bezeichnung der Stellen	A	V	Z	E	hb	v	a
Wert der Stellen (im Zehnersystem)	8	4	2	1	$\frac{1}{2}$	$\frac{1}{4}$	$\frac{1}{8}$

Stellenwerttafel

A	V	Z	E	hb	v	a	im Zweiersystem	im Zehnersystem
			1		1		1,01	$1 + \frac{1}{4}$
			1	1			1,1	$1 + \frac{1}{2}$
			1		1	1	1,011	$1 + \frac{1}{4} + \frac{1}{8}$

Prüfe ② 0,011 = ② 0,01 + 0,001 = ⑩ $\frac{1}{4} + \frac{1}{8}$

Schreibe ebenso: ② 0,101 ② 0,11 ② 0,001 ② 1,111

T **1.** Herr M. kauft 6 Tapetenrollen zu je 2,50 DM, 3 Rollen zu je 3,60 DM und für 8,40 DM Material. a) Wieviel muß er zahlen?
b) 3 Rollen ergeben 12 Bahnen. Wieviel Bahnen werden es?

2. Zeichne Winkel von 35°, 115°, 66°, 133°.

9.5. Brüche im Zehnersystem (Dezimalbrüche)

Wir übertragen die Überlegungen der vorangehenden Seiten ins Zehnersystem.

1. Prüfe die folgenden Zahldarstellungen auf einem Rechenbrett im Zehnersystem und begründe die Merksätze.

a) 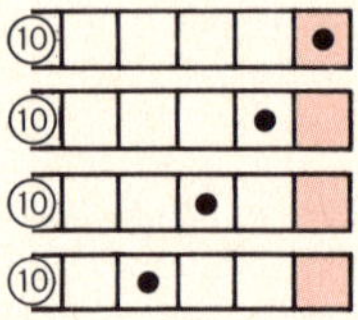

$= 1$

$= 10 \cdot 1 = 10$

$= 10 \cdot 10 = 100$

$= 10 \cdot 100 = 1000$

b) 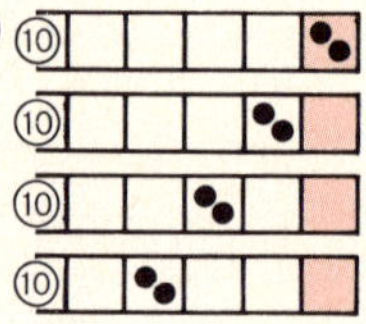

$= 2$

$= 20$

$= 200$

$= 2000$

66.1

Das Weiterrücken einer Marke um 1 Feld (um 2 Felder, um 3 Felder) nach links bedeutet die Multiplikation mit 10 (mit 100, mit 1000).

Das Weiterrücken einer Marke um 1 Feld (um 2 Felder, um 3 Felder) nach rechts bedeutet die Division durch 10 (durch 100, durch 1000).

2. Wir erweitern das Rechenbrett nach rechts. (Beachte Nr. 1!).

a) Wir rücken eine Marke des Einerfeldes um ein Feld nach rechts (Bild 2).

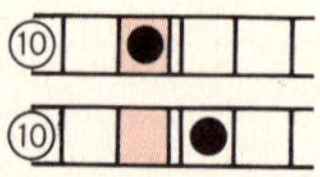

66.2

(10) $1 : 10 = \frac{1}{10} = 0{,}1$

b) Wir rücken eine Marke des Einerfeldes um zwei Felder nach rechts (Bild 2).

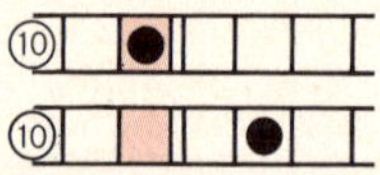

66.3

(10) $1 : 100 = \frac{1}{100} = 0{,}01$

c) Wir rücken eine Marke des Einerfeldes um drei Felder nach rechts (Bild 4).

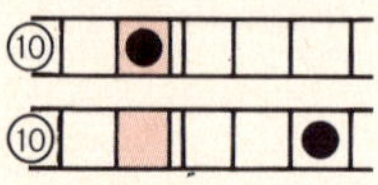

66.4

(10) $1 : 1000 = \frac{1}{1000} = 0{,}001$

d) Es ist

66.5

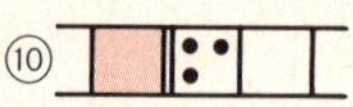

$\triangleq 0{,}3 = \frac{3}{10}$

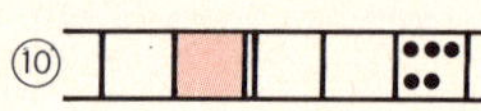

$\triangleq 0{,}005 = \frac{5}{1000}$

3. Bemerkung

Die Bruchzahlen mit Bruchstrich nennen wir künftig „gewöhnliche Brüche", Bruchzahlen mit Komma nennen wir „Dezimalbrüche". Wenn es der Zusammenhang erlaubt, lassen wir das Wort „gewöhnlich" öfters auch weg.

Übung. Schreibe als Dezimalbruch und als gewöhnlichen Bruch:

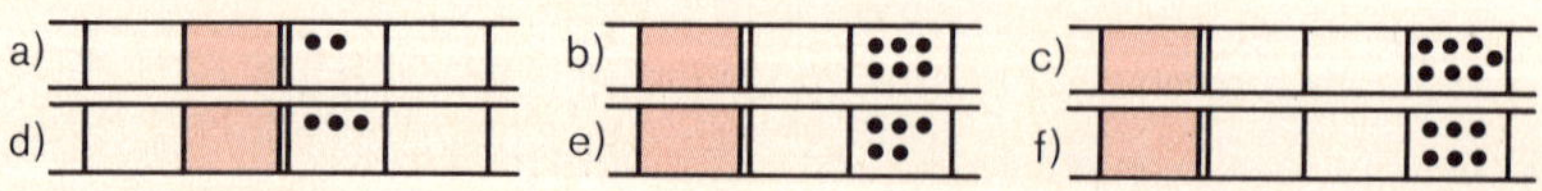

66.6

ÜBUNGEN

1. Schreibe mit Bruchstrich (Beispiel: $0{,}2 = \frac{2}{10}$):

0,2 0,3 0,04 0,09 0,11 0,32 0,005 0,103 0,013

2. Schreibe als Dezimalbruch (Beispiel: $\frac{7}{10} = 0{,}7$):

$\frac{7}{10}$ $\frac{9}{10}$ $\frac{3}{100}$ $\frac{8}{100}$ $\frac{24}{100}$ $\frac{69}{100}$ $\frac{7}{1000}$ $\frac{13}{1000}$ $\frac{37}{1000}$

3. Schreibe als gewöhnlichen Bruch bzw. als Dezimalbruch:

a) 0,07 $\frac{3}{100}$ 0,9 $\frac{8}{1000}$ b) 0,002 $\frac{5}{10}$ 0,07 $\frac{8}{100}$

c) $\frac{2}{10}$ 0,4 $\frac{3}{10}$ 0,7 d) 0,008 $\frac{9}{100}$ 0,07 $\frac{7}{1000}$

4. Schreibe als Dezimalbruch und als gewöhnlichen Bruch:

67.1
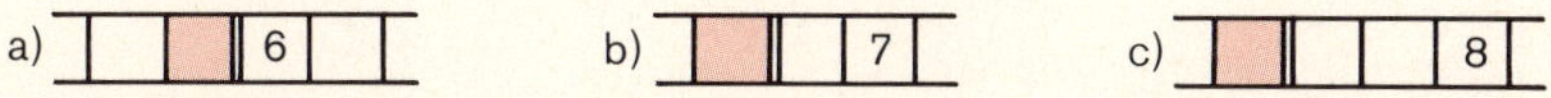

5. Durch welche Operation kommen die Marken (die Ziffern) in das graue Feld? Wie heißt die neue Zahl? Zeichne ein und schreibe z. B.: $1:100 = \frac{1}{100} = 0{,}01$.

67.2
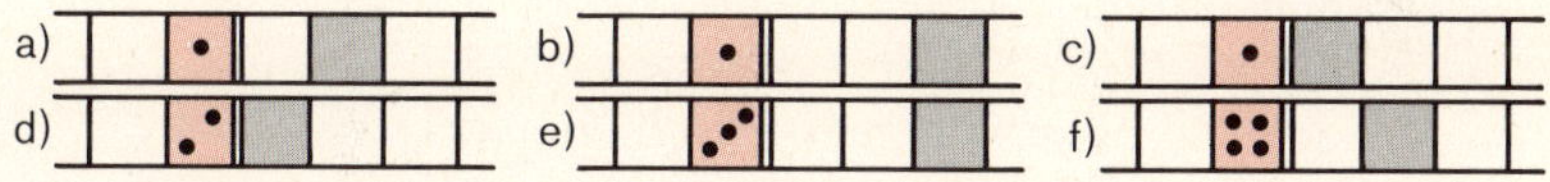

Stellenwerttafel des Zehnersystems

Zu den Stufenzahlen 1, 10, 100,... treten hinzu die Stufenzahlen 0,1; 0,01; 0,001...

Bezeichnung der Stellen	T	H	Z	E	z	h	t
Wert der Stelleneinheit	1000	100	10	1	$\frac{1}{10}$	$\frac{1}{100}$	$\frac{1}{1000}$
	10^3	10^2	10^1	10^0	$\frac{1}{10^1}$	$\frac{1}{10^2}$	$\frac{1}{10^3}$

H	Z	E	z	h	t	Wir schreiben	Wir lesen	Wir lesen auch	Wir lesen auch
		4	2			4,2	vier Komma zwei	$4\frac{2}{10}$	$\frac{42}{10}$
			8			0,8	null Komma acht	$\frac{8}{10}$	—
	1	2	3	4		12,34	zwölf Komma drei vier	$12\frac{34}{100}$	$\frac{1234}{100}$
				9		0,09	null Komma null neun	$\frac{9}{100}$	—
				4	5	0,045	null Komma null vier fünf	$\frac{45}{1000}$	—

Andere Sprechweisen als die angegebenen sind in der Mathematik nicht erlaubt.

Darstellung in Zehnerpotenzen

$$7654{,}321 = \mathbf{7}\cdot 10^3 + \mathbf{6}\cdot 10^2 + \mathbf{5}\cdot 10^1 + \mathbf{4}\cdot 10^0 + \mathbf{3}\cdot\frac{1}{10^1} + \mathbf{2}\cdot\frac{1}{10^2} + \mathbf{1}\cdot\frac{1}{10^3}$$

Dezimalbrüche an der Zahlengeraden

Das Bild des Dezimalbruches 0,75 ist der rot eingezeichnete Pfeil.

67.3
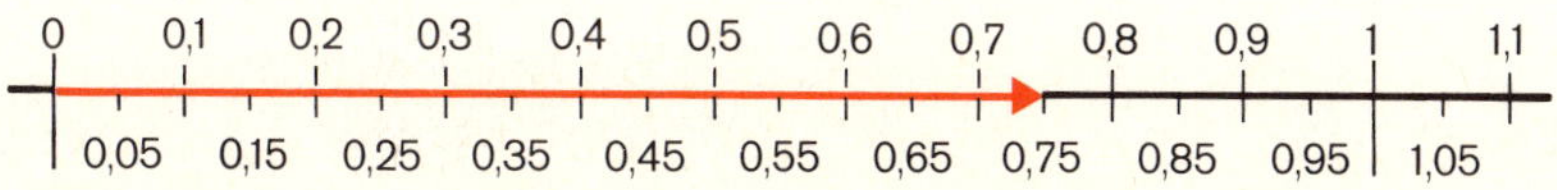

ÜBUNGEN

1. Schreibe als Dezimalbruch ($\frac{6}{10} = 0{,}6$).

a) $\frac{2}{10}$ $\frac{3}{10}$ $\frac{5}{10}$ $\frac{4}{10}$ $\frac{9}{10}$

b) $\frac{13}{10}$ $\frac{15}{10}$ $\frac{3}{100}$ $\frac{12}{100}$ $\frac{37}{100}$ $\frac{49}{100}$

● c) $\frac{23}{100}$ $\frac{5}{1000}$ $\frac{12}{10}$ $\frac{8}{10}$ $\frac{230}{1000}$

● d) $\frac{38}{100}$ $\frac{130}{10}$ $\frac{38}{10}$ $\frac{7}{100}$ $\frac{70}{100}$ $\frac{700}{100}$

2. Schreibe als gewöhnlichen Bruch oder als gemischte Zahl.

a) 0,3 0,03 0,17 0,003

● b) 0,752 0,703 0,024 0,105

c) 3,4 3,04 4,12 6,042

● d) 6,321 1,110 6,101 1,111

3. Zerlege die folgenden Dezimalbrüche (0,123 = 0E1z2h3t).

a) 0,341 0,04 3,13 24,014

b) 3,167 8,013 5,005 6,060

4. Setze das richtige Zeichen (<, =, >).

a) 0,7 □ 0,9 0,5 □ 0,5

b) 0,35 □ 0,31 0,71 □ 0,17

c) 1,01 □ 0,99 1,10 □ 1,01

★ *5.* a) In Bild 1 a) bedeutet der Pfeil „ist kleiner als". Prüfe!
b) Setze in den Bildern b) und c) die richtigen Pfeile für „ist kleiner als".

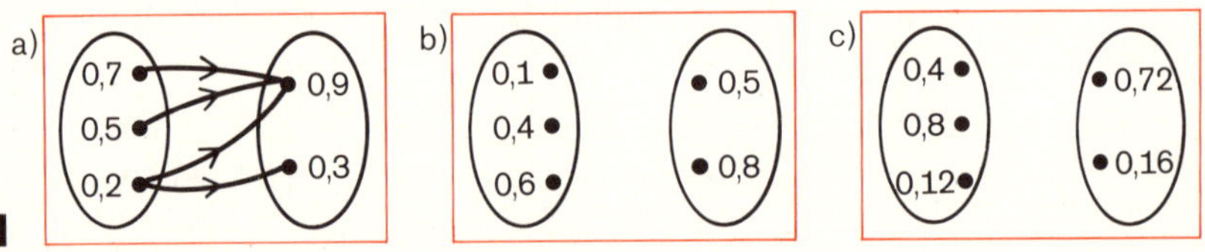

68.1

★ *6.* Ordne die folgenden Dezimalbrüche nach der Größe.
a) Verwende das Zeichen <: 0,6 0,5 0,51 0,73 0,8 0,49 0,39
b) Verwende das Zeichen >: 0,13 0,01 0,823 0,832 0,9 0,17 0,71

7. Zeichne in dein Heft eine Stellenwerttafel der Längenmaße. Trage die folgenden Größen ein und schreibe sie dann als Meter (1 dm = $\frac{1}{10}$ m = 0,1 m).
2 dm 7 dm 3 cm 5 cm 14 cm 60 cm 3 mm .7 mm

8. Gib alle drei Schreibweisen an (0,7 dm = $\frac{7}{10}$ dm = 7 cm).
0,8 dm 0,9 dm 0,036 m 0,53 dam 0,84 hm 0,532 km

★ *9.* Welche Zahl liegt in der Mitte zwischen a) 0,2 und 0,8 b) 3,2 und 3,6?

10. Schreibe die Größen auf zwei Weisen mit einer Einheit.

a) 3 m 5 dm 3 m 67 cm 9 m 7 cm

b) 5 m 345 mm 3 m 903 mm

c) 8 m 47 cm 3 m 4 cm 2 m 3 cm

d) 3 km 325 m 8 km 5 m

11. Schreibe als Dezimalbrüche bzw. als gewöhnliche Brüche.

a) $\frac{43}{10}$ $\frac{43}{100}$ $\frac{56}{10}$ $\frac{111}{100}$ $\frac{3612}{1000}$

b) $\frac{60}{10}$ $\frac{256}{100}$ $\frac{83}{10}$ $\frac{83}{100}$ $\frac{17}{10}$ $\frac{17}{100}$

c) 3,5 1,4 5,4 1,13 6,45

d) 1,7 1,325 4,007 0,085 0,07

T Schreibe als Tausendstel und ordne nach der Größe.
$\frac{7}{10}$ $\frac{73}{100}$ $\frac{9}{10}$ $\frac{703}{1000}$ $\frac{711}{1000}$ $\frac{3}{10}$ $\frac{43}{100}$ $\frac{37}{100}$ $\frac{371}{1000}$ $\frac{99}{100}$

10. Addition und Subtraktion

10.1. Addition und Subtraktion von gewöhnlichen Brüchen

1. Brüche mit gleichem Nenner

Darstellung am Kreismodell (Bild 1)

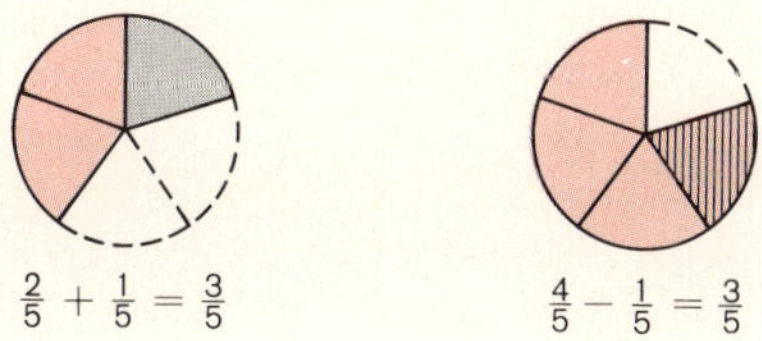

69.1

Darstellung am Pfeilmodell (Zahlengerade) (Bild 2)

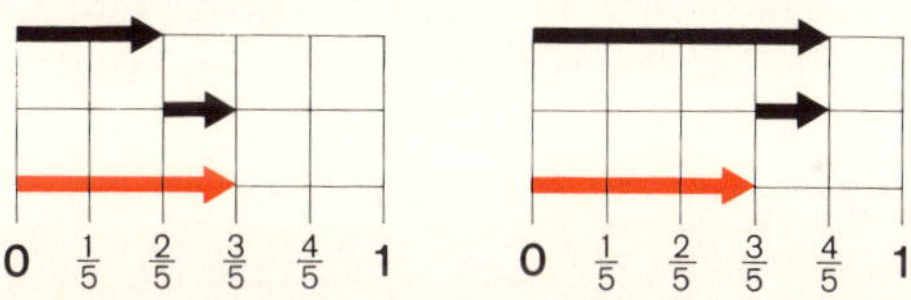

69.2

Man addiert (subtrahiert) Brüche mit gleichem Nenner, indem man die Zähler addiert (subtrahiert) und den gemeinsamen Nenner beibehält.

ÜBUNGEN

1. a) $\frac{2}{5}+\frac{3}{5}$; $\frac{1}{8}+\frac{3}{8}$; $\frac{5}{12}+\frac{3}{12}$; $\frac{5}{9}+\frac{1}{9}$
b) $\frac{9}{20}+\frac{3}{20}$; $\frac{17}{30}+\frac{11}{30}$; $\frac{3}{16}+\frac{5}{16}$; $\frac{11}{40}+\frac{19}{40}$
c) $\frac{9}{10}-\frac{5}{10}$; $\frac{7}{8}-\frac{3}{8}$; $\frac{4}{15}-\frac{1}{15}$; $\frac{7}{12}-\frac{5}{12}$

2. a) $\frac{1}{2}+\frac{1}{4}$; $\frac{1}{2}+\frac{1}{6}$; $\frac{1}{2}+\frac{1}{8}$; $\frac{1}{2}+\frac{3}{4}$
b) $\frac{1}{2}+\frac{1}{12}$; $\frac{1}{2}+\frac{1}{20}$; $\frac{2}{3}+\frac{1}{6}$; $\frac{5}{6}-\frac{2}{3}$
c) $\frac{1}{2}-\frac{5}{12}$; $\frac{1}{2}-\frac{3}{20}$; $\frac{2}{3}-\frac{1}{6}$; $\frac{1}{4}-\frac{3}{20}$

3. a) $\frac{3}{9}+\frac{2}{9}+\frac{5}{9}$; $\frac{7}{20}+\frac{3}{20}+\frac{1}{20}$; $\frac{1}{5}+\frac{9}{5}+\frac{2}{5}$; $\frac{3}{8}+\frac{7}{8}+\frac{5}{8}$
b) $\frac{17}{20}-\frac{5}{20}-\frac{3}{20}$; $\frac{16}{19}-\frac{8}{19}-\frac{1}{19}$; $\frac{29}{30}-\frac{17}{30}-\frac{7}{30}$; $\frac{19}{24}-\frac{5}{24}-\frac{2}{24}$

4. a) $30+1\frac{5}{6}$; $29+3\frac{3}{5}$; $14+1\frac{7}{8}$; $16+3\frac{2}{3}$
b) $17-2\frac{5}{6}$; $18-3\frac{3}{5}$; $15-2\frac{7}{8}$; $12-3\frac{2}{3}$

2. Brüche mit verschiedenen Nennern

Darstellung am Kreismodell (Bild 1)

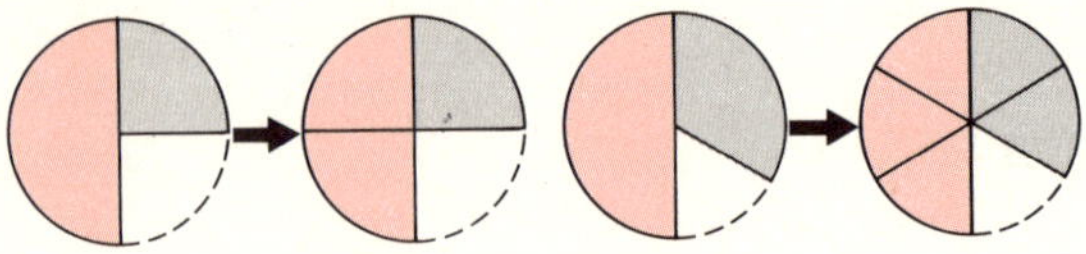

$\frac{1}{2} + \frac{1}{4} = \frac{2}{4} + \frac{1}{4} = \frac{3}{4}$ $\qquad$ $\frac{1}{2} + \frac{1}{3} = \frac{3}{6} + \frac{2}{6} = \frac{5}{6}$

70.1

Darstellung am Pfeilmodell (Zahlengerade) (Bild 2)

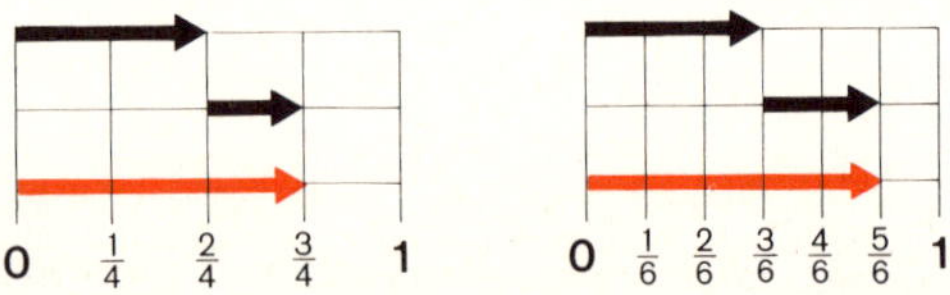

70.2

Brüche mit verschiedenen Nennern werden vor dem Addieren (Subtrahieren) auf den gleichen Nenner (Hauptnenner) gebracht.

3. Für die Addition von Brüchen gilt das Kommutativgesetz ($\frac{1}{2} + \frac{1}{3} = \frac{1}{3} + \frac{1}{2}$) und das Assoziativgesetz $[(\frac{1}{2} + \frac{1}{3}) + \frac{1}{4} = \frac{1}{2} + (\frac{1}{3} + \frac{1}{4})]$.
Rechne die Beispiele aus! Gib weitere Beispiele und prüfe die Richtigkeit am Kreismodell oder am Pfeilmodell.

4. Beachte zum Rechnen mit gemischten Zahlen:

a) $1\frac{1}{5} + 3\frac{2}{5} = 4\frac{3}{5}$

b) $1\frac{3}{4} + 2\frac{5}{6} = 3 + \frac{9+10}{12} = 3\frac{19}{12} = 4\frac{7}{12}$

c) $8\frac{8}{9} - 5\frac{2}{9} = 3\frac{6}{9} = 3\frac{2}{3}$

d) $5\frac{1}{6} - 2\frac{4}{9} = 5\frac{3}{18} - 2\frac{8}{18} = 4\frac{21}{18} - 2\frac{8}{18} = 2\frac{13}{18}$

ÜBUNGEN

1. a) $\frac{3}{4} + \frac{1}{6}$, $\frac{7}{8} + \frac{3}{12}$, $\frac{3}{10} + \frac{3}{8}$
b) $\frac{7}{12} + \frac{5}{8}$, $\frac{5}{6} + \frac{3}{10}$, $\frac{7}{9} + \frac{8}{15}$
● c) $\frac{5}{6} + \frac{4}{15}$, $\frac{5}{9} + \frac{11}{12}$, $\frac{5}{24} + \frac{7}{32}$
d) $\frac{3}{4} - \frac{1}{6}$, $\frac{7}{8} - \frac{5}{12}$, $\frac{5}{8} - \frac{7}{12}$
e) $\frac{11}{12} - \frac{5}{9}$, $\frac{17}{60} - \frac{4}{15}$, $\frac{19}{35} - \frac{3}{25}$
● f) $\frac{17}{32} - \frac{5}{24}$, $\frac{15}{16} - \frac{19}{24}$, $\frac{19}{36} - \frac{22}{45}$

2. a) $\frac{1}{2} + \frac{1}{3}$, $\frac{1}{3} + \frac{1}{4}$, $\frac{1}{3} + \frac{3}{4}$
b) $\frac{1}{3} + \frac{2}{7}$, $\frac{2}{3} + \frac{1}{5}$, $\frac{1}{3} + \frac{4}{5}$
● c) $\frac{2}{7} + \frac{4}{9}$, $\frac{3}{5} + \frac{4}{7}$, $\frac{7}{9} + \frac{1}{4}$
d) $\frac{1}{2} - \frac{1}{3}$, $\frac{1}{3} - \frac{1}{4}$, $\frac{3}{4} - \frac{1}{3}$
e) $\frac{2}{3} - \frac{1}{7}$, $\frac{2}{3} - \frac{1}{5}$, $\frac{4}{5} - \frac{1}{3}$
● f) $\frac{8}{9} - \frac{3}{7}$, $\frac{6}{7} - \frac{3}{5}$, $\frac{8}{9} - \frac{3}{4}$

3. a) $1\frac{1}{2} + 1\frac{1}{4}$, $2\frac{1}{2} + 1\frac{1}{3}$, $2\frac{1}{2} + 1\frac{1}{6}$, $3\frac{1}{2} + 1\frac{5}{8}$
b) $1\frac{1}{2} - 1\frac{1}{4}$, $2\frac{1}{2} - 1\frac{1}{3}$, $3\frac{1}{2} - 2\frac{1}{6}$, $3\frac{1}{2} - 2\frac{5}{6}$
● c) $1\frac{1}{4} + 1\frac{3}{8}$, $1\frac{3}{4} + 1\frac{5}{6}$, $2\frac{1}{4} + 2\frac{1}{5}$, $2\frac{3}{4} + 1\frac{5}{6}$
● d) $1\frac{1}{3} + 2\frac{1}{4}$, $1\frac{3}{4} + 2\frac{2}{3}$, $3\frac{3}{8} + 2\frac{3}{4}$, $1\frac{3}{4} + 1\frac{1}{6}$
● e) $2\frac{1}{4} - 1\frac{3}{8}$, $2\frac{3}{4} - 1\frac{5}{6}$, $3\frac{1}{4} - 2\frac{1}{5}$, $2\frac{1}{4} - 1\frac{5}{6}$

Mündlich und halbschriftlich

4. a) $\frac{9}{11}+\frac{2}{11}$ $\frac{6}{17}+\frac{11}{17}$ $\frac{4}{7}+\frac{1}{7}$
b) $\frac{19}{20}-\frac{7}{20}$ $\frac{17}{24}-\frac{11}{24}$ $\frac{7}{15}-\frac{4}{15}$
c) $\frac{11}{18}-\frac{5}{18}$ $\frac{17}{30}-\frac{11}{30}$ $\frac{33}{48}-\frac{17}{48}$

5. a) $\frac{1}{3}+\frac{1}{6}$ $\frac{1}{3}+\frac{1}{12}$ $\frac{1}{3}+\frac{1}{15}$
b) $\frac{1}{3}+\frac{2}{27}$ $\frac{1}{3}+\frac{4}{21}$ $\frac{3}{8}+\frac{7}{16}$
c) $\frac{1}{2}-\frac{1}{4}$ $\frac{1}{2}-\frac{1}{6}$ $\frac{1}{2}-\frac{3}{8}$

6. a) $\frac{4}{15}+\frac{1}{15}+\frac{8}{15}$ $\frac{2}{17}+\frac{10}{17}+\frac{5}{17}$ $\frac{7}{25}+\frac{13}{25}+\frac{7}{25}$
b) $\frac{11}{16}-\frac{4}{16}-\frac{1}{16}$ $\frac{31}{36}-\frac{6}{36}-\frac{1}{36}$ $\frac{32}{35}-\frac{6}{35}-\frac{5}{35}$

7. a) $5\frac{3}{4}-\frac{1}{4}$ $4\frac{7}{9}-\frac{4}{9}$ $3\frac{6}{11}-\frac{1}{11}$
b) $6\frac{7}{12}-3\frac{5}{12}$ $5\frac{8}{15}-2\frac{4}{15}$ $7\frac{4}{9}-1\frac{2}{9}$

8. Addiere (1) zu $2\frac{1}{2}$ (2) zu $3\frac{1}{4}$ (3) zu $1\frac{1}{6}$
a) $\frac{1}{4}$ $\frac{3}{4}$ $1\frac{1}{2}$ $2\frac{3}{4}$
b) $1\frac{5}{6}$ $3\frac{2}{3}$ $4\frac{1}{4}$ $8\frac{5}{12}$

Schriftlich

9. a) $\frac{1}{4}+\frac{1}{3}+\frac{1}{12}$ $\frac{1}{2}+\frac{1}{4}+\frac{1}{20}$ $\frac{1}{2}+\frac{1}{3}+\frac{1}{5}$
b) $\frac{3}{4}-\frac{1}{8}-\frac{1}{6}$ $\frac{7}{9}-\frac{1}{4}-\frac{1}{36}$ $\frac{2}{3}-\frac{1}{4}-\frac{1}{5}$
● c) $\frac{1}{2}+\frac{1}{4}+\frac{1}{8}$ $\frac{1}{2}+\frac{1}{3}+\frac{1}{6}$ $\frac{2}{3}+\frac{3}{4}+\frac{4}{5}$
● d) $\frac{3}{4}-\frac{1}{10}-\frac{1}{5}$ $\frac{5}{6}-\frac{1}{3}-\frac{1}{4}$ $\frac{4}{5}-\frac{1}{3}-\frac{2}{5}$

10. a) $\frac{7}{11}-\frac{1}{8}-\frac{1}{88}$ $\frac{5}{6}-\frac{3}{10}-\frac{1}{5}$ $\frac{2}{3}-\frac{1}{5}+\frac{7}{10}$
b) $\frac{2}{3}+\frac{3}{8}-\frac{5}{15}$ $\frac{7}{8}-\frac{1}{4}+\frac{17}{20}$ $\frac{3}{4}+\frac{2}{5}-\frac{5}{6}$
● c) $\frac{1}{3}+\frac{1}{5}+\frac{1}{45}$ $\frac{8}{15}-\frac{1}{3}-\frac{1}{5}$ $\frac{1}{2}+\frac{1}{3}+\frac{1}{12}$
● d) $\frac{1}{2}+\frac{2}{3}-\frac{5}{12}$ $\frac{1}{2}+\frac{5}{6}-\frac{3}{4}$ $\frac{2}{3}+\frac{3}{5}-\frac{1}{2}$

11. a) $3\frac{2}{3}-2\frac{1}{4}$ $2\frac{3}{4}-1\frac{2}{3}$ $1\frac{3}{5}+1\frac{3}{4}$ $2\frac{2}{5}+2\frac{1}{4}$
b) $2\frac{7}{10}+1\frac{2}{3}$ $5\frac{1}{8}-2\frac{3}{4}$ $3\frac{1}{4}-1\frac{5}{6}$ $1\frac{4}{5}-1\frac{1}{10}$
● c) $5\frac{2}{5}-3\frac{1}{4}$ $2\frac{9}{10}-1\frac{4}{15}$ $6\frac{9}{10}-3\frac{1}{3}$ $8\frac{7}{10}-4\frac{7}{15}$
● d) $8\frac{1}{8}-5\frac{5}{12}$ $3\frac{1}{8}-1\frac{11}{12}$ $1\frac{5}{8}+2\frac{7}{12}$ $1\frac{5}{6}+1\frac{11}{12}$
● e) $3\frac{5}{8}+3\frac{4}{12}$ $6\frac{1}{8}+5\frac{7}{12}$ $3\frac{5}{8}-2\frac{7}{12}$ $4\frac{7}{8}-3\frac{5}{12}$

12. Untersuche, ob die Aussage wahr oder falsch ist.
a) $\frac{3}{8}<\frac{4}{7}$ $\frac{4}{9}>\frac{1}{6}$
b) $\frac{6}{7}<\frac{8}{11}$ $\frac{4}{5}<\frac{2}{3}$
c) $\frac{4}{15}>\frac{1}{5}$ $\frac{2}{9}<\frac{3}{8}$
● d) $\frac{4}{5}<\frac{4}{7}$ $\frac{3}{8}>\frac{3}{11}$
● e) $\frac{5}{6}>\frac{5}{7}$ $\frac{23}{25}>\frac{23}{26}$
● f) $\frac{17}{19}>\frac{17}{18}$ $\frac{47}{48}>\frac{47}{49}$

★ *13.* Petra sagt: „In meiner Klasse spielen $\frac{2}{5}$ der Schüler nur Flöte, $\frac{2}{5}$ der Schüler nur Klavier und $\frac{1}{10}$ der Schüler Klavier und Flöte. Außerdem spielen 9 Schüler keines der beiden Instrumente.

Stefan meint: „Das stimmt nicht. Die Hälfte der Schüler spielt Klavier."
a) Wer hat recht? b) Wieviel Schüler sind in der Klasse?

14. Bestimme die Lösungsmengen in der Menge $\mathbb{B}$.
a) $x+\frac{1}{2}=\frac{3}{4}$ $\frac{1}{3}+x=\frac{5}{6}$
b) $\frac{2}{3}-x=\frac{3}{4}$ $x-\frac{7}{15}=\frac{4}{5}$
● c) $1\frac{1}{2}+x=2$ $2\frac{1}{4}-x=1\frac{1}{2}$
● d) $\frac{3}{4}+x=\frac{9}{10}$ $\frac{3}{4}-x=\frac{1}{2}$

T Gib die Primzahlen an a) zwischen 20 und 30, b) zwischen 40 und 50, c) zwischen 60 und 70.

10.2. Addition und Subtraktion von Dezimalbrüchen

1. Die Anzahl der Dezimalstellen ist gleich.

a) $0{,}3 + 0{,}2 = \frac{3}{10} + \frac{2}{10} = \frac{5}{10} = 0{,}5$

b) $0{,}13 + 0{,}05 = \frac{13}{100} + \frac{5}{100} = \frac{18}{100} = 0{,}18$

2. Die Anzahl der Dezimalstellen ist ungleich.

a) $0{,}3 + 0{,}02 = 0{,}30 + 0{,}02 = 0{,}32$

b) $0{,}4 + 0{,}12 + 0{,}345 = 0{,}400 + 0{,}120 + 0{,}345 = 0{,}865$

Vor allem beim Kopfrechnen wird das Rechnen erleichtert, wenn man die Dezimalbrüche auf die gleiche Anzahl von Stellen bringt.

3. Schriftliche Addition und Subtraktion von Dezimalbrüchen (Beispiele)

a)	b)	c)	d)
0,36	3,75	15,01	19,12
+ 0,49	+ 2,6	− 2,96	− 0,3
+ 0,05	+ 0,89	− 3,15	− 3,5
+ 0,87	+ 0,3	− 2,42	− 0,09
1,77	7,54	6,48	15,23

Beim schriftlichen Addieren (Subtrahieren) von Dezimalbrüchen setzt man Komma unter Komma und rechnet wie mit natürlichen Zahlen.

ÜBUNGEN

Mündlich

1. a) 0,2 + 0,3; 0,4 + 0,5; 0,9 − 0,2
b) 0,7 + 0,9; 0,9 + 0,8; 1,1 − 0,5
c) 0,02 + 0,13; 0,89 − 0,76; 0,17 + 0,05
d) 0,8 + 0,008; 1,2 + 0,013; 0,7 − 0,007
e) 3,5 + 0,03; 4,8 − 1,75; 3,6 − 2,43

2. Ergänze (1) zu 1, (2) zu 2:
a) 0,4 0,35 0,73 0,01
b) 0,565 0,783 0,994 0,1212

3. Addiere (1) zu 16,5 (2) zu 20,3:
a) 0,8 1,7 2,39 15,6
b) 0,789 6,152 83,5 5,0505

Schriftlich

4. a) 3,58 + 0,09 + 1,47
● b) 0,345 + 6,581 + 5,328
c) 6,34 + 1,985 + 0,4
d) 9,34 − 1,89 − 2,13
● e) 4,785 − 0,396 − 1,234
f) 8,7 − 4,358 − 1,92

5. Ordne die Zahlen nach ihrer Größe, mit der kleinsten beginnend. Berechne dann den Unterschied zwischen zwei aufeinander folgenden Zahlen.
a) 0,341 0,314 3,014 3,401
b) 0,035 0,3 0,305 0,513

6. Schreibe mit Komma und rechne.
a) 35 DM 89 Pf + 870 DM 93 Pf; 63 DM 15 Pf − 42 DM 89 Pf
b) 27 km 532 m + 18 km 939 m; 82 km 117 m − 20 km 784 m

Mündlich

7.

a)	b)	c)	d)	e)
2 – 0,8	2,5 + 0,35	3,15 + 0,7	1,34 + 0,52	3,16 + 1,82
2 – 0,08	4,6 + 1,23	4,34 – 0,2	1,49 – 0,96	3,15 – 0,65
2 – 0,12	2,7 – 0,42	3,08 + 1,2	2,35 + 0,65	4,33 + 0,67
3 – 1,8	3,8 – 1,43	5,18 – 1,1	4,89 – 0,89	2,83 – 0,63

8. Subtrahiere (1) von 20 (2) von 25:
a) 10,5 8,34 17,92 0,012 b) 2,3 15,71 9,3568 19,495

9. Verdopple die folgenden Zahlen (= addiere die gleiche Zahl).
a) 3,8 7,9 4,25 8,94 b) 1,9 17,38 1,939 0,097

Schriftlich

10.

a)	● b)	c)	● d)	e)
17,835	36,784	70,021	69,023	123,787
+ 9,768	+ 9,086	– 9,789	– 18,7	– 44,3
+ 5,836	+ 2,718	– 7,653	– 5,32	– 1,795
+ 0,197	+ 0,837	– 9,8	– 0,785	– 9,76

11. a) 176,25 + 9,374 + 85,0092 + 18,7 + 6,542 + 0,10158 + 2,76 + 3,4
● b) 232,64 + 0,735 + 17,3072 + 12,9 + 4,343 + 0,21249 + 5,69 + 7,8
c) 198,21 – 0,937 – 13,5986 – 15,8 – 3,474 – 9,41532 – 6,74 – 9,2
● d) 300,01 – 9,999 – 49,8764 – 89,7 – 9,006 – 5,34731 – 9,75 – 5,4

12. In einer Folge von fünf Dezimalbrüchen sind die Differenzen zwischen aufeinanderfolgenden Zahlen gleich groß. Fülle die Schilder aus (Bild 1).

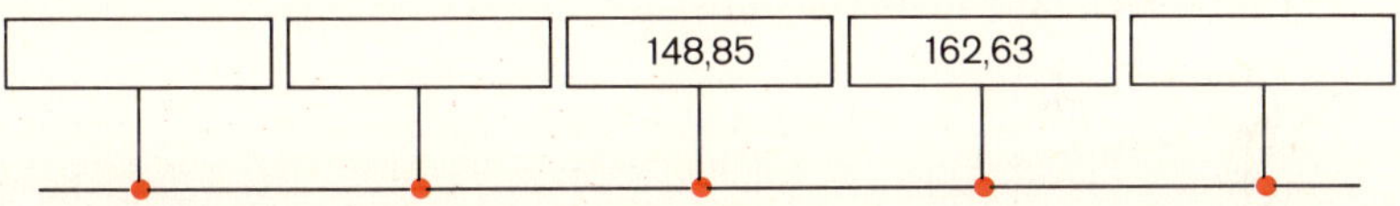

73.1

13. An einer Straße liegen hintereinander die Orte A, B, C, D, E. Von A nach B sind es 21,7 km, von B nach C 15,9 km, von B nach D 40,7 km und von C nach E 38,3 km. Berechne die Länge aller Teilstrecken und die Länge der Gesamtstrecke.

14. Vergleiche die Differenz aus 19,842 und 7,956 mit der Differenz aus 49,113 und 37,127.

15. Vergleiche die Differenzen 512,68 – 368,75 und 1090,46 – 945,53.

16. Bestimme den Unterschied zwischen 20 und der Summe 10,84 + 2,906 + 6,087.

★ *17.* Subtrahiert man von einer Zahl 1,275, dann ist das Ergebnis gleich der Summe aus 3,145 und 4,78.

★ *18.* Vergleiche 4,65 mit der Differenz aus 13,26 und 9,3475.

19. Schreibe in die Sprachform um und rechne.
a) (6,3 – 1,8) + 4,05 b) 6,7 – (10,3 – 7,88)
● c) (18,34 – 9,9) + 13,17 ● d) (116,4 + 0,89) – 100,100
★ e) 5,28 + (1,15 – 0,73) ★ f) (2,3 + 4,8) + (1,67 + 0,03)

10.3. Addition und Subtraktion mit dem elektronischen Kleinrechner

1. Addition und Subtraktion von Dezimalbrüchen

Aufgabe 2,470 + 13,3 − 0,488

Bemerkungen	Tastenfolge	Anzeige
Löschtaste	C	0.
Summand	2,47	2. 4 7
Plustaste	+	2. 4 7
Summand	13,3	1 3. 3
Minustaste	−	1 5. 7 7
Subtrahend	0,488	0. 4 8 8
Ergebnistaste	=	1 5. 2 8 2

74.1

Beachte beim Rechnen mit Dezimalbrüchen folgende Einzelheiten:

(1) Stelle den Rechner auf Fließkomma (Bild 2)

(2) Taste die Zahlen mit der höchsten Stelle beginnend ein.
Für das Setzen des Kommas muß die ⊡-Taste bedient werden.

(3) Endnullen werden bei Dezimalbrüchen nicht eingegeben (2,47 statt 2,470).

(4) Bei Zahlen, die kleiner als 1 sind, wird die 0 vor dem Komma unterdrückt (,488 statt 0,488).

(5) Schalte den Rechner nach Erhalt des Endergebnisses ab (Schonung der Batterie!).

2. Fließkomma, Festkomma und Rundung

(1) Haben die Dezimalbrüche verschiedenstellige Zifferngruppen nach dem Komma, dann wird der Rechner auf Fließkomma eingestellt (Bild 2; Schalterstellung F).

(2) Die üblichen Rechner lassen die Einstellung für 0 oder 2 oder 4 Nachkommastellen zu. Die Einstellung auf 2 Nachkommastellen ist zweckmäßig, wenn mit DM–Pf, m–cm, u. ä. gerechnet wird.

74.2

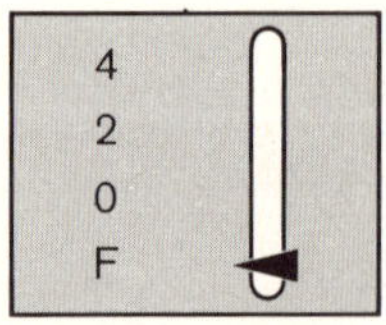

(3) Bei der Einstellung auf Festkomma erfolgt automatisch eine Rundung nach den geltenden Rundungsregeln.

ÜBUNGEN

1. Addiere und unterdrücke die Null vor dem Komma.

a) 0,472 + 0,0336 + 0,8 + 0,27
0,234 + 0,2001 + 0,1 + 0,03

b) 0,384 + 0,201 + 0,003 + 0,7
0,201 + 0,006 + 0,404 + 0,36

2. Unterdrücke bei der Eingabe auch die Endnullen.

a) 0,430 + 7,20 + 0,43 − 0,5 − 0,020
0,730 + 0,475 + 0,1 − 0,02 − 0,03

b) 13,7 − 0,522 − 0,303 − 0,002
25,1 − 0,53 − 0,770 − 0,008

3. Stelle auf Festkomma und runde auf die zweite Dezimalstelle.

0,377 0,522 3,755 5,279 5,271 5,273 5,375

10.4. Vermischte Übungen

Mündlich

1. Zwischen den Aufgaben a) $\frac{3}{5}+\frac{1}{5}$ und 3 m + 1 m; b) $\frac{4}{7}-\frac{2}{7}$ und 4 m − 2 m besteht eine Analogie. Zeige das!

2. Ein altes Zählmaß war die „Mandel". Eine Mandel Eier waren 15 Eier. Suche die Analogie der Lösung der Aufgabe $\frac{1}{2}+\frac{1}{3}=\frac{3}{6}+\frac{2}{6}=\frac{5}{6}$ und der Aufgabe 1 Mandel + 1 Dutzend = 15 Stück + 12 Stück = 27 Stück.

3. a) $\frac{1}{2}+\frac{1}{3}$ b) $\frac{1}{2}-\frac{1}{3}$ c) $\frac{5}{6}+\frac{2}{3}$ d) $\frac{3}{4}-\frac{3}{8}$ e) $\frac{3}{7}+\frac{1}{2}$ f) $\frac{5}{6}+\frac{3}{4}$

$\frac{2}{3}-\frac{1}{4}$ $\frac{2}{3}+\frac{1}{4}$ $\frac{5}{6}-\frac{2}{3}$ $\frac{7}{12}+\frac{3}{8}$ $\frac{1}{2}-\frac{3}{7}$ $\frac{2}{3}-\frac{4}{9}$

$\frac{3}{4}+\frac{1}{2}$ $\frac{3}{4}-\frac{1}{2}$ $\frac{3}{8}+\frac{3}{4}$ $\frac{7}{12}-\frac{3}{8}$ $\frac{4}{9}+\frac{2}{3}$ $\frac{5}{6}-\frac{3}{4}$

4. a) 5,8 − 2,6 b) 7,9 + 1,4 c) 1,2 + 1,23 d) 4,8 + 5,61

4,1 − 3,6 6,2 − 4,7 4,2 − 1,02 2,3 + 2,07

5,3 − 2,8 3,7 + 5,6 4,6 − 2,42 5,3 − 3,67

Schriftlich

5. Ordne die folgenden Brüche nach ihrer Größe, mit dem kleinsten beginnend. Erweitere vorher auf den Hauptnenner.

a) $\frac{11}{18}$ $\frac{5}{6}$ $\frac{1}{3}$ $\frac{4}{9}$ $\frac{5}{12}$ b) $\frac{1}{2}$ $\frac{15}{36}$ $\frac{2}{3}$ $\frac{1}{6}$ $\frac{7}{18}$

c) $\frac{7}{45}$ $\frac{11}{30}$ $\frac{7}{18}$ $\frac{4}{15}$ $\frac{7}{10}$ ● d) $\frac{4}{9}$ $\frac{11}{18}$ $\frac{1}{6}$ $\frac{3}{10}$ $\frac{7}{15}$

e) $\frac{23}{50}$ $\frac{17}{25}$ $\frac{4}{9}$ $\frac{19}{36}$ $\frac{7}{8}$ ★ f) $\frac{11}{24}$ $\frac{7}{18}$ $\frac{41}{72}$ $\frac{49}{100}$ $\frac{31}{60}$

6. Ordne die Dezimalbrüche nach der Größe, mit dem kleinsten beginnend.

a) 0,631 0,2758 0,701 0,710 0,98765 0,7 0,136

● b) 0,519 0,2456 0,591 0,205 0,77755 0,5 0,437

7. a) 3,759 + 4,943 + 2,876 b) 7,008 + 5,907 + 0,780 ● c) 3,109 + 0,799 + 0,078 d) 8,432 − 1,987 − 2,132 ● e) 6,750 − 2,498 − 0,793

8. Eine leere Kiste wiegt 1,255 kg. In ihr werden 3,250 kg Zucker und 2,875 kg Kaffee verpackt. Wie schwer wird die Sendung?

9. Schreibe fünf gewöhnliche Brüche auf, die denselben Wert haben a) wie der Bruch $\frac{3}{4}$, b) wie der Bruch $\frac{16}{20}$.

10. a) $\frac{1}{2}+\frac{1}{7}+\frac{1}{12}$ b) $\frac{1}{2}+\frac{1}{4}+\frac{1}{30}$ c) $\frac{1}{3}-\frac{1}{6}-\frac{1}{24}$ d) $\frac{5}{6}+\frac{1}{2}-\frac{3}{4}$

$\frac{1}{3}+\frac{1}{4}+\frac{1}{7}$ $\frac{1}{3}+\frac{1}{4}+\frac{1}{5}$ $\frac{7}{3}-\frac{3}{4}-\frac{5}{24}$ $\frac{1}{6}+\frac{1}{3}-\frac{1}{2}$

★ *11.* Vermehre die Differenz aus $\frac{13}{21}$ und $\frac{1}{2}$ um die Differenz aus $\frac{8}{21}$ und $\frac{1}{126}$.

★ *12.* Addiere zur Differenz aus $11\frac{7}{9}$ und $5\frac{11}{12}$ die Summe aus $2\frac{7}{8}$, $3\frac{1}{6}$ und $4\frac{7}{48}$.

T **1.** In dem Bruch $\frac{a}{b}$ ist der Zähler ein Vielfaches des Nenners. Was folgt daraus?

2. Welche der Zahlen sind durch 4 teilbar: 72, 84, 94, 104, 126, 156?

Mündlich

13. Suche die Analogie zwischen der Lösung der Aufgabe $\frac{1}{2}+\frac{1}{4}=\frac{2}{4}+\frac{1}{4}=\frac{3}{4}$ und der Lösung der Aufgabe 1 dm + 1 cm = 10 cm + 1 cm = 11 cm.

14. Die Aussage $\frac{3}{7}+\frac{2}{7}=\frac{5}{7}$ kann man von rechts nach links lesen. Das bedeutet: Man kann einen gewöhnlichen Bruch in Summanden zerlegen. Außer den additiven Zerlegungen gibt es auch subtraktive Zerlegungen; z. B. $\frac{5}{7}=\frac{8}{7}-\frac{3}{7}$. Gib für die Brüche $\frac{11}{17}$, $\frac{17}{19}$, $\frac{23}{24}$ fünf additive und fünf subtraktive Zerlegungen an.

15. a) $\frac{4}{15}+\frac{7}{12}$ $\quad \frac{7}{12}-\frac{4}{15}$ ● b) $\frac{11}{24}+\frac{7}{16}$ $\quad \frac{13}{24}-\frac{7}{16}$ $\quad \frac{8}{25}+\frac{7}{20}$

16. a) $\frac{3}{10}-\frac{2}{15}$ $\quad \frac{9}{20}-\frac{4}{15}$ ● b) $\frac{4}{5}-\frac{3}{25}$ $\quad \frac{11}{12}-\frac{7}{15}$ $\quad \frac{9}{25}-\frac{3}{10}$

17. a) $\frac{7}{20}+\frac{4}{15}$ $\quad \frac{3}{10}+\frac{2}{15}$ ● b) $\frac{7}{12}+\frac{8}{15}$ $\quad \frac{4}{5}+\frac{3}{25}$ $\quad \frac{5}{16}-\frac{1}{12}$

18. a) 0,85 + 0,79 — 5,36 − 1,08 — 7,09 − 2,54
b) 0,37 + 1,94 — 0,67 + 2,08 — 6,34 − 2,75
● c) 4,03 − 2,85 — 1,17 + 0,94 — 2,34 + 0,75
● d) 6,32 + 4,18 — 9,07 − 4,33 — 8,18 − 4,99

Schriftlich

19. a) $5\frac{2}{3}+6\frac{1}{2}+\frac{5}{6}$ $\quad 1\frac{1}{2}+2\frac{2}{3}+3\frac{3}{5}$ $\quad 4\frac{1}{2}+3\frac{2}{3}+\frac{3}{4}$
● b) $1\frac{1}{5}+2\frac{1}{3}+4\frac{4}{15}$ $\quad 5\frac{5}{12}+3\frac{7}{24}+6\frac{3}{8}$ $\quad 3\frac{9}{14}+2\frac{1}{6}+7\frac{20}{21}$
● c) $\frac{5}{7}-\frac{1}{2}-\frac{1}{70}$ $\quad \frac{6}{7}-\frac{1}{2}-\frac{1}{42}$ $\quad \frac{7}{9}-\frac{1}{2}-\frac{1}{45}$

20. a) $2\frac{1}{2}-1\frac{3}{4}$ $\quad 5\frac{5}{6}-2\frac{1}{3}$ $\quad 3\frac{1}{2}-2\frac{2}{5}$
b) $4\frac{3}{5}-2\frac{3}{10}$ $\quad 6\frac{1}{3}-4\frac{3}{4}$ $\quad 5\frac{1}{6}-3\frac{2}{3}$
● c) $3\frac{5}{8}-1\frac{1}{2}$ $\quad 7\frac{1}{8}-4\frac{3}{4}$ $\quad 5\frac{2}{3}-1\frac{5}{6}$
● d) $5\frac{1}{2}-1\frac{1}{3}-1\frac{1}{4}$ $\quad 6\frac{1}{4}-2\frac{2}{3}-1\frac{1}{2}$ $\quad 7\frac{1}{5}-1\frac{1}{2}-2\frac{3}{4}$

★ *21.* Um wieviel ist die Summe 9,78 + 92,67 + 75,372 kleiner als 178,812?

22. a) 17,62 + 9,3475 + 18,4 + 6,379 + 7,2 + 16,43 + 9,7856 + 0,343
b) 89,01 − 2,6723 − 11,3 − 0,482 − 3,7 − 12,76 − 5,0378 − 2,789
● c) 99,99 − 7,3073 − 23,5 − 3,775 − 5,9 − 16,82 − 7,3307 − 8,625

23. Schreibe als Dezimalbrüche und in der gleichen Einheit. Addiere!
a) 6,25 m + 63 dm + 48 cm + 5,3 dm — 7,35 m + 74 dm + 92 cm + 4,8 dm
● b) 8,4 dm + 72 cm + 3,8 cm + 215 mm — 9,2 dm + 68 cm + 4,5 cm + 98 mm

24. Schreibe mit Komma: $\frac{1}{2}$ m $\quad \frac{1}{4}$ m $\quad \frac{3}{4}$ m $\quad \frac{1}{5}$ m $\quad \frac{2}{5}$ m $\quad \frac{1}{10}$ m $\quad \frac{3}{10}$ m

25. Schreibe a) als Gramm, b) mit Dezimalbrüchen als Kilogramm.
$\frac{1}{2}$ kg $\quad \frac{1}{4}$ kg $\quad \frac{1}{8}$ kg $\quad \frac{3}{4}$ kg $\quad \frac{3}{8}$ kg $\quad \frac{1}{5}$ kg $\quad \frac{4}{5}$ kg $\quad \frac{7}{8}$ kg $\quad \frac{2}{5}$ kg

26. Eine geographische Meile ist 7,420 km, eine Seemeile 1,852 km, eine englische Meile 1,609 km. Zeichne angenähert die Strecken (1 cm $\hat{=}$ 1 km).

27. Eine Autoreparaturwerkstatt erhält vom Großhandel 3 Rechnungen über 94,90 DM, 171,45 DM und 218,75 DM. Sie hat noch eine Gutschrift von 9,70 DM.

Mündlich

28. Gib an, welche Dezimalbrüche in den Bildern 1 und 2 dargestellt sind. Die großen Flächenstücke sind Bilder der Zahl 1.

77.1

77.2

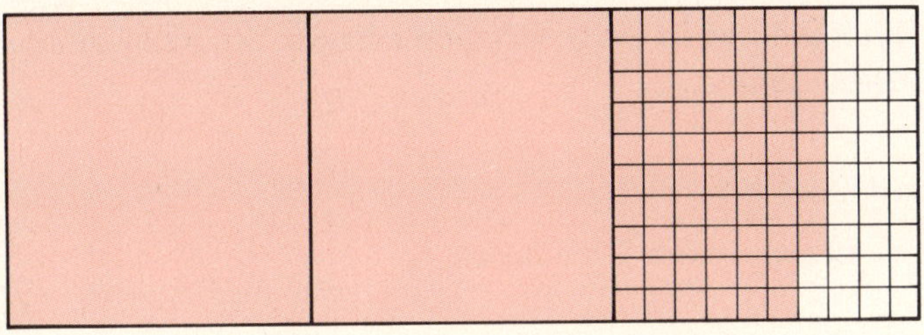

29. Gib als Bruchteil der größeren (angegebenen) Einheit an

a) in DM:	25 Pf	50 Pf	10 Pf	75 Pf	90 Pf	5 Pf	4 Pf
b) in hl:	2 ℓ	40 ℓ	20 ℓ	60 ℓ	1 ℓ	3 ℓ	50 ℓ
c) in m:	25 cm	10 cm	5 cm	8 cm	50 cm	2 cm	30 cm

30. Gib in der kleineren (angegebenen) Einheit an

a) in Pf:	$\frac{1}{2}$ DM	$\frac{1}{4}$ DM	$\frac{1}{5}$ DM	$\frac{3}{4}$ DM	$\frac{4}{5}$ DM	$\frac{9}{10}$ DM
b) in m:	$\frac{3}{4}$ km	$\frac{3}{5}$ km	$\frac{1}{4}$ km	$\frac{1}{8}$ km	$\frac{3}{8}$ km	$\frac{3}{10}$ km
c) in g:	$\frac{1}{2}$ kg	$\frac{7}{8}$ kg	$\frac{15}{100}$ kg	$\frac{1}{40}$ kg	$\frac{9}{20}$ kg	$\frac{3}{25}$ kg

Schriftlich

31. a) $17{,}6 + 8{,}349 + 0{,}73 + 1{,}49 + 0{,}7341 + 0{,}9 + 1{,}08 + 7{,}6935 + 0{,}72$
b) $89{,}1 - 3{,}471 - 0{,}94 - 1{,}58 - 2{,}9832 - 1{,}7 - 2{,}75 - 3{,}7788 - 9{,}85$
● c) $75{,}3 - 4{,}008 - 1{,}07 - 9{,}37 - 4{,}7325 - 8{,}3 - 6{,}78 - 5{,}3497 - 6{,}78$

32. Eine Ware kostet im Einkauf 735,75 DM. Für Unkosten (Ladenmiete, Steuern, Licht, Löhne, ...) rechnet der Kaufmann mit 73,60 DM. Er will an der Ware 161,90 DM verdienen. Wie teuer muß er die Ware verkaufen?

33. Bestimme die Lösungsmenge in $\mathbb{B}$.
a) $x + 0{,}7 = 3{,}2$ b) $7{,}2 - y = 5{,}4$ ★ c) $0{,}78 + u = 5{,}3$ ★ d) $w - 0{,}89 = 3{,}4$
$x - 1{,}2 = 5{,}8$ $3{,}7 - y = 1{,}2$ $0{,}57 + u = 6{,}9$ $w - 0{,}57 = 6{,}1$

34. Ein Kaufmann bezieht 3 Ballen Tuch von 35,40 m, 43,25 m und 49,65 m. Er verkauft vom ersten Ballen 16,50 m, vom zweiten 29,50 m, vom dritten 36,50 m. Wieviel Meter Tuch bleiben im ganzen übrig? (2 Lösungswege!)

★ *35.* Die Summe dreier Zahlen beträgt 29,4. Die erste Zahl ist um 2,71 größer als 5,9; die zweite Zahl ist um 3,79 größer als die erste Zahl. Rechne!

★ *36.* Die Summe dreier Zahlen beträgt 24. Die erste Zahl ist um $1\frac{7}{12}$ kleiner als 10; die zweite Zahl ist um $2\frac{5}{16}$ kleiner als die erste Zahl. Rechne!

11. Multiplikation und Division I

11.1. Der Multiplikand ist ein gewöhnlicher Bruch, der Multiplikator eine natürliche Zahl

1. Beispiel $\frac{2}{7} \cdot 3 = x$

a) Wir rechnen mit dem Kreismodell.

b) Wir setzen ein Gruppenbild ein: Es muß 3 Zeilen enthalten, in jeder Zeile 2 Siebtel.

c) Wir rechnen an der Zahlengeraden.

d) Wir schreiben das Produkt als Summe.

$\frac{2}{7} \cdot 3 = \frac{2}{7} + \frac{2}{7} + \frac{2}{7} = \frac{6}{7}$

★ e) Wir gehen auf die Definition des Bruches $\frac{2}{7}$ zurück.

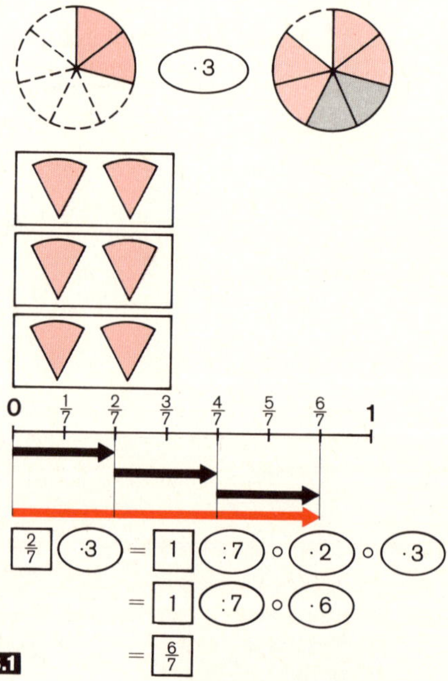

78.1

Ergebnis $\frac{2}{7} \cdot 3 = \frac{2 \cdot 3}{7} = \frac{6}{7}$

Man multipliziert einen Bruch mit einer natürlichen Zahl, indem man den Zähler mit der natürlichen Zahl multipliziert.

Für $a, b, k \in \mathbb{N}^*$ gilt

$$\frac{a}{b} \cdot k = \frac{a \cdot k}{b}$$

2. Der Multiplikand ist eine gemischte Zahl

Beispiel $2\frac{1}{4} \cdot 5 = (2 + \frac{1}{4}) \cdot 5 = 2 \cdot 5 + \frac{1}{4} \cdot 5 = 10 + \frac{5}{4} = 11\frac{1}{4}$

ÜBUNGEN

1. $\frac{3}{8} \cdot 5$ $\quad \frac{7}{9} \cdot 8$ $\quad \frac{7}{12} \cdot 8$ $\quad \frac{8}{25} \cdot 4$

2. $\frac{3}{4} \cdot 3$ $\quad \frac{5}{24} \cdot 16$ $\quad \frac{7}{5} \cdot 2$ $\quad \frac{8}{15} \cdot 10$

3. $2\frac{1}{2} \cdot 3$ $\quad 1\frac{2}{3} \cdot 5$ $\quad 1\frac{2}{3} \cdot 6$ $\quad 2\frac{1}{2} \cdot 11$

4. $1\frac{5}{7} \cdot 5$ $\quad 4\frac{6}{25} \cdot 15$ $\quad 3\frac{1}{9} \cdot 9$ $\quad 3\frac{7}{12} \cdot 8$

11.2. Der Dividend ist ein gewöhnlicher Bruch, der Divisor eine natürliche Zahl

1. Beispiel $4:3 = \frac{4}{3}$ (Bild 1)

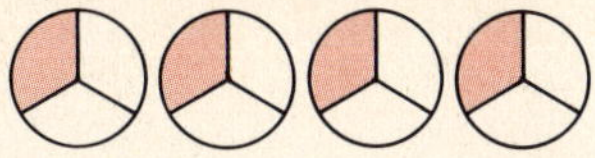

79.1

Für a, b $\in \mathbb{N}^*$ gilt

$$a:b = \frac{a}{b}$$

2. Beispiel $\frac{4}{5}:2 = x$ (Bild 2)

a) Wir rechnen mit dem Kreismodell.

b) Vier Kreisstücke $\frac{1}{5}$ werden in zwei gleiche Gruppen eingeteilt.

c) Wir rechen an der Zahlengeraden.

★ d) Wir gehen auf die Definition des Bruches $\frac{4}{5}$ zurück.

Ergebnis $\frac{4}{5}:2 = \frac{4:2}{5} = \frac{2}{5}$

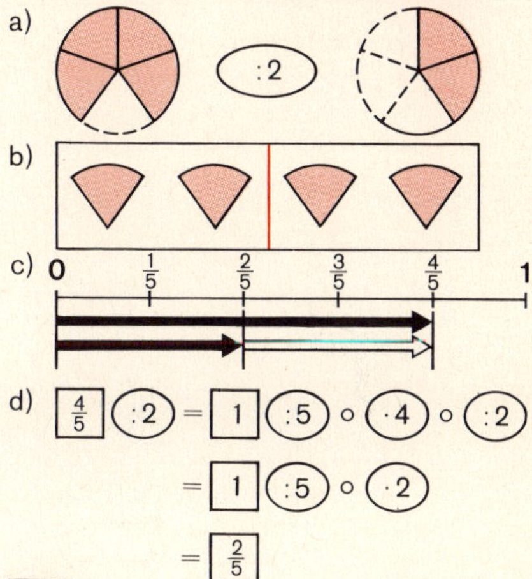

79.2

3. Beispiel

$\frac{3}{5}:2 = x$ (Bild 3)

a) Wir rechnen mit dem Kreismodell.

b) Drei Kreisstücke $\frac{1}{5}$ werden jeweils in zwei gleiche Stücke zerlegt.

c) Wir rechnen an der Zahlengeraden.

★ d) Wir gehen auf die Definition des Bruches $\frac{3}{5}$ zurück.

Ergebnis $\frac{3}{5}:2 = \frac{3}{5\cdot 2} = \frac{3}{10}$

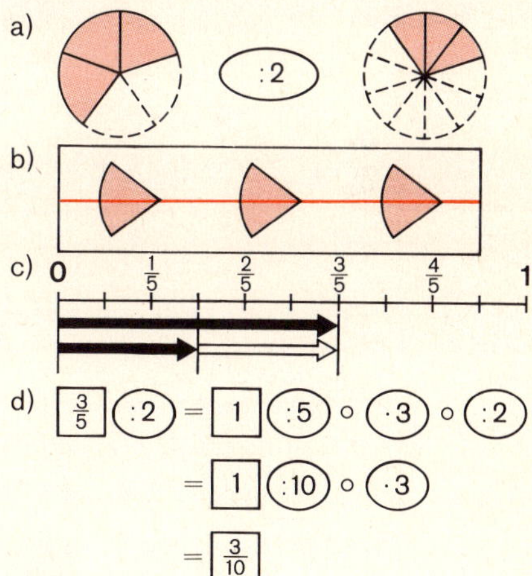

79.3

Man dividiert einen Bruch durch eine natürliche Zahl, indem man entweder den Zähler durch die natürliche Zahl dividiert oder den Nenner mit der natürlichen Zahl multipliziert.

4. Der Dividend ist eine gemischte Zahl

Beispiele a) $1\frac{2}{5}:3 = \frac{7}{5}:3 = \frac{7}{15}$ b) $10\frac{1}{2}:4 = 8:4 + 2\frac{1}{2}:4 = 2 + \frac{5}{8} = 2\frac{5}{8}$

ÜBUNGEN

Mündlich

1.	a) 1:2	b) 3:2	c) 8:5	d) 15:7	e) 19:5	f) 27:5
	2:3	5:3	13:2	25:8	35:3	45:8

2.	a) $\frac{3}{8}\cdot 7$	$\frac{3}{4}\cdot 8$	$\frac{4}{9}:2$	$\frac{2}{9}\cdot 5$	$1\frac{1}{9}:5$	$\frac{5}{14}\cdot 7$
	b) $\frac{5}{6}\cdot 3$	$\frac{7}{9}\cdot 5$	$\frac{6}{7}:3$	$\frac{3}{4}\cdot 5$	$2\frac{2}{3}:4$	$\frac{6}{11}\cdot 22$
	c) $\frac{2}{3}\cdot 4$	$\frac{4}{5}\cdot 15$	$\frac{8}{11}:4$	$\frac{4}{5}\cdot 5$	$3\frac{3}{8}:9$	$\frac{9}{10}\cdot 11$

3.	a) $\frac{4}{5}:4$	b) $\frac{6}{7}:3$	c) $\frac{21}{25}:7$	d) $3\frac{1}{5}:4$	e) $4\frac{2}{3}:4$	f) $1\frac{1}{3}:2$
	$\frac{8}{11}:4$	$\frac{4}{7}:2$	$\frac{8}{15}:8$	$2\frac{1}{7}:3$	$2\frac{2}{3}:4$	$1\frac{2}{3}:5$
	$\frac{8}{13}:4$	$\frac{15}{16}:5$	$\frac{12}{17}:6$	$3\frac{1}{3}:5$	$3\frac{3}{4}:5$	$6\frac{2}{3}:10$

4. a)

$\cdot 3$	
$\frac{2}{3}$	
	$\frac{6}{7}$
$\frac{4}{5}$	
	$\frac{15}{17}$

b)

$:4$	
$\frac{8}{9}$	
$\frac{12}{3}$	
	$\frac{3}{8}$
	$\frac{5}{7}$

c)

$\cdot 2$	
$\frac{7}{9}$	
	$\frac{8}{11}$
	$\frac{6}{7}$
$\frac{5}{8}$	

d)

$:5$	
$1\frac{2}{3}$	
	$1\frac{1}{2}$
$3\frac{3}{4}$	
	$2\frac{1}{4}$

e)

$\cdot 6$	
	$2\frac{2}{5}$
	$3\frac{3}{7}$
$2\frac{1}{2}$	
$1\frac{7}{8}$	

Schriftlich

5.	a) $9\frac{3}{5}:24$	$9\frac{1}{2}\cdot 4$	$\frac{36}{35}:45$	$7\frac{1}{7}:10$	$9\frac{1}{2}\cdot 6$	$9\frac{1}{2}:2$
	b) $9\frac{3}{5}:16$	$6\frac{7}{8}\cdot 2$	$\frac{25}{26}:50$	$3\frac{1}{3}:10$	$6\frac{7}{8}\cdot 2$	$\frac{15}{32}:22$
●	c) $9\frac{3}{5}:4$	$3\frac{11}{12}\cdot 6$	$\frac{24}{25}:36$	$3\frac{1}{13}:10$	$3\frac{11}{12}\cdot 8$	$6\frac{1}{4}\cdot 8$

6.	a) $3\frac{4}{15}\cdot 12$	$4\frac{3}{20}\cdot 15$	$4\frac{4}{9}:30$	$5\frac{1}{7}:24$	$5\frac{3}{10}\cdot 15$	$3\frac{7}{15}\cdot 10$
●	b) $5\frac{3}{5}:14$	$1\frac{3}{16}\cdot 12$	$3\frac{7}{8}\cdot 10$	$3\frac{3}{4}\cdot 6$	$2\frac{3}{16}\cdot 12$	$5\frac{5}{9}:25$
	c) $4\frac{1}{8}:22$	$5\frac{5}{6}:14$	$5\frac{1}{2}:20$	$4\frac{2}{7}:20$	$2\frac{2}{9}:15$	$2\frac{4}{7}:12$

7. Bauer Nolte sagt zu Bauer Meier: „Wir haben beide $5\frac{3}{4}$ ha mit Weizen bestellt. Bei dir ist es der 8. Teil deines Ackers, bei mir der 6. Teil meines Ackers“

a) Wer hat die größere Ackerfläche? (Überlegen, nicht rechnen!)

b) Rechne nun die Flächen aus.

8.	a) $\frac{3}{7}\cdot x = \frac{24}{7}$	b) $\frac{6}{7}:x = \frac{2}{7}$	★ c) $\frac{7}{10}\cdot z = 2\frac{4}{5}$	★ d) $\frac{4}{13}\cdot x = 2\frac{6}{13}$
	$\frac{5}{6}\cdot y = 5$	$\frac{3}{8}:y = \frac{1}{16}$	$4\frac{2}{5}:x = \frac{2}{5}$	$1\frac{7}{17}\cdot y = \frac{2}{17}$
	$\frac{8}{9}\cdot z = \frac{8}{3}$	$\frac{1}{5}:z = \frac{1}{15}$	$3\frac{1}{3}\cdot y = 13\frac{1}{3}$	$\frac{8}{11}\cdot z = 16$

9.	a) $\frac{15}{14}:12$	$\frac{7}{8}:14$	$4\frac{2}{3}:3$	● b) $\frac{27}{20}:18$	$18\frac{3}{4}:4$	$2\frac{1}{6}\cdot 5$
	c) $\frac{12}{17}:9$	$\frac{25}{12}:15$	$9\frac{1}{3}:5$	d) $\frac{27}{28}:18$	$12\frac{5}{9}:7$	$4\frac{1}{4}\cdot 3$

11.3. Der Multiplikand ist ein Dezimalbruch, der Multiplikator eine natürliche Zahl

1. Der Multiplikator ist eine Stufenzahl

Beispiele $0{,}29\cdot 10 = \frac{29}{100}\cdot 10 = \frac{29\cdot 10}{100} = \frac{29}{10} = 2{,}9$

$1{,}537\cdot 100 = \frac{1537}{1000}\cdot 100 = \frac{1537\cdot 100}{1000} = \frac{1537}{10} = 153{,}7$

Man multipliziert einen Dezimalbruch mit 10 (100, 1000, ...),
indem man das Komma um 1 Stelle (um 2 Stellen, um 3 Stellen, ...)
nach rechts rückt.

2. Einfache Aufgaben zum mündlichen Rechnen

Beispiele $0{,}3\cdot 9 = \frac{3}{10}\cdot 9 = \frac{3\cdot 9}{10} = \frac{27}{10} = 2{,}7$

$2{,}09\cdot 30 - 2{,}09\cdot 3\cdot 10 = 20{,}9\cdot 3 = 62{,}7$

3. Schriftliches Multiplizieren

Aufgabe $1{,}769\cdot 29$ *Überschlag* $2\cdot 30 = 60$

Überlegung $1{,}769\cdot 29 = \frac{1769}{1000}\cdot 29 = \frac{1769\cdot 29}{1000} = \frac{51\,301}{1000} = 51{,}301$

Der Zähler liefert das Ergebnis ohne Komma. Der Nenner sagt, wo das Komma stehen muß. – Auch durch Überschlag kann man finden, wo das Komma stehen muß.

Aufgabe	$1{,}769\cdot 29$	**Merke:**
$1{,}769\cdot 29$	3538	**Mache den Überschlag!**
Überschlag	15921	**Rechne ohne Komma!**
$2\cdot 30 = 60$	51,301	**Setze das Komma nach dem Überschlag!**

Neunerprobe $Q_l \to 5\cdot 2 \to 10 \to 1.$ $Q_r \to 1$

4. Mechanische Regel.
Vergleiche die folgenden Aufgaben und ihre Ergebnisse.

$3928\cdot 17$	$392{,}8\cdot 17$	$39{,}28\cdot 17$	$3{,}928\cdot 17$	$0{,}3928\cdot 17$
$= 66776$	$= 6677{,}6$	$= 667{,}76$	$= 66{,}776$	$= 6{,}6776$

Man rechnet ohne Komma und streicht von rechts soviel Stellen ab,
wie der Dezimalbruch Stellen nach dem Komma hat.

ÜBUNGEN

1. a) $0{,}6\cdot 10$; $0{,}7\cdot 10$; $1{,}4\cdot 10$
b) $0{,}05\cdot 10$; $2{,}07\cdot 10$; $0{,}83\cdot 10$
c) $0{,}007\cdot 10$; $0{,}431\cdot 10$; $2{,}538\cdot 10$
d) $0{,}32\cdot 100$; $0{,}351\cdot 100$; $4{,}5\cdot 100$
e) $3{,}218\cdot 1000$; $0{,}35\cdot 1000$; $1{,}4375\cdot 1000$

2. a) $0{,}5\cdot 7$; $0{,}3\cdot 8$; $0{,}7\cdot 6$
b) $0{,}03\cdot 7$; $0{,}07\cdot 9$; $0{,}12\cdot 3$
c) $0{,}13\cdot 2$; $0{,}12\cdot 6$; $0{,}15\cdot 7$
d) $0{,}18\cdot 9$; $0{,}07\cdot 7$; $0{,}04\cdot 11$
e) $0{,}023\cdot 7$; $0{,}112\cdot 8$; $0{,}094\cdot 6$

3. a)

·10	
0,8	
	6
0,03	
	0,5

b)

·8	
0,4	
	0,72
0,06	
	1,6

c)

·100	
2,5	
0,8	
	25
	0,3

d)

·6	
	9,8
	0,9
1,3	
0,5	

e)

·5	
	6,5
1,4	
0,9	
	0,4

11.4. Der Dividend ist ein Dezimalbruch, der Divisor eine natürliche Zahl

1. Division durch eine Stufenzahl

Beispiele
a) $7{,}8 : 10 = \frac{78}{10} : 10 = \frac{78}{100} = 0{,}78$
b) $23{,}04 : 10 = \frac{2304}{100} : 10 = \frac{2304}{1000} = 2{,}304$
c) $0{,}7 : 10 = \frac{7}{10} : 10 = \frac{7}{100} = 0{,}07$
d) $45{,}8 : 100 = \frac{458}{10} : 100 = \frac{458}{1000} = 0{,}458$
e) $5{,}93 : 1000 = \frac{593}{100} : 1000 = \frac{593}{100\,000} = 0{,}00593$

Man dividiert einen Dezimalbruch durch 10 (100, 1000, ...), indem man das Komma um 1 Stelle (um 2 Stellen, um 3 Stellen, ...) nach links rückt.

2. Einfache Aufgaben zum mündlichen Rechnen

Beispiele
a) $2{,}4 : 6 = \frac{24}{10} : 6 = \frac{4}{10} = 0{,}4$
b) $7{,}8 : 20 = (7{,}8 : 10) : 2 = 0{,}78 : 2 = 0{,}39$

3. Schriftliches Dividieren

Aufgabe 137,64 : 37 *Überschlag* 120 : 40 = 3

```
137,64:37 → 3,72    137 E:37 = 3E, Rest 26E
111
 266                266 z:37 = 7z, Rest 7z
 259
  74                 74 h:37 = 2h, Rest 0
  74    → lies:
   0    „ergibt"
```

Merke:
Man dividiert einen Dezimalbruch wie eine natürliche Zahl. Beim Überschreiten des Kommas setzt man auch im Ergebnis sofort ein Komma.

Neunerprobe
Umschreiben $137{,}64 = 37 \cdot 3{,}72$ $Q_l \to 21 \to 3$ $Q_r \to 10 \cdot 3 \to 3$

4. Erweitern des Dividenden und Runden des Ergebnisses

Aufgabe Berechne 42,9 : 27 auf 2 Dezimalstellen[1]
Überschlag $40 : 30 \approx 1$

Man rechnet 3 Stellen nach dem Komma aus und rundet auf 2 Stellen.

Älteres Verfahren

```
42,9:27 → 1,588, R 0,024 ≈ 1,59
27
159      → „ergibt"
135      ≈ „ist rund"
 240
 216
  240
  216
   24
```

Neueres Verfahren (Umschreiben!)

```
42,9 = 27·1,588 + 0,024 ≈ 27·1,59
27
159
135
 240
 216
  240
  216
   24
```

Neunerprobe
Umschreiben $42{,}9 = 27 \cdot 1{,}588 + 0{,}024$ $Q_l \to 6$ $Q_r \to 9 \cdot 5 + 6 \to 6$

[1] Das bedeutet, daß die 2. Dezimalstelle richtig gerundet angegeben werden muß.

ÜBUNGEN

Mündlich

1. Multipliziere mit 10:

a) 0,4 0,03 6,5 1,24 b) 16,37 0,048 15,03 1,004

2. Dividiere durch 100:

a) 0,2 1,8 15,9 12,04 b) 0,05 137,8 2956,74 13,8

3. Multipliziere $\frac{3}{4}$ mit 2, 5, 9, 15, 8, 28, 52.

4.

a) $0{,}7 \cdot 20$	b) $0{,}02 \cdot 80$	c) $1{,}02 \cdot 50$	d) $0{,}17 \cdot 300$	e) $1{,}01 \cdot 600$
$0{,}4 \cdot 30$	$0{,}11 \cdot 70$	$2{,}11 \cdot 30$	$0{,}13 \cdot 500$	$1{,}09 \cdot 900$
$0{,}6 \cdot 60$	$0{,}12 \cdot 40$	$1{,}06 \cdot 60$	$0{,}25 \cdot 700$	$2{,}15 \cdot 400$

Schriftlich

5.

a) $0{,}23 \cdot 15$	$0{,}07 \cdot 18$	$3{,}62 \cdot 12$	$1{,}25 \cdot 18$	$4{,}065 \cdot 2$
b) $0{,}58 \cdot 13$	$0{,}19 \cdot 37$	$9{,}85 \cdot 14$	$2{,}09 \cdot 37$	$7{,}134 \cdot 7$
● c) $0{,}07 \cdot 17$	$0{,}52 \cdot 23$	$4{,}89 \cdot 19$	$4{,}17 \cdot 29$	$8{,}278 \cdot 5$

6.

a) $0{,}634 \cdot 5$	$1{,}435 \cdot 9$	$29{,}63 \cdot 3$	$219{,}6 : 300$	$1684{,}8 : 2000$
b) $0{,}582 \cdot 2$	$3{,}568 \cdot 8$	$83{,}74 \cdot 4$	$756{,}6 : 300$	$3251{,}4 : 6000$
● c) $0{,}304 \cdot 3$	$5{,}083 \cdot 9$	$49{,}06 \cdot 6$	$824{,}5 : 500$	$7345{,}8 : 9000$

7. Schreibe das Ergebnis als gewöhnlichen Bruch und dann als Dezimalbruch.

a) $\frac{7}{10} \cdot 3$	b) $\frac{21}{100} : 3$	● c) $\frac{1}{10} \cdot 17$	● d) $\frac{81}{100} : 9$	e) $\frac{121}{1000} \cdot 3$	● f) $\frac{7}{1000} \cdot 21$
$\frac{9}{10} : 3$	$\frac{21}{100} : 7$	$\frac{3}{10} \cdot 19$	$\frac{91}{100} : 13$	$\frac{71}{1000} \cdot 7$	$\frac{27}{1000} : 9$
$\frac{7}{10} \cdot 9$	$\frac{13}{100} \cdot 11$	$\frac{7}{10} \cdot 21$	$\frac{11}{100} \cdot 17$	$\frac{36}{1000} : 9$	$\frac{357}{1000} : 7$

8. Schreibe das Ergebnis in der Einheit der Aufgabe und dann mit zwei Einheiten.

a) $\frac{3}{4}$ Std. $\cdot 3$	$\frac{1}{3}$ Std. $\cdot 7$	$\frac{3}{4}$ Tg. $\cdot 7$	$\frac{1}{2}$ Min. $\cdot 5$	$\frac{7}{10}$ Min. $\cdot 6$
b) $\frac{3}{10}$ Std. $\cdot 5$	$\frac{7}{10}$ Std. $\cdot 9$	$\frac{2}{3}$ Tg. $\cdot 5$	$\frac{1}{3}$ Min. $\cdot 5$	$\frac{9}{10}$ Min. $\cdot 8$
● c) $\frac{1}{4}$ Std. $\cdot 7$	$\frac{9}{10}$ Std. $\cdot 11$	$\frac{1}{4}$ Tg. $\cdot 3$	$\frac{2}{3}$ Min. $\cdot 8$	$\frac{3}{10}$ Min. $\cdot 7$

9.

a) $3{,}43 \cdot 18$	b) $66{,}99 : 87$	● c) $0{,}734 \cdot 29$	● d) $52{,}968 : 64$
$5{,}39 \cdot 27$	$672 : 448$	$0{,}992 \cdot 83$	$56{,}24 : 76$
$7{,}98 \cdot 59$	$35{,}69 : 93$	$3{,}485 \cdot 57$	$62{,}98 : 67$

10. Berechne:

a) das 7fache der Differenz aus 10,675 und 3,89;

b) das 16fache der Differenz aus 69,12 und 8,872;

c) das 22fache der Summe aus 0,2325 und 1,88.

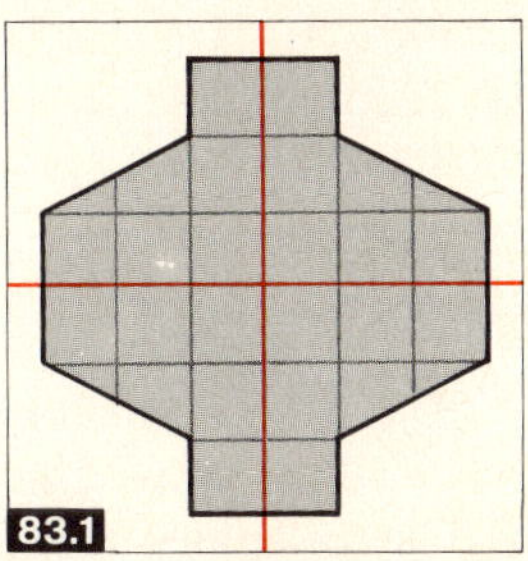

83.1

T **1.** Zeige an Bild 1: Eine Figur mit zwei Spiegelachsen läßt immer auch eine Drehung durch 90° und durch Vielfache von 90° zu.

2. Erfinde mehrere Figuren mit zwei Spiegelachsen.

Mündlich

11. Multipliziere mit 100:

a) 1,034 56,8 0,0573 b) 13,065 0,1234 176,5

12. Dividiere durch 10:

a) 56,8 9,6 0,23 1725 b) 693,2 83,95 16,823

13.	a) $0{,}6 \cdot 4$	$0{,}12 \cdot 9$	$0{,}125 \cdot 8$	$16{,}5 : 10$	$72{,}1 : 100$
	b) $0{,}8 \cdot 5$	$0{,}15 \cdot 8$	$0{,}207 \cdot 6$	$0{,}42 : 10$	$13{,}9 : 100$
	c) $0{,}7 \cdot 9$	$0{,}25 \cdot 4$	$0{,}648 \cdot 7$	$3{,}25 : 10$	$64{,}8 : 100$
14.	a) $8361{,}5 : 1000$	$0{,}0016 : 10$	$1{,}34 \cdot 6$	$16{,}8 : 40$	$2{,}38 : 70$
	b) $16{,}6 : 1000$	$0{,}0016 \cdot 10$	$2{,}75 \cdot 3$	$94{,}8 : 40$	$9{,}04 : 80$
	c) $347{,}8 : 1000$	$0{,}0016 \cdot 100$	$3{,}54 \cdot 4$	$34{,}2 : 30$	$4{,}77 : 90$

Schriftlich

15.	a) $35{,}208 : 8$	b) $34{,}972 : 4$	● c) $72{,}765 : 9$	● d) $10012{,}12 : 4$
	$19{,}216 : 4$	$54{,}327 : 7$	$2{,}3148 : 6$	$709{,}803 : 9$
	$843{,}024 : 8$	$846{,}351 : 9$	$204{,}33 : 3$	$43795{,}2 : 8$

16. Rechne auf Zehntel genau.

	a) $69 : 58$	$817 : 59$	$6{,}93 \cdot 35$	$3751 : 219$	$23{,}93 \cdot 95$
●	b) $73 : 69$	$5{,}12 \cdot 26$	$653 : 83$	$12{,}47 \cdot 87$	$28{,}67 \cdot 83$
	c) $85 : 29$	$923 : 71$	$9{,}87 \cdot 47$	$4906 : 313$	$6728 : 717$

17. Rechne auf Hundertstel genau.

	a) $45 : 61$	$316 : 53$	$318{,}5 : 374$	$1734{,}1 : 458$	$35{,}675 \cdot 37$
●	b) $55 : 39$	$739 : 78$	$709{,}7 : 682$	$3025{,}3 : 286$	$19{,}386 \cdot 49$
	c) $68 : 73$	$413 : 92$	$917{,}3 : 806$	$5819{,}7 : 394$	$37{,}675 \cdot 87$

18. Rechne auf Zentimeter genau. a) $15{,}42\ \text{m} : 7$ b) $70\ \text{m} : 17$

c) $2{,}585\ \text{m} \cdot 17$ d) $0{,}345\ \text{m} \cdot 29$ e) $57{,}30\ \text{m} : 18$ f) $67\ \text{m} : 39$

19. Schreibe die Größen mit Dezimalbrüchen und rechne dann.

a) 7 hl 18 ℓ · 72	4 km 267 m · 69	3 m 18 cm · 84	3 kg 19 g · 38
b) 9 hl 2 ℓ · 35	7 km 23 m · 95	7 m 7 cm · 53	4 kg 17 g · 73
c) 8 hl 7 ℓ · 83	5 km 9 m · 73	9 m 9 cm · 37	8 kg 9 g · 54

20. Schreibe das Ergebnis als gewöhnlichen Bruch und dann als Dezimalbruch.

	a) $\frac{3}{10} : 3$	$\frac{27}{100} : 27$	$\frac{49}{100} : 7$	$\frac{15}{100} \cdot 3$	$\frac{117}{1000} : 13$	$\frac{11}{1000} \cdot 12$
	b) $\frac{8}{10} : 4$	$\frac{39}{100} : 3$	$\frac{63}{100} : 9$	$\frac{29}{100} \cdot 4$	$\frac{119}{1000} : 17$	$\frac{13}{1000} \cdot 9$
●	c) $\frac{9}{10} : 3$	$\frac{51}{100} : 17$	$\frac{21}{100} : 3$	$\frac{35}{100} \cdot 7$	$\frac{57}{1000} : 19$	$\frac{17}{1000} \cdot 7$

21. Ein Zimmer ist 5 m lang und 4 m breit.

a) Mit wieviel Quadratmeterplatten kann man die Bodenfläche auslegen?

b) Wie groß ist der Flächeninhalt der Bodenfläche?

22. Ein Zimmer (6 m zu 5 m) erhält Bodenbelag. Der Belag kostet einschließlich Legen 45,80 DM pro m^2.

84.1

11.5. Vermischte Übungen

Mündlich

1. a) $\frac{1}{4}+\frac{1}{3}$; $\frac{1}{2}+\frac{5}{6}$; $\frac{1}{6}+\frac{1}{9}$
b) $\frac{1}{10}-\frac{1}{30}$; $\frac{3}{8}-\frac{1}{5}$; $\frac{4}{9}-\frac{2}{7}$
c) $\frac{1}{2}\cdot 3$; $\frac{3}{4}\cdot 5$; $\frac{5}{6}\cdot 7$
d) $\frac{8}{9}:4$; $\frac{3}{5}:7$; $\frac{5}{8}:2$
e) $\frac{1}{4}-\frac{1}{5}$; $\frac{1}{3}-\frac{1}{9}$; $\frac{1}{2}+\frac{3}{5}$
f) $\frac{5}{8}\cdot 12$; $\frac{3}{10}\cdot 15$; $\frac{5}{6}\cdot 9$

2. Runde

	a) auf h,	b) auf z,	c) auf E,	d) auf Z,	e) auf H
1728,534	2935,927	4693,455	8726,347	5635,654	8735,499

3. Subtrahiere von 10:
a) $\frac{2}{3}$ $1\frac{1}{2}$ $3\frac{3}{4}$ $5\frac{3}{8}$ $7\frac{4}{7}$
b) $\frac{8}{11}$ $1\frac{5}{6}$ $4\frac{2}{5}$ $9\frac{1}{9}$ $8\frac{2}{3}$

4. a) $5\frac{5}{8}:5$ $\frac{2}{7}:3$ $2\frac{1}{2}\cdot 5$ $\frac{8}{9}:6$ $1\frac{5}{12}\cdot 4$ $\frac{8}{17}\cdot 3$
b) $5\frac{1}{7}:6$ $\frac{3}{7}:2$ $1\frac{2}{3}\cdot 2$ $\frac{15}{14}:12$ $2\frac{5}{9}\cdot 3$ $\frac{7}{12}\cdot 4$
c) $6\frac{2}{5}:8$ $\frac{5}{7}:4$ $2\frac{3}{4}\cdot 3$ $\frac{12}{17}:9$ $3\frac{2}{7}\cdot 7$ $\frac{4}{7}\cdot 6$

Schriftlich

5. Kürze möglichst weit und rechne aus:

$\frac{35\cdot 60\cdot 32}{48\cdot 56\cdot 84}$ $\frac{75\cdot 39\cdot 33}{88\cdot 45\cdot 65}$ $\frac{36\cdot 45\cdot 64}{16\cdot 96\cdot 105}$ $\frac{28\cdot 36\cdot 44}{45\cdot 77\cdot 49}$

6. a) 325,834 + 4,7 + 16,58 + 5,964
● b) 3716,5 + 379,072 + 9,83 + 83,6
c) 7692,3 − 17,82 − 197,075 − 1083,6
● d) 7,03703 − 0,089 − 0,8093 − 0,7

7. a) $(1\frac{1}{2}+2\frac{1}{3})\cdot 6$; $(2\frac{1}{2}+1\frac{1}{4})\cdot 8$; $(3\frac{1}{2}+2\frac{2}{5})\cdot 10$
b) $(2\frac{1}{2}-1\frac{3}{8})\cdot 8$; $(4\frac{3}{5}-3\frac{2}{3})\cdot 15$; $(1\frac{8}{9}-1\frac{1}{5})\cdot 45$
★ c) $(3\frac{1}{2}+3\frac{1}{3}+3\frac{1}{4})\cdot 12$; $(4\frac{1}{4}-1\frac{2}{5}-1\frac{7}{10})\cdot 20$; $(5\frac{2}{3}-1\frac{3}{8}-1\frac{5}{6})\cdot 24$

★ *8.* a) $1{,}3\cdot 3+x=2{,}3\cdot 4$ $u+1{,}41\cdot 4=2{,}07\cdot 6$ $y-0{,}7\cdot 10=1{,}3\cdot 10$
b) $0{,}9\cdot 7+x=3{,}7\cdot 5$ $x+0{,}76\cdot 6=1{,}73\cdot 5$ $x-0{,}3\cdot 20=1{,}7\cdot 30$
c) $1{,}2\cdot 8+y=4{,}8\cdot 6$ $z+2{,}48\cdot 2=2{,}87\cdot 3$ $w-0{,}9\cdot 40=0{,}8\cdot 60$

9. Kaufmann Melz bezieht einen Ballen von 29 m Stoff. Für das Meter Stoff muß er 29,75 DM zahlen. Wie lautet die Rechnung?

10. Möbel werden an der Oberfläche häufig mit dünnen Furnierblättern aus Edelhölzern beschichtet. Die Stärke je Blatt beträgt bei Nußbaum 0,55 mm, bei Palisander 0,6 mm, bei Teak 0,65 mm.
Berechne die Gesamtdicke a) von 100 Blättern, b) von 275 Blättern.

11. Stahlbeton dehnt sich bei Erwärmung um 1° Celsius um 0,01 mm pro Meter aus. Eine 10 m lange Betonplatte wird durch Sonnenbestrahlung um 30° Celsius erwärmt. Wie verändert sich ihre Länge?

Mündlich

12. Ergänze zur nächsten natürlichen Zahl. (sprich $2{,}58 + 0{,}42 = 3$)

5,7 9,325 18,27 29,05 37,36 25,738 76,2 25,3481

13. a) $\frac{7}{10} \cdot 25$ b) $\frac{1}{2} - \frac{1}{6}$ c) $\frac{3}{4} - \frac{3}{5}$ d) $1\frac{2}{3} \cdot 3$ e) $\frac{3}{4} + \frac{5}{8}$ f) $\frac{4}{5} + \frac{1}{2}$

$\frac{9}{10} : 4$ $\frac{5}{16} \cdot 24$ $\frac{4}{9} : 4$ $\frac{4}{9} - \frac{2}{7}$ $1\frac{3}{4} \cdot 5$ $5\frac{7}{10} \cdot 5$

$\frac{2}{3} + \frac{3}{5}$ $\frac{20}{33} : 15$ $\frac{9}{14} \cdot 21$ $3\frac{5}{8} \cdot 2$ $\frac{1}{3} - \frac{2}{7}$ $2\frac{1}{2} \cdot 7$

14. Lies die Größen mit Dezimalbrüchen ($\frac{1}{5}$ DM $= \frac{20}{100}$ DM $= 0{,}20$ DM).

a) $\frac{1}{2}$ DM $\frac{1}{4}$ DM $\frac{2}{5}$ DM $\frac{3}{4}$ DM $\frac{4}{5}$ DM $\frac{3}{10}$ DM $\frac{9}{20}$ DM

b) $\frac{1}{2}$ m $\frac{7}{10}$ m $\frac{3}{4}$ m $\frac{3}{100}$ m $\frac{2}{5}$ m $\frac{1}{4}$ m $\frac{7}{5}$ m

c) $\frac{3}{10}$ km $\frac{7}{100}$ km $\frac{23}{100}$ km $\frac{1}{2}$ km $\frac{3}{4}$ km $\frac{1}{5}$ km $\frac{3}{5}$ km

d) $\frac{5}{10}$ kg $\frac{13}{1000}$ kg $\frac{1}{2}$ kg $\frac{1}{8}$ kg $\frac{3}{8}$ kg $\frac{1}{40}$ kg $\frac{9}{20}$ kg

Schriftlich

15. Kürze möglichst weit.

$\frac{64 \cdot 35 \cdot 49}{35 \cdot 28 \cdot 32}$ $\frac{72 \cdot 39 \cdot 64}{65 \cdot 56 \cdot 96}$ $\frac{48 \cdot 27 \cdot 128}{54 \cdot 144 \cdot 96}$ $\frac{256 \cdot 81 \cdot 35}{196 \cdot 324 \cdot 75}$

16. Schreibe das Ergebnis mit einem gewöhnlichen Bruch, mit einem Dezimalbruch und mit zwei Einheiten.

a) $\frac{3}{10}$ m·9 $\frac{11}{100}$ m·11 $\frac{51}{100}$ m:3 $\frac{42}{1000}$ kg·3 $\frac{33}{1000}$ kg:11

b) $\frac{17}{10}$ m·11 $\frac{9}{100}$ m·13 $\frac{49}{100}$ m:7 $\frac{73}{1000}$ kg·7 $\frac{85}{1000}$ kg:17

c) $\frac{9}{10}$ m·7 $\frac{23}{100}$ m·7 $\frac{36}{100}$ m:9 $\frac{207}{1000}$ kg·9 $\frac{76}{1000}$ kg:19

17. Rechne auf 2 Arten.

a) $(2\frac{1}{2} + 1\frac{1}{3}) \cdot 6$ b) $(1\frac{1}{2} + 3\frac{3}{4}) \cdot 4$ ★ c) $(1\frac{1}{2} + 1\frac{3}{4} - 1\frac{7}{8}) \cdot 8$

$(1\frac{2}{3} + 2\frac{1}{4}) \cdot 12$ $(4\frac{2}{3} - 3\frac{1}{4}) \cdot 12$ $(2\frac{2}{3} + 1\frac{1}{4} - 2\frac{5}{6}) \cdot 12$

$(3\frac{1}{3} - 1\frac{4}{5}) \cdot 15$ $(3\frac{4}{7} - 1\frac{4}{5}) \cdot 35$ $(3\frac{3}{4} - 1\frac{1}{5} - 1\frac{3}{10}) \cdot 20$

18. Vergleiche die Lösungen von:

a) $\frac{1}{2} + \frac{1}{4}$ b) $\frac{1}{2} + \frac{1}{4} + \frac{1}{6}$ c) $\frac{1}{2} + \frac{1}{4} + \frac{1}{6} + \frac{1}{8}$

d) $\frac{1}{2} + \frac{1}{4} + \frac{1}{6} + \frac{1}{8} + \frac{1}{10}$ e) $\frac{1}{2} + \frac{1}{4} + \frac{1}{6} + \frac{1}{8} + \frac{1}{10} + \frac{1}{12}$

19. Ein Diphtheriebazillus ist 0,005 mm, ein Typhusbazillus 0,003 mm lang. Wie lang erscheinen diese Bazillen im Mikroskop bei a) 250facher, b) 500facher, c) 1000facher Vergrößerung?

★ *20.* Ein Zahnrad hat 78 Zähne von je 1 cm Breite. Der Zwischenraum von Zahn zu Zahn beträgt $2\frac{7}{12}$ cm.
Wieviel Zwischenräume hat das Rad?
Wie groß ist der Umfang des Rades?
(Vergleiche Bild 1.)

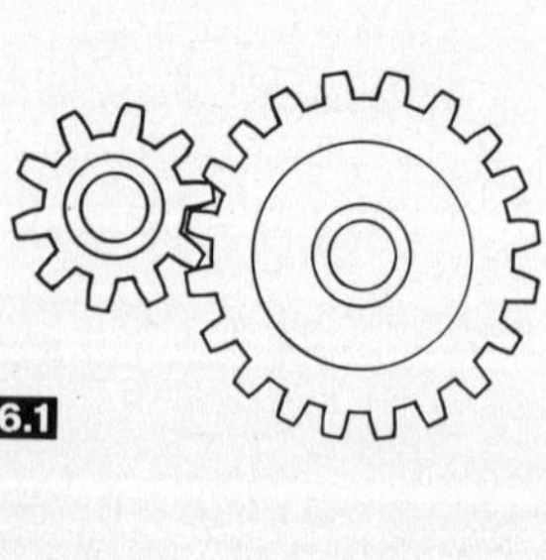

86.1

Mündlich

21. Ergänze zur nächsten natürlichen Zahl. (sprich $2\frac{3}{7} + \frac{4}{7} = 3$)

$3\frac{7}{8}$ $19\frac{11}{12}$ $25\frac{6}{19}$ $49\frac{3}{7}$ $31\frac{8}{15}$ $56\frac{19}{24}$ $81\frac{19}{36}$ $42\frac{5}{9}$ $86\frac{7}{11}$

22.

a) $0{,}02 \cdot 6$	b) $15{,}3:10$	c) $0{,}34 \cdot 10$	d) $4{,}5:5$	e) $0{,}003 \cdot 4$	f) $1{,}5 \cdot 5$
$0{,}03 \cdot 8$	$0{,}74:10$	$1{,}58 \cdot 10$	$13{,}2:6$	$0{,}012 \cdot 7$	$1{,}5:5$
$0{,}07 \cdot 4$	$198:10$	$3{,}74 \cdot 10$	$16{,}4:4$	$0{,}011 \cdot 9$	$1{,}8 \cdot 6$

23. Kürze:

a) $\frac{8}{12}$ $\frac{18}{24}$ $\frac{25}{30}$ $\frac{10}{25}$ $\frac{21}{35}$ b) $\frac{42}{56}$ $\frac{18}{27}$ $\frac{12}{15}$ $\frac{24}{72}$ $\frac{72}{84}$

24.

a) $\frac{3}{8}:2$	$5\frac{1}{3} \cdot 6$	$4\frac{2}{5}:11$	$4\frac{5}{7}:11$	$\frac{11}{12}:5$	$\frac{3}{14} \cdot 7$
b) $\frac{5}{8}:4$	$3\frac{5}{6} \cdot 3$	$6\frac{6}{7}:8$	$5\frac{1}{7}:12$	$\frac{13}{15}:3$	$\frac{1}{2} \cdot 8$
c) $\frac{7}{8}:5$	$3\frac{3}{8} \cdot 4$	$15\frac{3}{4}:7$	$8\frac{4}{7}:15$	$\frac{7}{11}:5$	$\frac{4}{15} \cdot 3$

Schriftlich

25. Erweitere auf Zehntel bzw. Hundertstel bzw. Tausendstel und schreibe als Dezimalbruch:

a) $\frac{1}{2}$ $\frac{1}{4}$ $\frac{3}{4}$ $\frac{2}{5}$ $\frac{4}{5}$ $\frac{3}{10}$ b) $\frac{7}{20}$ $\frac{4}{25}$ $\frac{11}{25}$ $\frac{9}{4}$ $\frac{17}{50}$

$\frac{1}{8}$ $\frac{3}{8}$ $\frac{7}{8}$ $\frac{11}{8}$ $\frac{13}{8}$ $\frac{17}{8}$ $\frac{17}{125}$ $\frac{39}{125}$ $\frac{97}{200}$ $\frac{113}{200}$ $\frac{309}{500}$

26. a) $125{,}89 + 17{,}631 + 0{,}728 + 5{,}8936 + 14{,}7 + 122{,}3425 + 9{,}72 + 16{,}4$

b) $907{,}45 - 38{,}025 - 3{,}691 - 7{,}3649 - 39{,}9 - 209{,}7853 - 3{,}56 - 24{,}7$

● c) $810{,}01 - 79{,}734 - 2{,}468 - 3{,}5791 - 81{,}6 - 432{,}5972 - 8{,}47 - 49{,}6$

27.

a) $(\frac{1}{2} + \frac{1}{3}) \cdot 5$	$(\frac{4}{5} - \frac{1}{2}) \cdot 6$	$(\frac{3}{4} + \frac{5}{6}) \cdot 12$	$(\frac{4}{5} - \frac{2}{3}) \cdot 15$	$(\frac{7}{8} - \frac{5}{6}) \cdot 24$
● b) $(\frac{3}{4} + \frac{1}{6}) \cdot 7$	$(\frac{5}{6} - \frac{1}{4}) \cdot 9$	$(\frac{2}{3} + \frac{4}{5}) \cdot 15$	$(\frac{5}{8} - \frac{1}{3}) \cdot 24$	$(\frac{5}{8} + \frac{1}{9}) \cdot 72$

28. Löse in $\mathbb{B}$:

a) $3{,}7 + x = 9{,}4$	b) $x - 14{,}2 = 28{,}6$	● c) $x - \frac{1}{2} = \frac{1}{4}$	● d) $y + \frac{1}{6} = \frac{3}{4}$
$5{,}6 + y = 8{,}7$	$w - 19{,}7 = 35{,}8$	$u - \frac{1}{3} = \frac{3}{4}$	$x + \frac{1}{4} = \frac{5}{6}$
$6{,}3 + x = 7{,}1$	$z - 25{,}9 = 16{,}4$	$x - \frac{1}{6} = \frac{1}{4}$	$w + \frac{2}{3} = \frac{4}{5}$

29. Von einem Ballen Tuch von 50 m wurden zuerst $16\frac{3}{4}$ m, dann $7\frac{1}{2}$ m und endlich 8 m 25 cm verkauft. Wieviel Meter Stoff blieben übrig?

30. Eine Weide ist $16\frac{1}{2}$ ha groß. Von ihr werden $2\frac{7}{8}$ ha zum Haferanbau umgebrochen. Wieviel Hektar Weide bleiben übrig?

T **1.** In Bild 1 soll eine Figur mit vier Spiegelachsen entstehen. Ergänze das Bild!

2. Erfinde andere Figuren mit vier Spiegelachsen.

3. Durch welche Drehungen gehen diese Figuren in sich über?

4. Zeichne ein Dreieck mit 3 Spiegelachsen.

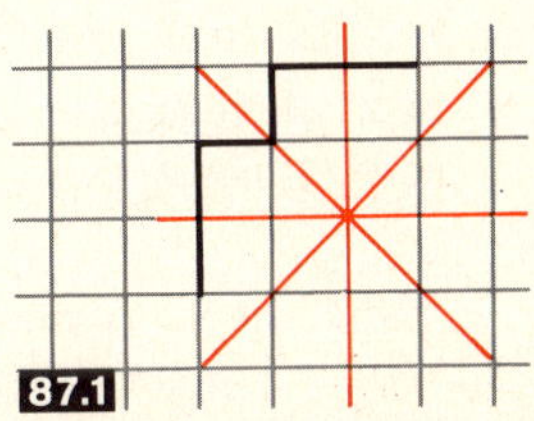

87.1

Mündlich

31. a) $0{,}2\cdot 3$ b) $0{,}8+0{,}7$ c) $1{,}4:2$ d) $12{,}8\cdot 2$ e) $2{,}6+5{,}8$ f) $0{,}8:10$
$0{,}3\cdot 7$ $0{,}9-0{,}6$ $0{,}8:4$ $0{,}9:3$ $6{,}2-3{,}4$ $0{,}7:100$

32. Prüfe die folgenden Rechnungen.

a) $32\cdot 25 = 32\cdot\frac{100}{4} = \frac{32\cdot 100}{4} = 8\cdot 100 = 800$

b) $17\cdot 25 = 16\cdot 25 + 1\cdot 25 = 400 + 25 = 425$

33. Erweitere (1) mit 8, (2) mit 9, (3) mit 12.
a) $\frac{2}{3}$ $\frac{5}{6}$ $\frac{3}{4}$ $\frac{7}{8}$ $\frac{5}{9}$ b) $\frac{4}{5}$ $\frac{3}{7}$ $\frac{7}{12}$ $\frac{15}{16}$ $\frac{3}{5}$

● *34.* Rechne vorteilhaft. (Siehe die vorige Aufgabe.)
a) $19\cdot 25$ b) $68\cdot 25$ c) $35\cdot 50$ d) $17\cdot 50$ e) $64\cdot 125$ f) $96\cdot 125$
$59\cdot 25$ $93\cdot 25$ $47\cdot 50$ $39\cdot 50$ $67\cdot 125$ $85\cdot 125$

Schriftlich

35. Vergleiche die folgenden Brüche nach ihrem Wert.
a) $\frac{4}{5}$ mit $\frac{5}{6}$ $\frac{7}{12}$ mit $\frac{8}{13}$ $\frac{11}{12}$ mit $\frac{7}{8}$ $\frac{5}{8}$ mit $\frac{15}{28}$ $\frac{2}{3}$ mit $\frac{1}{2}$
b) $\frac{3}{8}$ mit $\frac{2}{7}$ $\frac{24}{25}$ mit $\frac{25}{26}$ $\frac{7}{15}$ mit $\frac{9}{20}$ $\frac{7}{9}$ mit $\frac{8}{15}$ $\frac{3}{4}$ mit $\frac{13}{18}$

36. a) $\frac{5}{12}+\frac{7}{18}$ $\frac{11}{12}-\frac{13}{18}$ $2\frac{7}{12}\cdot 3$ $5\frac{5}{6}:14$ $\frac{13}{15}-\frac{11}{18}$ $2\frac{2}{9}:16$
b) $\frac{3}{8}+\frac{7}{10}$ $\frac{7}{8}-\frac{3}{10}$ $2\frac{7}{9}\cdot 3$ $4\frac{2}{7}:10$ $\frac{11}{15}-\frac{3}{20}$ $3\frac{1}{8}:15$

37. a) $3{,}4\cdot 5 + 8{,}9\cdot 7 + 7{,}3\cdot 6$ ● b) $5{,}6\cdot 12 + 7{,}9\cdot 11 + 6{,}3\cdot 15$
$9{,}7\cdot 9 + 5{,}8\cdot 3 - 4{,}9\cdot 2$ $8{,}6\cdot 27 - 5{,}4\cdot 13 - 4{,}7\cdot 17$

38. a) $x\cdot 2 = 4\frac{2}{3}$ $x:3 = \frac{3}{8}$ $x\cdot 6 = 1\frac{1}{2}$ $x:2 = \frac{2}{3}$ $x\cdot 5 = 1\frac{2}{3}$
● b) $y\cdot 3 = 4\frac{1}{8}$ $y:7 = \frac{5}{8}$ $y\cdot 4 = 3\frac{1}{5}$ $y:8 = 1\frac{1}{3}$ $y:9 = \frac{2}{7}$

39. Ein Zaun hat 41 Pfähle. Jeder Pfahl ist $\frac{1}{10}$ m breit. Der Zwischenraum von Pfahl zu Pfahl mißt $1\frac{3}{4}$ m. Wie lang ist der Zaun? (Wieviel Zwischenräume?)

40. Früher gab es Zehnmarkstücke aus Gold. Ein Stück wog 3,982 g. Wie schwer waren 15 (55, 100, 1000) Zehnmarkstücke?

★ *41.* a) $\frac{1}{2}+\frac{1}{4}$ b) $\frac{1}{2}+\frac{1}{4}+\frac{1}{8}$ c) $\frac{1}{2}+\frac{1}{4}+\frac{1}{8}+\frac{1}{16}$ d) $\frac{1}{2}+\frac{1}{4}+\frac{1}{8}+\frac{1}{16}+\frac{1}{32}$
Stelle die Aufgaben und die Ergebnisse an der Zahlengeraden dar.
Zeige: Setzt man die Folge der Aufgaben fort, so kommt man nicht über die Marke 1 der Zahlengeraden hinaus.

★ *42.* Rechne a) $\frac{1}{2}+\frac{1}{3}$ b) $\frac{1}{2}+\frac{1}{3}+\frac{1}{4}$ c) $\frac{1}{2}+\frac{1}{3}+\frac{1}{4}+\frac{1}{5}\ldots$
Setze die Folge der Aufgaben so lange fort, bis das Ergebnis einer Aufgabe den Wert $1\frac{1}{2}$ überschreitet.

★ *43.* Rechne a) $\frac{3}{10}+\frac{3}{100}$ b) $\frac{3}{10}+\frac{3}{100}+\frac{3}{1000}$ c) $\frac{3}{10}+\frac{3}{100}+\frac{3}{1000}+\frac{3}{10\,000}$
Vergleiche die einzelnen Ergebnisse mit
★ a′) $\frac{33}{99}=\frac{1}{3}$ ★ b′) $\frac{333}{999}=\frac{1}{3}$ ★ c′) $\frac{3333}{9999}=\frac{1}{3}$
Was ergibt sich, wenn man die Folge weiter fortsetzt?

12. Multiplikation und Division II

12.1. Multiplikand und Multiplikator sind gewöhnliche Brüche

Aufgabe: Wir wollen das Produkt $\frac{2}{3}\cdot\frac{4}{5}$ als einen Bruch schreiben.

1. Wir setzen zunächst fest: Wie man $(5\cdot 3)$ als $\boxed{5}(\cdot 3)$ schreiben darf, so soll auch gelten $\boxed{\frac{2}{3}\cdot\frac{4}{5}} = \boxed{\frac{2}{3}}\left(\cdot\frac{4}{5}\right)$

2. Erste Herleitung

Es ist

$$\boxed{\frac{2}{3}\cdot\frac{4}{5}} = \boxed{\frac{2}{3}}\left(\cdot\frac{4}{5}\right) = \boxed{\frac{2}{3}}(:5)\circ(\cdot 4) = \boxed{\frac{2}{15}}(\cdot 4) = \boxed{\frac{8}{15}} = \boxed{\frac{2\cdot 4}{3\cdot 5}}$$

$$\boxed{\frac{2}{3}\cdot\frac{4}{5}} = \boxed{\frac{2\cdot 4}{3\cdot 5}}$$

★ Allgemein gilt ($a, b, x, y \in \mathbb{N}^*$):

$$\boxed{\frac{a}{b}\cdot\frac{x}{y}} = \boxed{\frac{a}{b}}\left(\cdot\frac{x}{y}\right) = \boxed{\frac{a}{b}}(:y)\circ(\cdot x) = \boxed{\frac{a}{b\cdot y}}(\cdot x) = \boxed{\frac{a\cdot x}{b\cdot y}}$$

$$\boxed{\frac{a}{b}\cdot\frac{x}{y}} = \boxed{\frac{a\cdot x}{b\cdot y}}$$

Man multipliziert zwei Brüche miteinander, indem man Zähler mit Zähler und Nenner mit Nenner multipliziert.

Vor dem Ausrechnen wird gekürzt, wenn es möglich ist.

Beispiele

$$\frac{8}{9}\cdot\frac{15}{28} = \frac{\overset{2}{\cancel{8}}\cdot\overset{5}{\cancel{15}}}{\underset{3}{\cancel{9}}\cdot\underset{7}{\cancel{28}}} = \frac{10}{21} \qquad 3\frac{3}{4}\cdot 1\frac{17}{25} = \frac{\overset{3}{\cancel{15}}\cdot\overset{21}{\cancel{42}}}{\underset{2}{\cancel{4}}\cdot\underset{5}{\cancel{25}}} = \frac{63}{10} = 6\frac{3}{10}$$

T **1.** 27,90 m + 150 cm + 0,53 m + 17 cm + 7,08 m + 909 cm + 10 m
2. 53,780 km + 500 m + 3,075 km + 9 m + 580 km + 1000 m + 10 km
3. 93,565 km − 700 m − 1,289 km − 5 m − 14 km − 2000 m − 20 km

3. Zweite Herleitung

a) Hier sind Folgen von Multiplikationen aufgeschrieben.

A.	B.	C.	D.
$2\cdot 8=16$	$\frac{1}{3}\cdot 8=\frac{8}{3}$	$\frac{2}{3}\cdot 500=\frac{1000}{3}$	$\frac{2}{7}\cdot 250=\frac{500}{7}$
$2\cdot 4=8$	$\frac{1}{3}\cdot 4=\frac{4}{3}$	$\frac{2}{3}\cdot 100=\frac{200}{3}$	$\frac{2}{7}\cdot 50=\frac{100}{7}$
$2\cdot 2=4$	$\frac{1}{3}\cdot 2=\frac{2}{3}$	$\frac{2}{3}\cdot 20=\frac{40}{3}$	$\frac{2}{7}\cdot 10=\frac{20}{7}$
$2\cdot 1=2$	$\frac{1}{3}\cdot 1=\frac{1}{3}$	$\frac{2}{3}\cdot 4=\frac{8}{3}$	$\frac{2}{7}\cdot 2=\frac{4}{7}$

Welche Gesetzmäßigkeit kannst du erkennen?
Setze die Folgen nach dem erkannten Gesetz um 2 Zeilen fort.

b) Die Fortsetzungen der Folgen lauten:

A.	B.	C.	D.
$2\cdot\frac{1}{2}=1$	$\frac{1}{3}\cdot\frac{1}{2}=\frac{1}{6}$	$\frac{2}{3}\cdot\frac{4}{5}=\frac{8}{15}$	$\frac{2}{7}\cdot\frac{2}{5}=\frac{4}{35}$
$2\cdot\frac{1}{4}=\frac{1}{2}$	$\frac{1}{3}\cdot\frac{1}{4}=\frac{1}{12}$	$\frac{2}{3}\cdot\frac{4}{25}=\frac{8}{75}$	$\frac{2}{7}\cdot\frac{2}{25}=\frac{4}{175}$

Ergebnis. **Wenn** wir wollen, daß die Gesetzmäßigkeiten in A bis D auch in $\mathbb{B}^*$ gelten sollen, dann **müssen** wir definieren: $\frac{a}{b}\cdot\frac{x}{y}=\frac{a\cdot x}{b\cdot y}$ $(a, b, x, y \in \mathbb{N}^*)$.

4. Dritte Herleitung

Wir wollen den Flächeninhalt eines Rechtecks bestimmen, dessen Seiten $\frac{4}{5}$ dm und $\frac{2}{3}$ dm lang sind.

a) Wir gehen von einem Quadrat aus (Bild 1), dessen Seiten 1 dm lang sind. Sein Flächeninhalt beträgt 1 dm². Wir nehmen $\frac{4}{5}$ des Quadrates und erhalten die graue Fläche. Anschließend nehmen wir $\frac{2}{3}$ der grauen Fläche und erhalten die rote Fläche.
Die rote Fläche ist ein Rechteck, dessen Seiten $\frac{4}{5}$ dm und $\frac{2}{3}$ dm lang sind. Sein Flächeninhalt ist ersichtlich $\frac{8}{15}$ dm².

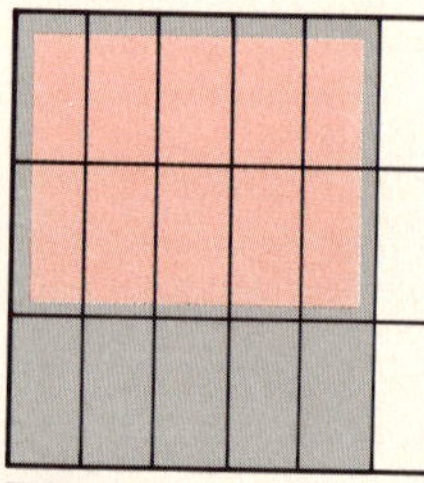
90.1

b) Für das Rechteck ist die Flächenformel $A=a\cdot b$ für den Fall bewiesen, daß die Maßzahlen von a und b natürliche Zahlen sind. Wenn wir aus Gründen der Ökonomie wollen, daß die Formel auch für den Fall gilt, daß die Maßzahlen von a und b gewöhnliche Brüche sind, dann müssen wir definieren:

$$\frac{4}{5}\cdot\frac{2}{3}=\frac{4\cdot 2}{5\cdot 3}=\frac{8}{15}.$$

5. Auf Grund der Formel für das Produkt zweier Brüche gilt:

$$\frac{2}{3}\text{ von }\frac{4}{5}=\frac{2}{3}\text{ mal }\frac{4}{5}$$

Beweis. $$\frac{2}{3}\text{ von }\frac{4}{5}=\boxed{\frac{4}{5}}\ (:3)\circ(\cdot 2)=\frac{4\cdot 2}{5\cdot 3}=\frac{2\cdot 4}{3\cdot 5}=\frac{2}{3}\text{ mal }\frac{4}{5}$$

6. Für gewöhnliche Brüche gilt das Kommutativgesetz der Multiplikation.

$$\frac{a}{b}\cdot\frac{x}{y}=\frac{a\cdot x}{b\cdot y}=\frac{x\cdot a}{y\cdot b}=\frac{x}{y}\cdot\frac{a}{b}$$

Für $a, b, x, y \in \mathbb{N}^*$ gilt: $\frac{a}{b}\cdot\frac{x}{y}=\frac{x}{y}\cdot\frac{a}{b}$

ÜBUNGEN

Mündlich

1. a) $\frac{1}{2}\cdot\frac{1}{3}$; $\frac{1}{3}\cdot\frac{1}{4}$; $\frac{1}{5}\cdot\frac{1}{2}$
b) $\frac{2}{3}\cdot\frac{1}{2}$; $\frac{3}{4}\cdot\frac{1}{3}$; $\frac{4}{5}\cdot\frac{1}{4}$
c) $\frac{1}{2}\cdot\frac{4}{7}$; $\frac{1}{5}\cdot\frac{10}{13}$; $\frac{1}{8}\cdot\frac{2}{3}$
d) $2\cdot\frac{1}{2}$; $4\cdot\frac{3}{8}$; $5\cdot\frac{3}{10}$
e) $6\cdot\frac{3}{4}$; $8\cdot\frac{7}{12}$; $9\cdot\frac{5}{6}$
f) $4\cdot\frac{3}{8}$; $10\cdot\frac{4}{15}$; $9\cdot\frac{5}{12}$

2. a) $\frac{1}{2}\cdot\frac{2}{3}$; $\frac{1}{3}\cdot\frac{3}{4}$; $\frac{2}{3}\cdot\frac{3}{4}$
b) $\frac{2}{5}\cdot\frac{2}{5}$; $\frac{1}{2}\cdot\frac{1}{2}$; $\frac{2}{3}\cdot\frac{1}{2}$
c) $\frac{2}{5}\cdot\frac{3}{5}$; $\frac{1}{4}\cdot\frac{3}{4}$; $\frac{1}{2}\cdot\frac{1}{2}$
d) $\frac{2}{3}\cdot\frac{9}{10}$; $\frac{3}{4}\cdot\frac{8}{9}$; $\frac{4}{5}\cdot\frac{5}{8}$
e) $\frac{16}{35}\cdot\frac{5}{8}$; $\frac{15}{21}\cdot\frac{7}{10}$; $\frac{9}{16}\cdot\frac{4}{3}$
f) $\frac{7}{8}\cdot\frac{16}{3}$; $\frac{2}{3}\cdot\frac{4}{5}$; $\frac{8}{9}\cdot\frac{2}{7}$

Schriftlich

3. a) $\frac{4}{5}\cdot\frac{3}{8}$; $\frac{2}{5}\cdot\frac{15}{16}$; $\frac{4}{5}\cdot\frac{15}{16}$
b) $\frac{4}{5}\cdot\frac{1}{2}$; $\frac{7}{8}\cdot\frac{16}{21}$; $\frac{7}{8}\cdot\frac{8}{7}$
● c) $\frac{2}{3}\cdot\frac{1}{3}$; $\frac{3}{7}\cdot\frac{14}{27}$; $\frac{5}{18}\cdot\frac{12}{25}$
● d) $\frac{5}{6}\cdot\frac{12}{25}$; $\frac{4}{9}\cdot\frac{3}{4}$; $\frac{7}{10}\cdot\frac{5}{7}$
e) $\frac{11}{10}\cdot\frac{5}{11}$; $\frac{2}{3}\cdot\frac{4}{9}$; $\frac{6}{5}\cdot\frac{5}{3}$
● f) $\frac{6}{7}\cdot\frac{5}{11}$; $\frac{8}{11}\cdot\frac{9}{16}$; $\frac{3}{10}\cdot\frac{15}{4}$

4. a) $\frac{1}{2}\cdot\frac{1}{3}\cdot\frac{5}{4}$; $\frac{2}{3}\cdot\frac{5}{9}\cdot\frac{4}{7}$; $\frac{9}{10}\cdot\frac{2}{3}\cdot\frac{5}{6}$; $\frac{15}{16}\cdot\frac{12}{25}\cdot\frac{2}{3}$; $\frac{12}{11}\cdot\frac{22}{15}\cdot\frac{5}{6}$
b) $\frac{5}{6}\cdot\frac{1}{8}\cdot\frac{7}{2}$; $\frac{3}{5}\cdot\frac{2}{3}\cdot\frac{5}{6}$; $\frac{6}{7}\cdot\frac{3}{4}\cdot\frac{14}{15}$; $\frac{8}{11}\cdot\frac{7}{10}\cdot\frac{22}{7}$; $\frac{5}{4}\cdot\frac{8}{9}\cdot\frac{6}{25}$
● c) $\frac{3}{4}\cdot\frac{5}{7}\cdot\frac{1}{2}$; $\frac{6}{7}\cdot\frac{2}{3}\cdot\frac{1}{4}$; $\frac{8}{9}\cdot\frac{6}{7}\cdot\frac{3}{4}$; $\frac{12}{7}\cdot\frac{3}{4}\cdot\frac{14}{15}$; $\frac{4}{5}\cdot\frac{7}{8}\cdot\frac{5}{7}$

5.

a) 9 m	$\cdot\frac{2}{3}$	☐	b) ☐	$\cdot\frac{1}{2}$	6 kg	c) 21 DM	$\cdot\frac{3}{7}$	☐
12 m	$\cdot\frac{3}{4}$	☐	☐	$\cdot\frac{1}{3}$	9 kg	☐	$\cdot\frac{1}{6}$	24 DM
15 m	$\cdot\frac{1}{5}$	☐	☐	$\cdot\frac{1}{8}$	12 kg	32 DM	$\cdot\frac{5}{8}$	☐

6. a) $\frac{2}{3}$ von $\frac{4}{5}$ m; $\frac{4}{5}$ von $\frac{1}{2}$ m; $\frac{7}{8}$ von $\frac{4}{5}$ m
b) $\frac{2}{3}$ von $\frac{5}{6}$ kg; $\frac{7}{10}$ von $\frac{20}{21}$ kg; $\frac{3}{4}$ von $\frac{8}{9}$ kg
c) $\frac{5}{6}$ von $\frac{17}{20}$ km; $\frac{4}{9}$ von $\frac{12}{16}$ km; $\frac{3}{7}$ von $\frac{21}{25}$ km
d) $\frac{2}{3}$ von $\frac{9}{10}$ m; $\frac{3}{4}$ von $\frac{8}{15}$ m; $\frac{5}{8}$ von $\frac{16}{25}$ m

---

△ Die sechs Flächen in Bild 1 kann man zu *einem* Rechteck zusammensetzen.

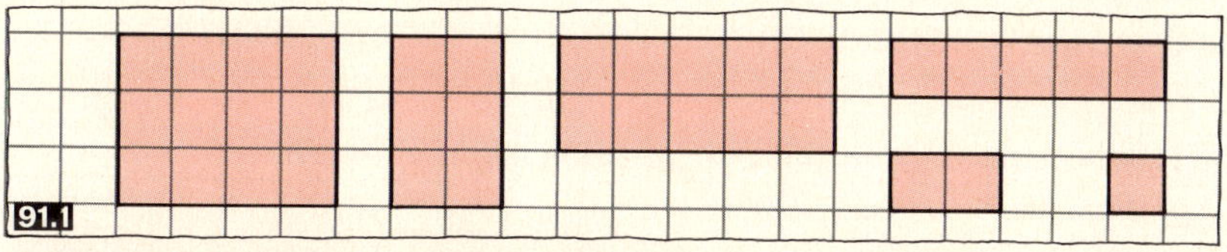

91.1

a) Wieviel verschiedene Lösungen gibt es?
b) Welches dieser Rechtecke hat den kleinsten Umfang?

12.2. Dividend und Divisor sind gewöhnliche Brüche

Wir wollen den Quotienten $\frac{8}{15}:\frac{4}{5}$ als einen Bruch schreiben.

1. Kehrwert eines gewöhnlichen Bruches (Definition)
Vertauscht man in einem gewöhnlichen Bruch Zähler und Nenner, so erhält man einen neuen Bruch. Er heißt der *Kehrwert* des ursprünglichen Bruches.

Beispiele. $\frac{2}{3}$ und $\frac{3}{2}$, ebenso $\frac{a}{b}$ und $\frac{b}{a}$ mit $a, b \in \mathbb{N}^*$ sind Kehrwerte voneinander.

2. Erste Herleitung

Für $a \in \mathbb{N}^*$ gilt $\boxed{a} \ (:a) \ \boxed{1}$. in anderer Schreibweise: $a : a = 1$.

Wir setzen fest. daß die entsprechende Aussage auch für Brüche gelten soll.

Für $a, b \in \mathbb{N}^*$ soll sein $\boxed{\frac{a}{b}} \ \left(:\frac{a}{b}\right) \ \boxed{1}$, in anderer Schreibweise $\frac{a}{b} : \frac{a}{b} = 1$.

Andererseits gilt $\boxed{\frac{a}{b}} \ \left(\cdot\frac{b}{a}\right) \ \boxed{1}$, in anderer Schreibweise $\frac{a}{b} \cdot \frac{b}{a} = 1$.

Daraus folgt $\left(:\frac{a}{b}\right) = \left(\cdot\frac{b}{a}\right)$

Beispiel $\frac{8}{15} : \frac{4}{5} = \frac{8}{15} \cdot \frac{5}{4} = \frac{2}{3}$

Man dividiert durch einen gewöhnlichen Bruch, indem man mit dem Kehrwert multipliziert.

Vor dem Ausrechnen wird, wenn möglich, gekürzt.

$$\frac{8}{9} : \frac{5}{6} = \frac{8}{9} \cdot \frac{6}{5} = \frac{8 \cdot \overset{2}{\cancel{6}}}{\underset{3}{\cancel{9}} \cdot 5} = \frac{16}{15} = 1\frac{1}{15} \qquad 2\frac{2}{9} : 4\frac{1}{6} = \frac{20}{9} : \frac{25}{6} = \frac{20}{9} \cdot \frac{6}{25} = \frac{\overset{4}{\cancel{20}} \cdot \overset{2}{\cancel{6}}}{\underset{3}{\cancel{9}} \cdot \underset{5}{\cancel{25}}} = \frac{8}{15}$$

T Ein Rechteck habe die Seiten a und b. Bestimme die fehlenden Stücke.

	a)	b)	c)	d)
Länge der Seite a	24 cm	15 cm	72 cm	
Länge der Seite b	18 cm			0,88 m
Größe des Umfangs			200 m	3,20 m
Flächeninhalt		345 cm²		

3. Zweite Herleitung

a) Hier sind Folgen von Divisionsaufgaben aufgeschrieben.

A.	B.	C.
$\frac{1}{3}:8=\frac{1}{24}$	$\frac{3}{2}:500=\frac{3}{1000}$	$\frac{4}{7}:3000=\frac{4}{21\,000}$
$\frac{1}{3}:4=\frac{1}{12}$	$\frac{3}{2}:100=\frac{3}{200}$	$\frac{4}{7}:\ 300=\frac{74}{2100}$
$\frac{1}{3}:2=\frac{1}{6}$	$\frac{3}{2}:\ 20=\frac{3}{40}$	$\frac{4}{7}:\ 30=\frac{4}{210}$
$\frac{1}{3}:1=\frac{1}{3}$	$\frac{3}{2}:\ 4=\frac{3}{8}$	$\frac{4}{7}:\ 3=\frac{4}{21}$

Welche Gesetzmäßigkeit kannst du erkennen?

b) Setzt man die Folgen nach dem erkannten Gesetz fort, so erhält man:

A′.	B′.	C′.
$\frac{1}{3}:\frac{1}{2}=\frac{2}{3}=\frac{1}{3}\cdot\frac{2}{1}$	$\frac{3}{2}:\ \frac{4}{5}=\frac{15}{8}=\frac{3}{2}\cdot\frac{5}{4}$	$\frac{4}{7}:\frac{3}{10}=\ \frac{40}{21}=\frac{4}{7}\cdot\frac{10}{3}$
$\frac{1}{3}:\frac{1}{4}=\frac{4}{3}=\frac{1}{3}\cdot\frac{4}{1}$	$\frac{3}{2}:\frac{4}{25}=\frac{75}{8}=\frac{3}{2}\cdot\frac{25}{4}$	$\frac{4}{7}:\frac{3}{100}=\frac{400}{21}=\frac{4}{7}\cdot\frac{100}{3}$

Ergebnis. Wenn wir wollen, daß die Gesetzmäßigkeit von A bis C auch in $\mathbb{B}^*$ gelten soll, dann müssen wir definieren:

$$\frac{a}{b}:\frac{x}{y}=\frac{a}{b}\cdot\frac{y}{x} \quad \text{mit} \quad a,b,x,y\in\mathbb{N}^*.$$

4. Dritte Herleitung

Für natürliche Zahlen gilt:

Mit $\boxed{6}\ (\cdot 5)\ \boxed{30}$ ist zugleich wahr $\boxed{30}\ (:5)\ \boxed{6}$ (Seite 41).

Wir setzen fest, daß diese Gesetzmäßigkeit auch für Brüche gelten soll.

	a)	b)
Es ist:	$\boxed{9}\ (\cdot\frac{2}{3})\ \boxed{6}$	$\boxed{\frac{4}{5}}\ (\cdot\frac{2}{3})\ \boxed{\frac{8}{15}}$
Es soll gelten:	$\boxed{6}\ (:\frac{2}{3})\ \boxed{9}$	$\boxed{\frac{8}{15}}\ (:\frac{2}{3})\ \boxed{\frac{4}{5}}$
Es gilt auch:	$\boxed{6}\ (\cdot\frac{3}{2})\ \boxed{9}$	$\boxed{\frac{8}{15}}\ (\cdot\frac{3}{2})\ \boxed{\frac{4}{5}}$
Es muß also gelten:	$(:\frac{2}{3})=(\cdot\frac{3}{2})$	$(:\frac{2}{3})=(\cdot\frac{3}{2})$

Allgemein: $(:\frac{a}{b})=(\cdot\frac{b}{a})$ für $a,b\in\mathbb{N}^*$

5. Man kann eine Strecke von $\frac{3}{2}$ m in Stücke von $\frac{1}{2}$ m einteilen.

Man schreibt und rechnet $\frac{3}{2}\,\text{m}:\frac{1}{2}\,\text{m}=\frac{3}{2}\cdot\frac{2}{1}=3$.
Antwort. Bei der Einteilung erhält man 3 Stücke von $\frac{1}{2}$ m Länge.

Entsprechend rechnen wir $\frac{6}{5}\,\text{m}:\frac{3}{4}\,\text{m}=\frac{6}{5}:\frac{3}{4}=\frac{6}{5}\cdot\frac{4}{3}=\frac{8}{5}=1\frac{3}{5}$.
Antwort. Bei der Einteilung erhält man $1\frac{3}{5}$ Stücke von $\frac{3}{4}$ m Länge.

ÜBUNGEN

Mündlich

1. a) $\frac{6}{5}\,\text{m} : \frac{3}{5}\,\text{m}$ $\quad 1\frac{1}{2}\,\text{m} : \frac{1}{2}\,\text{m}$ $\quad 1\,\text{m} : \frac{1}{10}\,\text{m}$ $\quad 1\,\text{m} : \frac{1}{20}\,\text{m}$ $\quad 1\,\text{m} : \frac{1}{4}\,\text{m}$

b) $\frac{8}{9}\,\text{m} : \frac{2}{9}\,\text{m}$ $\quad 1\frac{1}{3}\,\text{m} : \frac{2}{3}\,\text{m}$ $\quad 3\,\text{m} : \frac{1}{10}\,\text{m}$ $\quad 1\,\text{m} : \frac{1}{25}\,\text{m}$ $\quad 1\,\text{m} : \frac{1}{2}\,\text{m}$

● c) $\frac{15}{16}\,\text{m} : \frac{3}{16}\,\text{m}$ $\quad 1\frac{3}{4}\,\text{m} : \frac{1}{4}\,\text{m}$ $\quad 7\,\text{m} : \frac{7}{10}\,\text{m}$ $\quad 1\,\text{m} : \frac{1}{50}\,\text{m}$ $\quad 3\,\text{m} : \frac{1}{4}\,\text{m}$

2. a) $\frac{1}{2} : \frac{1}{4}$; $\frac{3}{4} : \frac{1}{8}$; $\frac{4}{5} : \frac{1}{10}$

b) $\frac{5}{8} : \frac{1}{4}$; $\frac{7}{9} : \frac{1}{3}$; $\frac{5}{6} : \frac{1}{12}$

c) $\frac{1}{2} : \frac{3}{4}$; $\frac{1}{8} : \frac{1}{2}$; $\frac{1}{9} : \frac{2}{3}$

d) $1 : \frac{1}{2}$; $1 : \frac{4}{5}$; $1 : \frac{5}{6}$

e) $3 : \frac{5}{9}$; $4 : \frac{8}{9}$; $6 : \frac{2}{5}$

Schriftlich

3. a) $\frac{1}{2} : \frac{1}{3}$ $\quad \frac{2}{3} : \frac{1}{2}$ $\quad \frac{4}{5} : \frac{2}{3}$ $\quad \frac{13}{10} : \frac{5}{8}$ $\quad \frac{25}{18} : \frac{15}{16}$ $\quad \frac{16}{15} : \frac{12}{25}$

b) $\frac{1}{2} : \frac{1}{5}$ $\quad \frac{2}{3} : \frac{3}{4}$ $\quad \frac{4}{5} : \frac{1}{2}$ $\quad \frac{16}{15} : \frac{4}{5}$ $\quad \frac{9}{10} : \frac{3}{5}$ $\quad \frac{12}{35} : \frac{16}{25}$

● c) $\frac{1}{2} : \frac{1}{7}$ $\quad \frac{2}{3} : \frac{2}{5}$ $\quad \frac{4}{5} : \frac{3}{4}$ $\quad \frac{7}{36} : \frac{2}{9}$ $\quad \frac{8}{9} : \frac{2}{3}$ $\quad \frac{8}{9} : \frac{32}{27}$

4. a) $\frac{3}{4} : \frac{1}{4}$ $\quad \frac{3}{8} : \frac{3}{5}$ $\quad \frac{2}{3} : \frac{1}{6}$ $\quad \frac{7}{9} : \frac{7}{8}$ $\quad \frac{5}{6} : \frac{7}{8}$ $\quad \frac{7}{9} : \frac{3}{7}$

● b) $\frac{4}{5} : \frac{2}{5}$ $\quad \frac{4}{9} : \frac{1}{2}$ $\quad \frac{3}{8} : \frac{1}{4}$ $\quad \frac{4}{5} : \frac{3}{10}$ $\quad \frac{4}{15} : \frac{2}{3}$ $\quad \frac{4}{9} : \frac{4}{5}$

c) $\frac{5}{9} : \frac{2}{3}$ $\quad \frac{5}{6} : \frac{1}{4}$ $\quad \frac{5}{7} : \frac{5}{6}$ $\quad \frac{11}{12} : \frac{3}{4}$ $\quad \frac{7}{12} : \frac{3}{8}$ $\quad \frac{3}{8} : \frac{9}{16}$

5.

a) 6 m	$:\frac{2}{3}$		b)	$:\frac{4}{7}$	28 m	c) 25 kg	$:\frac{5}{8}$	
15 m	$:\frac{3}{5}$			$:\frac{3}{8}$	24 m		$:\frac{3}{4}$	12 kg
8 m	$:\frac{4}{9}$			$:\frac{5}{6}$	30 m	18 kg	$:\frac{2}{3}$	

6. a) $\frac{1}{2}$ von $\frac{2}{3}$ einer Zahl ist 3. Wie heißt die Zahl?

b) $\frac{3}{4}$ von $\frac{8}{9}$ einer Zahl ist 12. Wie heißt die Zahl?

c) $\frac{3}{10}$ von $\frac{5}{6}$ einer Zahl ist 23. Wie groß ist das Dreifache der Zahl?

7. a) $\frac{8}{15} : \frac{16}{25}$ $\quad \frac{25}{6} : \frac{9}{10}$ $\quad \frac{73}{10} : \frac{73}{100}$ $\quad \frac{21}{25} : \frac{50}{49}$ $\quad \frac{7}{8} : \frac{5}{12}$ $\quad \frac{3}{5} : \frac{4}{3}$

b) $\frac{15}{32} : \frac{5}{28}$ $\quad \frac{10}{9} : \frac{12}{25}$ $\quad \frac{18}{23} : \frac{27}{69}$ $\quad \frac{12}{35} : \frac{28}{5}$ $\quad \frac{2}{9} : \frac{7}{2}$ $\quad \frac{6}{7} : \frac{7}{12}$

● c) $\frac{15}{8} : \frac{5}{16}$ $\quad \frac{18}{7} : \frac{14}{9}$ $\quad \frac{14}{15} : \frac{14}{15}$ $\quad \frac{4}{9} : \frac{5}{9}$ $\quad \frac{9}{4} : \frac{3}{10}$ $\quad \frac{8}{9} : \frac{9}{4}$

T Prüfe, ob die folgenden Zahlen (1) durch 7, (2) durch 11, (3) durch 13, (4) durch 15, (5) durch 30 teilbar sind. Zerlege sie dazu in geeignete Summen oder Produkte.

a) 770 840 910 1050; 2100 1690 1650 1540

b) 450 1950 1430 1500 700; 500 510 520 530 540

Mündlich

8. a) $\frac{2}{3}\cdot\frac{1}{2}$ $\quad$ $\frac{5}{6}\cdot\frac{5}{8}$ $\quad$ $\frac{3}{7}\cdot\frac{2}{3}$

b) $\frac{4}{9}:\frac{4}{5}$ $\quad$ $\frac{2}{5}\cdot\frac{10}{12}$ $\quad$ $\frac{3}{8}:\frac{3}{4}$

c) $\frac{5}{12}\cdot\frac{6}{7}$ $\quad$ $\frac{8}{9}:\frac{4}{7}$ $\quad$ $\frac{5}{18}:\frac{20}{27}$

d) $4\cdot\frac{7}{8}$ $\quad$ $6:\frac{2}{3}$ $\quad$ $12:\frac{4}{9}$

e) $\frac{3}{5}\cdot 4$ $\quad$ $\frac{7}{9}:3$ $\quad$ $\frac{6}{7}:14$

9. Bestimme die Operatoren.

a)			b)			c)		
8 m	(·)	4 m	3 kg	(:)	9 kg	12 t	(·)	12 t
3 m	(:)	6 m	20 kg	(·)	5 kg	16 t	(·)	12 t
12 m	(·)	4 m	2 kg	(:)	16 kg	24 t	(:)	20 t

Schriftlich

10. a) $1\frac{7}{8}:4\frac{1}{6}$ $\quad$ $2\frac{2}{7}\cdot 1\frac{3}{8}$ $\quad$ $3\frac{1}{4}:4\frac{7}{8}$ $\quad$ $1\frac{9}{16}\cdot 1\frac{3}{5}$ $\quad$ $1\frac{1}{15}:1\frac{7}{25}$ $\quad$ $\frac{9}{8}:\frac{3}{4}$

b) $1\frac{7}{9}:2\frac{2}{3}$ $\quad$ $1\frac{7}{8}\cdot 1\frac{1}{5}$ $\quad$ $1\frac{3}{8}:9\frac{1}{6}$ $\quad$ $2\frac{4}{5}\cdot 2\frac{1}{7}$ $\quad$ $1\frac{1}{8}:1\frac{1}{6}$ $\quad$ $\frac{15}{8}:\frac{12}{5}$

11. a) $\frac{1}{2}\cdot(\frac{1}{2}+\frac{1}{3})$ $\quad$ $\frac{2}{3}\cdot(\frac{1}{2}+\frac{1}{3})$ $\quad$ $\frac{3}{4}\cdot(\frac{2}{3}+\frac{1}{2})$ $\quad$ $\frac{5}{6}\cdot(\frac{7}{12}+\frac{3}{10})$

b) $\frac{1}{2}\cdot(\frac{2}{3}+\frac{1}{4})$ $\quad$ $\frac{2}{3}\cdot(\frac{2}{3}+\frac{1}{2})$ $\quad$ $\frac{3}{4}\cdot(\frac{2}{3}+\frac{1}{6})$ $\quad$ $\frac{5}{6}\cdot(\frac{8}{15}+\frac{4}{9})$

12. Eine Leiste ist 72 cm lang. Arno sägt $\frac{1}{3}$ ihrer Länge ab und von dem abgesägten Stück $\frac{1}{3}$ von dessen Länge.
Wie lang ist das zuletzt abgesägte Stück?

95.1

13. Eine Leiste ist 80 cm lang. Ulli sägt $\frac{3}{4}$ ihrer Länge ab und vom abgesägten Stück $\frac{2}{3}$ von dessen Länge.
Wie lang ist das zuletzt abgesägte Stück?

14. Von einer Leiste sägt Elli $\frac{1}{6}$ ihrer Länge ab. Von dem längeren der beiden Teile sägt sie $\frac{2}{3}$ von dessen Länge ab. Dieses abgeschnittene Stück ist 20 cm lang. Wie lang war die ganze Leiste ursprünglich?

★ *15.* $\frac{4}{5}$ von $\frac{5}{6}$ eines Stabes gibt ein Stück von 48 cm Länge. Wie lang war der Stab?

16. a) $\frac{7}{15}\cdot\frac{3}{8}$ $\quad$ $\frac{6}{7}:\frac{5}{9}$ $\quad$ $\frac{6}{25}\cdot\frac{5}{18}$ $\quad$ $\frac{24}{35}\cdot\frac{25}{18}$ $\quad$ $\frac{16}{33}:\frac{12}{55}$ $\quad$ $\frac{6}{7}:\frac{3}{21}$

b) $\frac{1}{2}:\frac{1}{3}$ $\quad$ $\frac{5}{14}\cdot\frac{7}{15}$ $\quad$ $\frac{2}{3}:\frac{5}{9}$ $\quad$ $\frac{3}{20}\cdot\frac{15}{7}$ $\quad$ $\frac{9}{16}\cdot\frac{10}{3}$ $\quad$ $\frac{15}{28}:\frac{25}{77}$

17. a) $3\frac{1}{2}:2\frac{1}{4}$ $\quad$ $6\frac{1}{2}:5\frac{2}{3}$ $\quad$ $6\frac{1}{2}:2\frac{1}{6}$ $\quad$ $3\frac{1}{2}:5\frac{1}{4}$ $\quad$ $2\frac{2}{5}\cdot 1\frac{7}{8}$ $\quad$ $7\frac{3}{5}:2\frac{3}{5}$

b) $3\frac{1}{2}:1\frac{3}{5}$ $\quad$ $2\frac{2}{3}\cdot 2\frac{1}{4}$ $\quad$ $3\frac{7}{9}:5\frac{2}{3}$ $\quad$ $1\frac{5}{6}\cdot 2\frac{2}{5}$ $\quad$ $7\frac{2}{3}:3\frac{2}{7}$ $\quad$ $3\frac{2}{7}:7\frac{2}{3}$

12.3. Multiplikand und Multiplikator sind Dezimalbrüche

1. Einfachste Aufgaben

a) $0{,}9 \cdot 0{,}7 = \frac{9}{10} \cdot \frac{7}{10} = \frac{63}{100} = 0{,}63$ b) $0{,}11 \cdot 0{,}8 = \frac{11}{100} \cdot \frac{8}{10} = \frac{88}{1000} = 0{,}088$

2. Schriftliches Multiplizieren

Aufgabe $35{,}8 \cdot 2{,}7$ *Überschlag* $40 \cdot 3 = 120$

Überlegung $35{,}8 \cdot 2{,}7 = \frac{358}{10} \cdot \frac{27}{10} = \frac{358 \cdot 27}{100} = \frac{9666}{100} = 96{,}66$

Der Zähler liefert das Ergebnis ohne Komma. Der Nenner sagt, wo das Komma stehen muß. – Auch durch Überschlag kann man finden, wo das Komma stehen muß.

Aufgabe	35,8·2,7	**Merke**
35,8·2,7	716	**Mache den Überschlag!**
Überschlag	2506	**Rechne ohne Komma!**
40·3 = 120	96,66	**Setze das Komma nach dem Überschlag!**
Neunerprobe	$Q_l \rightarrow 16 \cdot 9 \rightarrow 7 \cdot 9 \rightarrow 9$	$Q_r \rightarrow 9$

3. Mechanische Regel. Vergleiche die folgenden Aufgaben und ihre Ergebnisse.

18,3·2,9 1,83·2,9 0,183·2,9 18,3·0,29 1,83·0,29 183·29

Man rechnet ohne Komma und streicht von rechts so viele Stellen ab, wie die Dezimalbrüche zusammen Stellen nach dem Komma haben.

ÜBUNGEN

1. Lies die Dezimalbrüche wie gewöhnliche Brüche und schreibe das Ergebnis sofort als Dezimalbruch.

a)	b)	c)	d)	e)
a) 0,7·0,9	b) 0,11·0,7	c) 0,03·0,5	d) 1,2·0,7	e) 0,04·1,2
0,3·0,5	0,12·0,8	0,04·0,7	1,8·0,6	0,06·1,3
0,8·0,6	0,15·0,3	0,09·0,8	2,2·0,4	0,07·1,5

2. Bilde Aufgabenfolgen.

a)	b)	c)	d)	e)
a) 0,1·0,2	b) 0,1·0,3	c) 0,4·0,01	d) 0,06·0,1	e) 0,08·0,01
bis	bis	bis	bis	bis
0,9·0,2	0,9·0,3	0,4·0,09	0,06·0,9	0,08·0,09

3. a) 0,1·0,1·0,1 b) 0,2·0,3·0,4 c) 0,25·0,4 d) 0,125·0,2
0,2·0,2·0,2 0,1·0,3·0,2 0,15·0,4 0,125·0,4

4. Verwandle in die nächstniedrigere Einheit. (0,3 min = 0,3·60 s = 18 s)

a) 0,4 min b) 1,2 min c) 0,15 h d) 0,5 Tg. e) 0,3 J. f) 0,3 kg
0,7 min 1,3 min 0,25 h 0,3 Tg. 0,4 J. 0,7 kg

5. Schreibe das Ergebnis mit mehreren Einheiten.

a) 0,3 min·5 b) 0,08 min·70 c) 1,3 Tg.·5 d) 1,15 h·11
0,7 min·8 0,11 min·90 1,7 Tg.·8 1,25 h·5

12.4. Dividend und Divisor sind Dezimalbrüche

1. Es ist

$8:2 = 4$
$80:20 = 4$
$800:200 = 4$
$8000:2000 = 4$

Allgemein gilt für a, b, k ∈ $\mathbb{N}^*$

$(a\cdot k):(b\cdot k)$
$= \boxed{a\cdot k}\ (:k) \circ (:b)$
$= \boxed{a}\ (:b)$
$= a:b$

Regel. Für natürliche Zahlen gilt:
Statt $(a\cdot k):(b\cdot k)$ darf man auch $a:b$ rechnen und umgekehrt.

2. Wir setzen fest, daß diese Regel auch für Bruchzahlen gelten soll.
Beispiele a) $4{,}5:0{,}9 = 45:9 = 5$ b) $0{,}85:6{,}8 = 8{,}5:68 = 0{,}125$
Diese Umwandlungen von Dividend und Divisor nennen wir das Erweitern des Quotienten.

Einen Quotienten mit 10 (100, 1000, ...) erweitern, bedeutet: das Komma im Dividenden und im Divisor um 1 Stelle (um 2, 3, ... Stellen) nach rechts rücken.

Übung. Erweitere, so daß der Divisor eine natürliche Zahl wird:
3,5:4,7 0,83:0,7 2,75:0,38 0,432:1,4 5,65:0,342

3. Schriftliche Division

Aufgabe. Berechne 19:3,47 auf 2 Dezimalstellen genau.
Überschlag. $20:3 \approx 7$ *Umschreiben* $19 = 3{,}47\cdot\square + \triangle$
Lösung.

Älteres Verfahren		**Neueres Verfahren**	
1900:347 → 5,475 ≈ 5,48		1900 = 347·5,475 + 0,175	
1735		1735	□ ≈ 5,48
1650		1650	
1388	→	1388	
2620	lies: ergibt	2620	
2429		2429	
1910		1910	
1735		1735	
175		175	

Neunerprobe
$1900 = 347\cdot 5{,}475 + 0{,}175$ $Q_l \to 1$ $Q_r \to 5\cdot 3 + 4 \to 19 \to 1$

Ist der Divisor ein Dezimalbruch, so rückt man das Komma im Dividenden und im Divisor um so viel Stellen nach rechts, bis der Divisor eine natürliche Zahl ist.
Geht die Division nicht auf, so rechnet man so viel Dezimalstellen, wie in der Aufgabe verlangt wird oder wie es der Sachverhalt erfordert.

ÜBUNG (mündlich)

1. a) 1,7:10 b) 0,16:4 c) 0,4:8
2,8:2 0,49:7 0,3:5

2. a) 4,32:0,2 b) 6:0,5 c) 12:2,4
4,32:0,12 6:0,4 9:1,8

ÜBUNGEN

Mündlich

1. $0{,}8 \cdot 0{,}4$; $0{,}7 \cdot 0{,}5$; $0{,}9 \cdot 0{,}6$

2. $0{,}12 \cdot 0{,}5$; $0{,}25 \cdot 0{,}3$; $0{,}18 \cdot 0{,}4$

3. $6{,}4 : 0{,}8$; $5{,}6 : 0{,}7$; $7{,}5 : 1{,}5$

4. $0{,}48 : 0{,}6$; $0{,}95 : 0{,}5$; $0{,}57 : 0{,}3$

5. Multipliziere (1) mit 0,2 (2) mit 0,3 (3) mit 0,5 (4) mit 1,1:
a) 0,5 0,8 1,2 0,06 23 b) 0,15 108 4,2 17 0,04

6. Dividiere (1) durch 0,2 (2) durch 0,4 (3) durch 0,6:
a) 1,2 3,6 0,96 0,48 18 b) 1,92 6,24 30 78 0,132

Schriftlich

7. $3{,}23 \cdot 1{,}9$; $47{,}5 \cdot 3{,}4$; $5{,}08 \cdot 6{,}5$

8. $0{,}324 : 0{,}18$; $148{,}5 : 0{,}15$; $12{,}96 : 1{,}08$

9. $12{,}35 \cdot 2{,}35$; $37{,}98 \cdot 72{,}7$; $458{,}7 \cdot 93{,}2$

10. $2{,}53 : 0{,}23$; $1{,}95 : 15$; $12{,}5 : 0{,}25$

11. Runde die Ergebnisse auf 2 Dezimalstellen bzw. die übliche Stellenzahl.
a) 5,38 a : 3,4; 9,45 a : 1,7; 6,32 a : 5,8
b) 13,28 ha : 1,5; 17,39 ha : 27; 26,83 ha : 4,3
c) 615,48 DM · 1,29; 741,15 DM · 0,78; 630,02 DM · 8,12
d) 8,195 kg · 2,7; 15,318 kg · 0,9; 6,219 kg · 1,6
e) 7,03 m : 19; 7,83 m : 2,9; 8,83 m : 2,8
f) $4{,}96\ m^2 \cdot 1{,}18$; $5{,}32\ m^2 \cdot 9{,}3$; $7{,}61\ m^2 \cdot 207$

12. Sieh dir die Aufgaben genau an und rechne möglichst wenig.
a) Um wieviel ist $6{,}48 \cdot 0{,}22$ größer als $5{,}48 \cdot 0{,}22$?
b) Um wieviel ist $7{,}93 \cdot 0{,}78$ größer als $7{,}83 \cdot 0{,}78$?

13. Wende vor dem Ausrechnen Rechenvorteile an.
a) $0{,}25 \cdot 1{,}7 \cdot 1{,}8 \cdot 4$; $0{,}25 \cdot 3{,}9 \cdot 0{,}5 \cdot 8$; $0{,}25 \cdot 4{,}8 \cdot 2{,}3 \cdot 4$
b) $0{,}125 \cdot 3{,}6 \cdot 0{,}3 \cdot 8$; $0{,}375 \cdot 3{,}7 \cdot 1{,}2 \cdot 8$; $0{,}625 \cdot 6{,}4 \cdot 0{,}4 \cdot 8$
c) $50 \cdot 0{,}2 \cdot 0{,}1 \cdot 0{,}7$; $50 \cdot 0{,}4 \cdot 0{,}3 \cdot 1{,}2$; $50 \cdot 0{,}8 \cdot 0{,}5 \cdot 0{,}2$

★ *14.* Schreibe die Aufgabe zuerst mit x bzw. mit y als Aussageform hin. Rechne!

Multiplikand	a) 5,69	b) y	Dividend	c) x	d) 13,968
Multiplikator	x	0,87	Divisor	9,82	y
Produkt	7,966	13,224	Quotient	5,7	19,4

T Gib nach Bild 1 an:
a) $\mathbb{G}, \mathbb{A}, \mathbb{B}, |\mathbb{G}|, |\mathbb{A}|, |\mathbb{B}|$
b) $\mathbb{A} \cup \mathbb{B}, \mathbb{A} \cap \mathbb{B}, \mathbb{A} \setminus \mathbb{B}, \mathbb{B} \setminus \mathbb{A}$
c) $|\mathbb{A} \cup \mathbb{B}|, |\mathbb{A} \cap \mathbb{B}|, |\mathbb{A} \setminus \mathbb{B}|, |\mathbb{B} \setminus \mathbb{A}|$
d) $\mathbb{A} \times \mathbb{B}, |\mathbb{A} \times \mathbb{B}|$

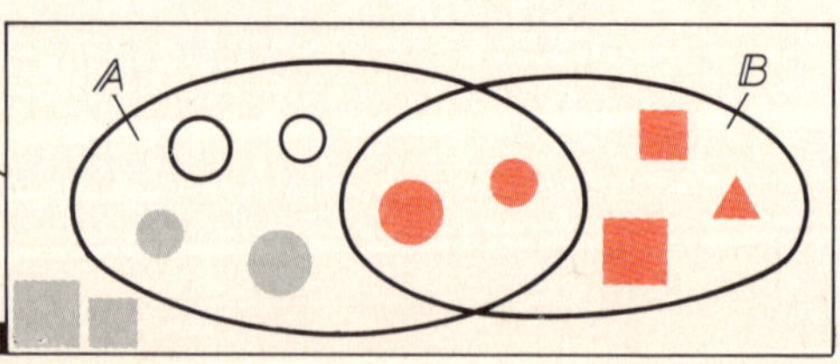

98.1

Mündlich

15. 0,09·0,12 — 1,55·0,02 — 0,37·0,05

16. 4,65:0,3 — 1,05:1,5 — 0,96:1,2

17. 0,24:0,08 — 5,01:0,03 — 6,4:0,4

18. 5:0,2 — 7:0,5 — 9:1,8

19. a) 0,72:0,6; 0,39:0,3 b) 0,63:0,9; 0,42:0,3 c) 4,8:0,16; 7,5:0,25 d) 0,34:1,7; 0,57:1,9 e) 4:0,2; 6:0,3

20. Rechne vorteilhaft.

a) 0,732·1800 + 1,268·1800
1,235·2800 + 0,265·2800
3,417·3500 − 2,317·3500

b) 1,784·635 + 1,784·365
2,173·789 − 2,173·689
0,387·973 − 0,387·773

Schriftlich

21. Rechne auf Tausendstel.

a) 5,731·1,72	4,817:0,58	8,7:6,3	3,991:3,9
b) 90,08·0,91	0,017·0,83	93:1,6	80,42:58,5
c) 81,73:0,48	120,85·2,03	0,7:1,5	30,346:3,95

22. Erst überlegen, dann rechnen!

a) Um wieviel ist 9,74·1,35 kleiner als 9,75·1,35?

b) Um wieviel ist 8,87·1,45 größer als 8,87·1,25?

23. Rechne die Aufgaben möglichst geschickt.

a) 2,16:0,72	b) 1,72·0,03	● c) 10,24:0,64	d) 2,73·0,96
2,16:0,36	1,72·0,06	10,24:1,28	2,73·0,48
2,16:0,18	1,72·0,12	10,24:2,56	2,73·0,24
2,16:0,09	1,72·0,24	10,24:5,12	2,73·0,12

24.

a) 15974,40 DM:6,24	1,6753 m^2·22,73	211,05 ha:30,15
b) 6464,85 DM:9,87	5,4372 m^2·5,187	46,03 ha:125,1
c) 1881,25 DM:60,2	6,7432 m^2·919,3	343,33 ha:8,374

★ *25.* Wir rechnen Seemeilen (sm) in Kilometer um (1 sm = 1,852 km). Gib die Länge der folgenden Schiffahrtslinien in Kilometern an:

a) Hamburg – New York 3750 sm

b) Hamburg – Buenos Aires 6600 sm

c) Hamburg – Panama – Hawai – Hongkong – Singapur – Hamburg 24890 sm

99.1

★ *26.* Gib in Seemeilen an (runde auf Hunderter):

a) Hamburg – Kapstadt 11112 km b) Honolulu – San Francisco 3890 km

c) Hamburg – Sydney 23000 km d) New York – Rio de Janeiro 8700 km

27. Frau Lorenz kauft 2,85 m Stoff, das Meter zu 19,85 DM.

Z

12.5. Multiplikation und Division mit dem elektronischen Kleinrechner

1. Multiplikation von Dezimalbrüchen

Gib die Zahlen einer Multiplikations- oder Divisionsaufgabe in der Reihenfolge der Schreibfigur ein und beachte, daß bestimmte Nullen nicht eingegeben zu werden brauchen (S. 74). Stelle den Rechner auf Fließkomma ein.

Aufgabe	7,50 · 0,188
Kurzdarstellung	[C] – [7.5] – [×] – [.188] – [=] – [1.41]
Aufgabe	25,375 : 2,03
Kurzdarstellung	[C] – [25.375] – [÷] – [2.03] – [=] – [12.5]

2. Mehrere Faktoren

Aufgabe 57,10·44,3·0,112

Kurzdarstellung [C] – [57.1] – [×] – [44.3] – [×] – [.112] – [=] – [283.30736]

Die Zwischenergebnisse werden nach Betätigung der [×]-Taste angezeigt. Die Kommasetzung erfolgt automatisch nach der Stellenregel.

3. Rechnen mit einem konstanten Faktor

Je nach dem Rechnertyp ist ein Konstantenschalter oder eine Konstantentaste vorhanden bzw. ist die Schaltung des Rechners so angelegt, daß mit festen Faktoren (Konstanten) gerechnet werden kann.

Im folgenden Beispiel ist der erste Faktor konstant.

Aufgabe 2,85·1 2,85·2 2,85·3 ...(Anlegen einer Preisliste)

Kurzdarstellung [Konstantentaste] – [C] – [2.85] – [×] – [1] – [=] – [2.85]

[2] – [=] – [5.7]

[3] – [=] – [8.55]

... ...

[15] – [=] – [42.75]

Die Reihenfolge in der Bedienung der Konstanten-, bzw. Löschtaste ist beliebig.

T Bestimme das kleinste gemeinsame Vielfache (kgV):

1. von 2 und 3; von 5 und 10 **2.** von 3 und 4; von 6 und 10 **3.** von 4 und 5; von 10 und 15 **4.** von 12 und 15; von 20 und 36

5. 3,405 m + 325 cm + 0,54 m + 23 cm + 9,08 m + 723 cm + 12 m

6. 4,982 m + 423 cm + 0,98 m + 56 cm + 7,31 m + 528 cm + 13 m

Z

4. Division von Dezimalbrüchen

Aufgabe 13,5 : 7

Kurzdarstellung [C] – [13.5] – [÷] – [7] – [=] – [1.9285714]

Wenn keine Festkomma-Einstellung erfolgte, wird bei der Division die 8-stellige Kapazität des Rechners voll ausgenutzt. Runde, falls erforderlich!

5. Der Divisor ist konstant

Bei der Division muß wie bei der Multiplikation die Konstanten-Taste durch den jeweils konstanten Divisor bedient werden.

Aufgabe 23,3 : 0,7 40 : 0,7 36,5 : 0,7

Kurzdarstellung [Konstantentaste] – [C] – [23.3] – [÷] – [.7] – [=] – [33.29]

[40] ——— [=] – [57.14]

[36.4] ——— [=] – [52.00]

Die Rechnung erfolgte mit Festkomma (2 Stellen). Die Aufgaben können sich auf das Umfüllen von Flüssigkeitsmengen auf 0,7-ℓ-Flaschen beziehen.

6. Gemischte Multiplikation und Division

Aufgabe 2,70 · 0,258 : 3,6

Kurzdarstellung [C] – [2.7] – [×] – [.258] – [÷] – [3.6] – [=] – [0.1935]

Die Berechnung erfolgt mit Fließkomma. Nach dem Zweck der Aufgabe wird das Ergebnis entsprechend gerundet.

ÜBUNGEN

1. Lege eine Preisliste für 1 kg, 2 kg, …, 10 kg einer Ware an. Das Kilogramm der Ware kostet a) 1,37 DM, b) 2,95 DM, c) 0,82 DM.

2. In einer Molkerei wird Kondensmilch in Büchsen abgefüllt:
a) 40 kg Kondensmilch in kleine Büchsen zu 170 g Füllung,
b) 120 kg Kondensmilch in große Büchsen zu 410 g Füllung.
Wieviel Büchsen Kondensmilch erhält man jeweils?

3. 50 kg Marmelade werden in 450-g-Gläser gefüllt.

4. Ein Meter Anzugstoff kostet 92,50 DM. Berechne den Preis für
a) 3 m, b) 2,75 m, c) 3,50 m, d) 3,75 m Stoff.

5. Gemahlener Zimt wird zu 35 g in Gewürzdosen abgefüllt. Es werden abgefüllt:
a) 7 kg, b) 10 kg, c) 28 kg, d) 48 kg, e) 50 kg Zimt.
Wieviel Dosen Zimt erhält man jeweils?

T **1.** kgV von 20 und 30 **2.** kgV von 12 und 18 **3.** kgV von 18 und 24
4. kgV von 32 und 48 **5.** kgV von 3, 4 und 8 **6.** kgV von 6, 9 und 15
7. 95,342 m – 427 cm – 0,64 m – 98 cm – 8,72 m – 958 cm – 15 m
8. 86,001 m – 693 cm – 0,58 m – 57 cm – 3,59 m – 867 cm – 17 m

12.6. Vermischte Übungen

Mündlich

1. a) $\frac{1}{2} + 1\frac{1}{4}$	b) $4\frac{1}{5} - 3\frac{1}{10}$	c) $\frac{1}{2} \cdot \frac{1}{3}$	d) $1\frac{1}{2} : 3$	e) $2\frac{1}{2} \cdot 1\frac{1}{2}$
$2\frac{3}{4} - 1\frac{1}{2}$	$6\frac{8}{9} - 2\frac{2}{3}$	$\frac{7}{16} \cdot \frac{8}{9}$	$3\frac{3}{4} : 5$	$1\frac{1}{4} \cdot 1\frac{1}{3}$
$3\frac{5}{6} - 1\frac{2}{3}$	$3\frac{3}{8} + 2\frac{3}{4}$	$\frac{3}{10} \cdot \frac{5}{6}$	$2\frac{2}{5} : 6$	$1\frac{1}{5} \cdot 1\frac{1}{3}$

2. a) $0{,}7 + 0{,}15$	b) $0{,}6 + 0{,}03$	c) $0{,}2 \cdot 0{,}3$	d) $0{,}2 \cdot 0{,}02$	e) $0{,}48 : 0{,}2$
$0{,}9 + 0{,}03$	$1{,}2 - 0{,}95$	$0{,}3 \cdot 0{,}4$	$0{,}4 \cdot 0{,}12$	$3{,}2 : 0{,}2$
$1{,}7 - 0{,}92$	$0{,}3 - 0{,}07$	$0{,}7 \cdot 0{,}6$	$0{,}7 \cdot 0{,}11$	$36 : 0{,}2$

Schriftlich

3. a) $\frac{3}{4} + \frac{1}{6} + \frac{1}{12}$	$\frac{3}{4} \cdot \frac{5}{6} \cdot \frac{12}{15}$	$\frac{1}{3} + \frac{1}{8} + \frac{7}{24}$	$\frac{45}{49} : \frac{5}{7}$	$1\frac{3}{5} : 1\frac{4}{5}$
b) $\frac{14}{15} - \frac{1}{3} - \frac{2}{5}$	$\frac{1}{2} \cdot \frac{3}{5} \cdot \frac{10}{21}$	$\frac{44}{45} - \frac{1}{9} - \frac{2}{5}$	$\frac{24}{25} : \frac{9}{20}$	$1\frac{2}{5} : 1\frac{1}{10}$
● c) $\frac{5}{12} + \frac{1}{3} - \frac{1}{4}$	$\frac{2}{3} \cdot \frac{8}{15} \cdot \frac{5}{16}$	$\frac{19}{21} - \frac{2}{3} + \frac{1}{7}$	$\frac{27}{35} : \frac{3}{14}$	$1\frac{9}{16} : 1\frac{7}{8}$

4. a) $890{,}4751 + 19{,}23 + 8{,}753 + 125{,}69 + 7{,}8 + 15{,}8342 + 23{,}5 + 16{,}92$
b) $700{,}0031 - 87{,}54 - 9{,}347 - 136{,}35 - 9{,}7 - 26{,}7439 - 17{,}4 - 23{,}87$

5. a) $5{,}834 \cdot 0{,}72$	$934{,}8 \cdot 1{,}35$	$4195{,}8 : 0{,}18$	$8{,}3 : 0{,}17$
b) $34{,}356 : 0{,}12$	$6{,}728 \cdot 0{,}75$	$19{,}534 \cdot 28{,}5$	$7{,}351 : 3{,}51$
c) $6{,}4695 : 0{,}15$	$35{,}821 \cdot 1{,}76$	$8346{,}5 \cdot 3{,}74$	$91{,}42 : 47{,}2$

6. Multipliziere jede der folgenden Zahlen mit sich selbst.
a) $3\frac{1}{2}$ b) 0,73 c) 18,5 d) $3\frac{6}{7}$ ● e) $8\frac{5}{9}$ ● f) 325,2 ● g) 0,037

7. Rechne auf drei Dezimalstellen.
a) 1:5,8 b) 1:58,3 c) 1:0,074 d) 1:243,5 e) 1:7,58

8. Bauer Mell bestellt $2\frac{4}{5}$ ha mit Frühkartoffeln. Er braucht dafür $2{,}1\frac{\text{t}}{\text{ha}}$ Saatkartoffeln.

9. Ein Haferfeld von $4\frac{1}{2}$ ha liefert einen Ertrag von $3{,}5\frac{\text{t}}{\text{ha}}$. Der Bauer verkauft den Hafer für $390\frac{\text{DM}}{\text{t}}$.

10. Rechne auf ein Zehntel genau.

a) 3 m·1,63	15,8 m·17,3	25,3 hl·13,5	25,64 hl:12,7
b) 7 m:2,77	35,7 m·4,92	28,7 hl:8,34	46,81 hl:25,9
● c) 8 m:5,68	56,3 m:71,9	19,3 hl:168	58,47 hl·6,37

11. Ein Quadrat hat die Seite a. Berechne die fehlenden Angaben.

Länge von a	a) $\frac{1}{2}$ m	b) □ m	c) $\frac{3}{5}$ m	d) □ m	e) 2,1 m
Größe des Umfangs	□ m	$1\frac{3}{5}$ m	□ m	$2\frac{2}{3}$ m	□ m
Flächeninhalt	□ m^2	□ m^2	□ m^2	□ m^2	□ m^2

T Ordne der Größe nach und kürze dann.

$\frac{3}{48}$ $\frac{36}{48}$ $\frac{24}{48}$ $\frac{20}{48}$ $\frac{15}{48}$ $\frac{6}{48}$ $\frac{18}{48}$ $\frac{32}{48}$ $\frac{22}{48}$ $\frac{40}{48}$ $\frac{45}{48}$ $\frac{44}{48}$

Mündlich

12. Setze das richtige Zeichen (<, =, >), damit wahre Aussagen entstehen.

a) $\frac{5}{6} \square \frac{2}{3}$	b) $\frac{4}{9} \square \frac{5}{11}$	c) $\frac{6}{7} \square \frac{7}{12}$	d) $\frac{2}{3} \square \frac{2}{5}$	e) $\frac{6}{12} \square \frac{1}{2}$
$\frac{3}{4} \square \frac{7}{8}$	$\frac{5}{8} \square \frac{5}{7}$	$\frac{8}{9} \square \frac{4}{5}$	$\frac{4}{9} \square \frac{5}{9}$	$\frac{4}{15} \square \frac{3}{16}$

13.

a) $0{,}35 \cdot 0{,}1$	b) $0{,}7 \cdot 0{,}01$	c) $0{,}01 \cdot 0{,}02$	d) $4 \cdot 0{,}51$	e) $1{,}2 : 0{,}2$
$0{,}28 : 0{,}7$	$0{,}8 \cdot 0{,}12$	$0{,}7 \cdot 0{,}03$	$0{,}4 \cdot 1{,}3$	$0{,}12 : 0{,}2$
$0{,}39 \cdot 0{,}9$	$8{,}4 : 2{,}1$	$0{,}08 : 0{,}8$	$0{,}15 : 0{,}03$	$0{,}012 : 0{,}2$

Schriftlich

14.

a) $1\frac{1}{2} + 1\frac{1}{4}$	$3\frac{3}{4} : 1\frac{1}{2}$	$6\frac{8}{9} + 2\frac{2}{3}$	$7\frac{3}{16} + 2\frac{7}{12}$	$\frac{8}{9} - \frac{5}{6}$	$\frac{3}{8} \cdot \frac{3}{4}$
b) $2\frac{3}{4} \cdot 2\frac{1}{3}$	$3\frac{1}{6} - 1\frac{2}{3}$	$8\frac{1}{3} \cdot 3\frac{3}{5}$	$5\frac{8}{15} - 2\frac{3}{10}$	$\frac{20}{27} : \frac{5}{18}$	$\frac{5}{9} \cdot \frac{9}{5}$
● c) $3\frac{2}{3} - 1\frac{1}{2}$	$4\frac{1}{5} \cdot 2\frac{1}{7}$	$7\frac{4}{5} : 6\frac{1}{2}$	$3\frac{3}{8} + 2\frac{3}{4}$	$\frac{51}{60} + \frac{19}{30}$	$\frac{4}{5} \cdot \frac{5}{8}$

15. a) Das $2\frac{1}{2}$fache einer Zahl beträgt $1\frac{7}{8}$.
b) Das $2\frac{1}{3}$fache einer Zahl beträgt $5\frac{1}{4}$.
c) Durch welche Zahl muß man 555 dividieren, um 37 zu erhalten?
d) Durch welche Zahl muß man $3\frac{1}{3}$ dividieren, um $1\frac{7}{9}$ zu erhalten?

★ *16.* a) Ein Wettersatellit umkreist die Erde auf einer Bahn von 49310 km Länge. Die Zeit für einen Umlauf wird mit 1 h 55 min angegeben. Welche Strecke legt der Satellit in einer Sekunde zurück?
b) Die fast kreisförmige Bahn des Satelliten hat einen mittleren Durchmesser von 15696 km Länge. Der Erddurchmesser beträgt 12756 km. In welcher Höhe fliegt der Satellit?

103.1

17. Rechne auf Hundertstel genau.

a) $3{,}5 \cdot 1{,}7 + 2{,}34 \cdot 0{,}8 + 5{,}6 \cdot 0{,}1$
$4{,}7 \cdot 2{,}8 + 5{,}63 \cdot 1{,}7 + 8{,}4 \cdot 0{,}4$
$5{,}3 \cdot 6{,}5 - 8{,}73 \cdot 0{,}9 + 5{,}7 \cdot 6{,}2$

★ b) $43{,}81 \cdot 25{,}25 + 38{,}74 \cdot 19{,}27$
$93{,}43 \cdot 75{,}74 - 81{,}59 \cdot 61{,}53$
$87{,}55 \cdot 59{,}29 - 63{,}47 \cdot 43{,}47$

18. a) Multipliziere den Quotienten $13{,}872 : 2{,}72$ mit dem Quotienten $94{,}5 : 0{,}15$.
b) Das 21,5fache einer Zahl ist um 2,75 größer als 151,19.
c) Die Summe $7{,}544 + 0{,}632 + 5{,}48 + 7{,}968$ soll mit einer Zahl multipliziert werden, so daß das Produkt den Wert 3,67608 erhält.

T **1.** ggT von 18 und 48 **2.** ggT von 24 und 32 **3.** ggT von 48 und 64
4. ggT von 6, 8 und 10 **5.** ggT von 12, 18 und 30 **6.** ggT von 24, 32 und 60

Mündlich

19. a) $2\cdot\frac{3}{4}+5$ $\quad 2\frac{3}{4}+5$ $\quad 2\frac{3}{4}\cdot 5$ $\quad 2\cdot\frac{3}{4}\cdot 5$ $\quad 2+\frac{3}{4}\cdot 5$

b) $2\cdot\frac{1}{2}+3\cdot\frac{1}{2}$ $\quad 2\frac{1}{2}\cdot 3\frac{1}{2}$ $\quad 2\frac{1}{2}+3\frac{1}{2}$ $\quad 2\frac{1}{2}\cdot 3\cdot\frac{1}{2}$ $\quad 2+\frac{1}{2}\cdot 3+\frac{1}{2}$

20.

a)	b)	c)	d)	e)
$1{,}3+0{,}94$	$6{,}4:0{,}8$	$4{,}2\cdot 0{,}3$	$0{,}02-0{,}018$	$4{,}8\cdot 0{,}2$
$2{,}7-1{,}25$	$0{,}9:0{,}5$	$1{,}8\cdot 0{,}5$	$0{,}72+7{,}15$	$8{,}5:0{,}5$
$6{,}8+2{,}48$	$3{,}9:1{,}3$	$7{,}5\cdot 0{,}4$	$0{,}95-0{,}025$	$9{,}6:1{,}2$

Schriftlich

21. Rechne auf zwei Weisen.

a) $(8+6):2$ $\quad (\frac{2}{3}+\frac{1}{4}):\frac{5}{6}$ $\quad (\frac{5}{8}+\frac{5}{6}):\frac{7}{8}$ $\quad (\frac{2}{3}+\frac{5}{6}):\frac{3}{4}$

b) $(\frac{1}{2}+\frac{1}{3}):\frac{1}{4}$ $\quad (\frac{1}{3}+\frac{3}{4}):\frac{3}{4}$ $\quad (\frac{3}{4}+\frac{2}{5}):\frac{2}{15}$ $\quad (\frac{7}{8}+\frac{1}{6}):\frac{5}{12}$

22. a) $\frac{2}{3}+\frac{3}{4}+\frac{4}{5}$ $\quad \frac{7}{9}+\frac{7}{18}+\frac{11}{12}$ $\quad \frac{5}{12}+\frac{8}{15}+\frac{9}{20}$ $\quad \frac{19}{20}-\frac{1}{4}-\frac{2}{5}$

b) $\frac{1}{2}+\frac{4}{5}+\frac{5}{7}$ $\quad \frac{3}{8}+\frac{5}{16}+\frac{11}{24}$ $\quad \frac{3}{10}+\frac{9}{14}+\frac{22}{35}$ $\quad \frac{11}{15}-\frac{1}{3}-\frac{1}{5}$

c) $\frac{1}{6}+\frac{3}{8}+\frac{7}{24}$ $\quad \frac{5}{6}+\frac{8}{15}+\frac{19}{24}$ $\quad \frac{13}{15}+\frac{16}{21}+\frac{12}{35}$ $\quad \frac{23}{24}-\frac{3}{8}-\frac{1}{6}$

23. Welches der Zeichen $<$, $=$, $>$ mußt du setzen, damit wahre Aussagen entstehen?

a)	b)	● c)	● d)
0,605 □ 0,6005	$\frac{1}{2}$ □ 0,5	4,23 □ 4,250	$\frac{1}{3}$ □ 0,34
7,347 □ 7,3570	$\frac{4}{5}$ □ 0,75	8,04 □ 8,030	$\frac{3}{4}$ □ 0,71
8,03 □ 8,0300	$\frac{1}{4}$ □ 0,3	0,79 □ 0,789	$\frac{2}{3}$ □ 0,6

24. Berechne die fehlenden Stücke in einem Rechteck.

	a)	b)	c)	d)	e)
Länge von a	$\frac{1}{2}$ m	$\frac{1}{3}$ m	□ m	$\frac{3}{4}$ m	1,2 m
Länge von b	$\frac{1}{4}$ m	□ m	$\frac{1}{2}$ m	□ m	1,6 m
Größe des Umfangs	□ m	$\frac{5}{3}$ m	$\frac{9}{5}$ m	□ m	□ m
Flächeninhalt	□ m^2	□ m^2	□ m^2	$\frac{3}{5}$ m^2	□ m^2

25. Rechne auf Hundertstel genau.

a) 15,96 DM · 1,2 $\quad$ 5,85 m · 7,3 $\quad$ 9,112 kg · 0,37 $\quad$ 7,35 ha : 1,37

b) 37,37 DM : 2,5 $\quad$ 9,38 m : 8,7 $\quad$ 7,234 kg : 0,94 $\quad$ 8,72 ha · 2,09

c) 65,48 DM · 3,7 $\quad$ 2,67 m · 9,7 $\quad$ 8,073 kg · 1,72 $\quad$ 9,09 ha : 7,35

26.

	a)	b)	c)	d)
Warenmenge	$1\frac{1}{2}$ kg	$1\frac{1}{4}$ m	$3\frac{3}{4}$ m	□ m
Einheitspreis	□ $\frac{DM}{kg}$	25 $\frac{DM}{m}$	2,90 $\frac{DM}{m}$	2,60 $\frac{DM}{m}$
Gesamtpreis	1,32 DM	□ DM	□ DM	143 DM

27.

	a) Fußg.	b) Pkw	c) Lkw	d) Eilzug	e) D-Zug
Weglänge	$7\frac{1}{2}$ km	175 km	□ km	120 km	225 km
Geschwindigkeit	□ $\frac{km}{h}$	70 $\frac{km}{h}$	50 $\frac{km}{h}$	□ $\frac{km}{h}$	100 $\frac{km}{h}$
Zeit	$1\frac{1}{4}$ h	□ h	$3\frac{1}{2}$ h	$1\frac{1}{2}$ h	□ h

Mündlich

28. Erweitere auf den Nenner 120.

a) $\frac{4}{5}$ $\frac{7}{8}$ $\frac{1}{3}$ $\frac{7}{24}$ $\frac{17}{30}$ $\frac{53}{60}$ b) $\frac{1}{2}$ $\frac{5}{6}$ $\frac{7}{12}$ $\frac{19}{40}$ $\frac{3}{4}$ $\frac{7}{10}$

29. a) $\frac{2}{3}+\frac{1}{4}$	b) $\frac{3}{4}-\frac{1}{8}$	c) $2\frac{1}{2}\cdot 3$	d) $\frac{5}{9}:\frac{1}{3}$	e) $4\frac{1}{2}:5$	f) $5\frac{5}{7}:8$
$\frac{5}{6}+\frac{1}{2}$	$\frac{5}{8}-\frac{1}{2}$	$5\frac{1}{3}\cdot 4$	$\frac{4}{5}:\frac{1}{10}$	$3\frac{1}{5}:4$	$7\frac{1}{5}:6$
$\frac{4}{9}+\frac{1}{3}$	$\frac{7}{12}-\frac{1}{4}$	$6\frac{1}{4}\cdot 2$	$\frac{5}{6}:\frac{1}{9}$	$4\frac{1}{5}:7$	$6\frac{3}{7}:9$

Schriftlich

30. a) Um wieviel ist das Produkt aus $2\frac{1}{2}$ und $1\frac{2}{3}$ kleiner als $5\frac{3}{4}$?

b) Vergleiche das Produkt aus $3\frac{3}{4}$ und $2\frac{1}{5}$ mit der Summe aus denselben Zahlen.

c) Subtrahiere den Quotienten aus $4\frac{3}{8}$ und $4\frac{1}{6}$ von $2\frac{11}{20}$.

d) Multipliziere den Quotienten aus $1\frac{3}{5}$ und $1\frac{1}{15}$ mit dem Quotienten aus $2\frac{2}{9}$ und $3\frac{1}{3}$.

31. Herr Will fuhr mit seiner Frau und seinen drei Kindern 14 Tage in Urlaub. Die Vollpension kostete für eine Person $28{,}75\,\frac{\text{DM}}{\text{Tg}}$.

32. Herr Hansen zahlte für 21 Tage Vollpension für sich und seine Frau 1365 DM. Wie hoch war der Pensionspreis für eine Person pro Tag?

33. Familie Scholz (3 Personen) zahlte bei einem Pensionspreis von täglich 26,75 DM pro Person im ganzen 1284 DM. Wieviel Tage blieb sie?

34.

$2\frac{1}{2}$	$3\frac{3}{4}$	$3\frac{1}{3}$	$\cdot$	$2\frac{2}{5}$	$3\frac{1}{5}$

● *35.*

$3\frac{1}{2}$	$4\frac{1}{5}$	$4\frac{2}{3}$	:	$2\frac{4}{5}$	$2\frac{5}{8}$

36. Drei Geschwister fuhren in den Ferien zu ihrem Onkel aufs Land. Vor der Reise wogen sie: A 39,200 kg, B 36,750 kg, C 24,600 kg. Am Ende der Ferien wurden sie vom Onkel gewogen. Es wog: A $41\frac{3}{4}$ kg, B $38\frac{1}{5}$ kg, C $25\frac{1}{8}$ kg.

37. Berechne die fehlenden Stücke eines Quadrates.

	a)	b)	c)	d)	e)
Länge der Seite a	1,35 m	□ m	□ m	1,75 m	□ m
Größe des Umfangs	□ m	7,64 m	□ m	□ m	14,04 m
Flächeninhalt	□ m²	□ m²	25 m²	□ m²	□ m²

38. Berechne die fehlenden Stücke eines Rechteckes.

	a)	b)	c)	d)	e)
Länge der Seite a	1,72 m	0,34 m	0,35 m	□ m	□ m
Länge der Seite b	0,95 m	□ m	□ m	1,8 m	0,8 m
Größe des Umfangs	□ m	1,98 m	□ m	6,4 m	□ m
Flächeninhalt	□ m²	□ m²	0,280 m²	□ m²	0,96 m²

39. Multipliziert man eine Zahl mit $1\frac{9}{16}$, so erhält man $2\frac{1}{2}$.

40. Addiert man eine Zahl zu 3,46, so erhält man 7,12.

41. Dividiert man eine Zahl durch $2\frac{1}{4}$, so erhält man $5\frac{1}{3}$.

Mündlich

42. Welche der folgenden Aussagen sind wahr, welche sind falsch?

a) $\frac{2}{3} < \frac{5}{6}$	b) $\frac{7}{9} = \frac{14}{18}$	c) $\frac{5}{8} > \frac{7}{9}$	d) $\frac{2}{3} + \frac{3}{4} = 1\frac{5}{12}$	e) $\frac{7}{8} - \frac{1}{6} = \frac{2}{3}$
$\frac{3}{4} < \frac{3}{5}$	$\frac{5}{8} < \frac{4}{9}$	$\frac{8}{21} = \frac{3}{7}$	$\frac{4}{5} \cdot \frac{5}{12} < \frac{1}{3}$	$\frac{3}{4} \cdot \frac{8}{5} = 1$

43. Bestimme die Lösungsmengen ($x, y, z \in \mathbb{N}^*$).

a) $\frac{3}{4} = \frac{x}{12}$	b) $\frac{5}{6} < \frac{z}{12}$	c) $\frac{7}{9} < \frac{x}{27}$	d) $\frac{x}{9} < \frac{2}{3}$	e) $\frac{48}{z} = \frac{12}{13}$
$\frac{3}{8} = \frac{9}{y}$	$\frac{y}{18} = \frac{5}{9}$	$\frac{z}{5} > \frac{12}{15}$	$\frac{z}{10} < \frac{2}{5}$	$\frac{y}{4} < \frac{16}{24}$

Schriftlich

44. Addiert man eine Zahl zu $1\frac{1}{6}$, so erhält man $3\frac{17}{24}$.

45. Subtrahiert man eine Zahl von 7,632, so erhält man 4,676.

46. Multipliziert man eine Zahl mit 3,5, so erhält man 13,3.

47. Dividiert man eine Zahl durch 6,5, so erhält man 7,6.

48. Der Nürburgring ist 22,810 km lang. Im Jahre 1966 mußte die Strecke bei einem Rennen 44mal durchfahren werden.

106.1

49. Frau Martin zahlt für $\frac{3}{8}$ kg Kaffee 8,10 DM. Wieviel kostet 1 kg Kaffee?

50. a) 372,3 + 0,75 + 11,84 + 0,3458 + 23,62
b) 800,1 − 9,31 − 23,56 − 8,4761 − 45,91
c) 909,2 − 8,76 − 35,07 − 9,0328 − 73,42

51. Berechne die fehlenden Stücke eines Würfels.

Länge der Kante a	a) 0,72 m	b) 2,3 dm	c) 35,4 cm	★ d) x cm	★ e) x dm
Größe der Oberfläche	x m²	x dm²	x cm²	0,04 cm²	y dm²
Volumen	y m³	y dm³	y cm³	y cm³	0,008 dm³

52. Berechne die fehlenden Stücke eines Quaders.

Länge der Kante a	a) 0,8 m	b) 0,75 dm	c) 9,8 cm	d) 0,43 m
Länge der Kante b	0,6 m	0,43 dm	6,4 cm	0,27 m
Länge der Kante c	0,5 m	0,38 dm	x cm	x m
Größe der Oberfläche	x m²	x dm²	y cm²	y m²
Volumen	y m³	y dm³	338,688 cm³	0,024381 m³

53.

2,135	0,7	6,43	·	5,6	0,328

● *54.*

0,73	53,472	0,6	:	4,3	1,256

T **1.** 593712 + 196 + 47912 + 133566 + 49 + 7009 + 30654 + 155088
2. 700001 − 217 − 53916 − 135607 − 83 − 9173 − 51913 − 102796
3. 733 · 532   2978 · 604   171513 : 653   758617 : 249
4. Bestimme den ggT a) von 24 und 36 b) von 48 und 72 c) von 30 und 45
5. Bestimme das kgV a) von 15 und 20 b) von 12 und 18 c) von 20 und 30

Mündlich

55. Kürze

a) $\frac{4}{12}$ $\frac{6}{8}$ $\frac{10}{15}$ $\frac{18}{21}$ $\frac{24}{27}$ $\frac{24}{36}$ b) $\frac{32}{48}$ $\frac{12}{18}$ $\frac{15}{35}$ $\frac{30}{45}$ $\frac{18}{36}$ $\frac{27}{45}$

56. Multipliziere (1) mit 0,7 (2) mit 0,3 (3) mit 1,1:

a) 0,8 1,2 7,1 0,25 3,4 6,2 b) 0,9 5,5 3,9 1,5 4,3 0,6

Schriftlich

57. Von 21 überprüften Verkehrsunfällen ereigneten sich $\frac{1}{3}$ nach Mitternacht während der Dunkelheit, $\frac{1}{6}$ am Vormittag, $\frac{2}{5}$ am Nachmittag, der Rest abends vor Mitternacht.

★ *58.* Helmut denkt sich eine Zahl, er addiert 3, multipliziert mit $\frac{1}{2}$, subtrahiert $2\frac{1}{2}$, dividiert durch $2\frac{1}{2}$ und subtrahiert $\frac{1}{2}$.
Als Ergebnis erhält er $\frac{1}{2}$. Welche Zahl hat sich Helmut gedacht?

59. Aufgaben wie in Übung *58* kann man auch mit Operatoren schreiben.

a)	x	$+3$ ∘	$\cdot 2$ ∘	-1 ∘	$:3$ ∘	$\cdot 9$ ∘	-3 ∘	$:7$	6
b)	x	$\cdot 3$ ∘	$+1$ ∘	$:5$ ∘	$+13$ ∘	$:2$ ∘	$\cdot 3$ ∘	-11	13
★ c)	18	-3 ∘	$:5$ ∘	$+7$ ∘	$\cdot x$ ∘	$:12$ ∘	$+19$ ∘	$:6$	4
d)	$2\frac{1}{2}$	$+\frac{3}{4}$ ∘	$-1\frac{1}{2}$ ∘	$\cdot 1\frac{1}{2}$ ∘	$\cdot x$ ∘	$:\frac{1}{4}$ ∘	$+1\frac{1}{3}$ ∘	$\cdot 1\frac{2}{3}$	5
e)	2,4	$\cdot 1{,}5$ ∘	$+1{,}4$ ∘	$+0{,}5$ ∘	$-x$ ∘	$:1{,}1$ ∘	$\cdot 0{,}8$ ∘	$+2{,}4$	4

★ *60.* Die erste von drei Zahlen heißt $4\frac{1}{5}$, die zweite ist um $2\frac{1}{2}$ kleiner, die dritte um $1\frac{2}{3}$ größer. a) Wie heißen die Zahlen? b) Wie groß ist ihre Summe?

★ *61.* Von vier Zahlen ist jede folgende um $2\frac{5}{6}$ größer als die vorhergehende. Die erste Zahl ist $32\frac{1}{3}$. a) Welches sind die drei anderen Zahlen?
b) Wie groß ist die Summe der vier Zahlen?

★ *62.* Multipliziere: a) $\frac{3}{4}$ von $\frac{8}{9}$ mit $3\frac{3}{8}$ b) das $1\frac{3}{5}$fache von $2\frac{1}{4}$ mit $5\frac{5}{6}$
c) das $1\frac{4}{5}$fache von $1\frac{1}{3}$ mit $1\frac{7}{8}$ d) $\frac{7}{9}$ von $2\frac{4}{7}$ mit $3\frac{1}{5}$

★ *63.* a) Addiert man zur Hälfte einer Zahl $\frac{3}{4}$, dann ist die Summe gleich dem Produkt aus $3\frac{1}{3}$ und $1\frac{7}{8}$.
b) Multipliziert man eine Zahl mit $7\frac{1}{2}$, so erhält man den 25. Teil von $62\frac{1}{2}$.
c) Dividiert man eine Zahl durch 6, dann ist der Quotient gleich der Differenz aus $9\frac{22}{45}$ und $7\frac{4}{15}$.

★ *64*. Was für eine Zahl ist es? (Unterscheide gegebenenfalls mehrere Fälle.)
a) das Produkt aus 2 natürlichen Zahlen,
b) das Produkt aus 2 Stammbrüchen,
c) das Produkt aus einem gewöhnlichen Bruch und seinem Kehrwert,
d) der Quotient aus einem gewöhnlichen Bruch und seinem Kehrwert,
e) der Quotient aus 2 Stammbrüchen,
f) der Quotient aus 2 natürlichen Zahlen.

★ *65*. Wird ein gewöhnlicher Bruch größer oder kleiner, wenn man ihn
a) mit einem gewöhnlichen Bruch multipliziert,
b) durch einen gewöhnlichen Bruch dividiert?

★ *66*. a) Die Summe aus einem gewöhnlichen Bruch und seinem Kehrwert ist größer als 1. Grund? Gib drei Beispiele.
b) Die Differenz aus einem gewöhnlichen Bruch und seinem Kehrwert ist niemals gleich 1. Gib drei Beispiele.

★ *67*. Das Quadrat einer Zahl kann kleiner sein als die Zahl. Beispiele!

★ *68*. Welche Bruchzahl liegt näher bei 2: a) $\frac{21}{10}$ oder $\frac{21}{11}$, b) $\frac{39}{20}$ oder $\frac{43}{21}$?

★ *69*. Welche Zahl ist
a) um 2 größer als ihre Hälfte,
b) um 3 größer als ihr dritter Teil,
c) um 4 größer als ihr vierter Teil,
d) um 5 größer als ihr fünfter Teil?
Schreibe die Ergebnisse als gewöhnliche Brüche. Fällt dir eine Gesetzmäßigkeit auf?
Prüfe sie an den beiden nächsten Aufgaben der Folge.

★ *70*. Zeige an Beispielen: Mit Hilfe der gewöhnlichen Brüche läßt sich jede Multiplikation auf eine Division und jede Division auf eine Multiplikation zurückführen.

△ **1.** Wie man aus 10 Pfennig 10 Mark macht! Wo ist der Fehler?
$10\ \text{Pf} = \frac{1}{10}\ \text{DM} = \frac{1}{2}\ \text{DM} \cdot \frac{1}{5}\ \text{DM} = 50\ \text{Pf} \cdot 20\ \text{Pf} = 1000\ \text{Pf} = 10\ \text{DM}$.

2. Drei Männer trafen sich. A hatte 5 Brötchen bei sich, B 3 Brötchen und C kein Brötchen. Sie teilten sich die Brötchen gleichmäßig. C zahlte für die gegessenen Brötchen 80 Pf. Wie müssen sich A und B das Geld teilen?

3. Es ist 12 Uhr. Die beiden Zeiger decken sich. Wann decken sie sich zum erstenmal wieder? Gib das Ergebnis auch in Std., Min. und Sek. an.
Anleitung. Überlege, wie oft sich die Zeiger decken, bis die Uhr wieder 12 Uhr anzeigt. Dann hast du die Anzahl der Überdeckungen in 12 Stunden.

⊤ **4.** In einem Großbehälter sind 16 Kisten verpackt. Jede Kiste enthält 24 Kartons. In jedem Karton sind 12 Pakete Waschpulver. Der Inhalt jedes Paketes wiegt 750 g. Wieviel Tonnen Waschpulver befinden sich im Großbehälter?

12.7. Besondere Bruchterme

1. Definition

Entsprechend der Beziehung $\frac{3}{7} = 3:7$ *setzen wir fest*, daß gelten soll:

$$\frac{\frac{3}{4}}{\frac{5}{7}} = \frac{3}{4} : \frac{5}{7} \qquad \text{allgemein} \qquad \frac{\frac{a}{b}}{\frac{x}{y}} = \frac{a}{b} : \frac{x}{y} \; (a, b, x, y \in \mathbb{N}^*)$$

2. Umformen von Doppelbrüchen. Es gibt zwei Möglichkeiten. Erläutere!

a) $\frac{\frac{3}{4}}{\frac{5}{7}} = \frac{3}{4} : \frac{5}{7} = \frac{3}{4} \cdot \frac{7}{5} = \frac{3 \cdot 7}{5 \cdot 4} = \frac{21}{20}$ 　　 b) $\frac{\frac{3}{4}}{\frac{5}{7}} = \frac{\frac{3}{4} \cdot 28}{\frac{5}{7} \cdot 28} = \frac{3 \cdot 7}{5 \cdot 4} = \frac{21}{20}$

3. Umformen von Bruchtermen mit Dezimalbrüchen

Beispiel 　 $\frac{0{,}72 \cdot 8{,}5}{10{,}4 \cdot 34} = \frac{\overset{9}{\cancel{72}} \cdot \overset{5}{\cancel{85}}}{\underset{13}{\cancel{104}} \cdot \underset{2}{\cancel{34}} \cdot 100} = 0{,}45 : 26 \approx 0{,}017$

Runde, wenn nichts anderes angegeben, auf drei Dezimalstellen.

ÜBUNGEN

1. a) $\frac{\frac{4}{7}}{\frac{1}{21}}$ 　 $\frac{\frac{5}{7}}{\frac{1}{14}}$ 　 $\frac{\frac{1}{8}}{\frac{3}{4}}$ 　 $\frac{\frac{1}{15}}{\frac{7}{30}}$ 　　 ● b) $\frac{\frac{1}{10}}{\frac{3}{5}}$ 　 $\frac{\frac{1}{12}}{\frac{3}{4}}$ 　 $\frac{\frac{5}{9}}{\frac{1}{27}}$ 　 $\frac{\frac{5}{11}}{\frac{1}{77}}$ 　 $\frac{\frac{3}{10}}{\frac{7}{20}}$

c) $\frac{\frac{2}{3}}{\frac{5}{7}}$ 　 $\frac{\frac{3}{5}}{\frac{2}{7}}$ 　 $\frac{\frac{7}{12}}{\frac{11}{18}}$ 　 $\frac{\frac{9}{14}}{\frac{5}{21}}$ 　　 d) $\frac{5}{\frac{3}{4}}$ 　 $\frac{7}{\frac{2}{3}}$ 　 $\frac{2\frac{1}{4}}{\frac{3}{8}}$ 　 $\frac{2\frac{1}{7}}{2\frac{1}{2}}$ 　 $\frac{2\frac{1}{8}}{5\frac{1}{10}}$

2. a) $\frac{1{,}5 \cdot 0{,}16}{0{,}28 \cdot 0{,}45}$ 　 b) $\frac{1{,}8 \cdot 0{,}14}{0{,}35 \cdot 2{,}7}$ 　 c) $\frac{4{,}9 \cdot 12}{3{,}6 \cdot 0{,}14}$ 　 d) $\frac{0{,}65 \cdot 4{,}5}{12 \cdot 7{,}8}$ 　 e) $\frac{4{,}8 \cdot 0{,}15}{0{,}05 \cdot 18}$

3. Dividiere 　 a) $\frac{7}{8}$, 　 b) $\frac{15}{7}$, 　 c) $\frac{25}{8}$, 　 d) $1\frac{1}{2}$, 　 e) $2\frac{3}{4}$ durch den Kehrwert.

4. Setze die Folge um drei Glieder fort und berechne den Wert jedes Bruches.

$$\frac{2 + \frac{1}{3}}{3 + \frac{1}{2}} \qquad \frac{3 + \frac{1}{4}}{4 + \frac{1}{3}} \qquad \frac{4 + \frac{1}{5}}{5 + \frac{1}{4}} \qquad \ldots$$

Vergleiche jeweils Ergebnis und Aufgabe. Was fällt dir auf?

★ *5.* a) $\frac{3{,}6 \cdot 0{,}28}{3{,}5 \cdot 2{,}4}$ 　 b) $\frac{4{,}6 \cdot 0{,}21 \cdot 7{,}5}{0{,}49 \cdot 4{,}5 \cdot 69}$ 　 c) $\frac{1{,}8 \cdot 3{,}6 \cdot 3{,}4}{1{,}7 \cdot 0{,}27 \cdot 12}$ 　 d) $\frac{2{,}8 \cdot 0{,}32}{9{,}6 \cdot 5{,}6}$

★ *6.* a) $\frac{1}{1 + \frac{1}{2}}$ 　 b) $\frac{1}{1 + \frac{1}{1 + \frac{1}{2}}}$ 　 c) $\frac{1}{1 + \frac{1}{1 + \frac{1}{1 + \frac{1}{2}}}}$

7. Ein Doppelbruch mit dem Zähler $3\frac{3}{4}$ läßt sich zu $\frac{9}{10}$ vereinfachen.

8. Ein Doppelbruch mit dem Nenner $1\frac{1}{14}$ läßt sich zu $2\frac{2}{3}$ vereinfachen.

12.8. Produkte und Quotienten aus Größen

1. Ursprünglich sind Multiplikatoren und Divisoren Anzahlen. Sie können daher ursprünglich nur natürliche Zahlen sein.
Die Multiplikanden und Dividenden dagegen konnten außer natürlichen Zahlen auch Größen sein.

Beispiele 8 DM·4 2 km·5 416 m:4 27 kg:3

2. Von diesen Einschränkungen macht man sich zum Teil durch den Aufbau der Bruchrechnung frei. In $\mathbb{B}$ sind Multiplikation und Division so definiert,
daß Multiplikand und Dividend Brüche oder Größen sein können, deren Maßzahl ein Bruch ist,
daß Multiplikator und Divisor Brüche, aber keine Größen sein können.

Beispiele 8,35 DM·1,7 $3\frac{1}{4}$ kg·$5\frac{1}{2}$ 5,64 m:8,3 $7\frac{1}{2}$ kg:3,7

3. Von der letzten Einschränkung macht man sich vor allem in der Physik frei.

a) Man definiert Geschwindigkeit als den Quotienten aus Weg und Zeit.

Beispiel. Ein Zug lege in 3 Stunden eine Strecke von 180 km zurück. Wie groß ist seine Geschwindigkeit? Man schreibt:

$$\text{Geschwindigkeit} = \frac{\text{Weg}}{\text{Zeit}} = \frac{180\text{ km}}{3\text{ h}} \quad \text{(„180 km durch 3 h“)}$$
$$= \frac{60\text{ km}}{1\text{ h}} \quad \text{(„60 km durch 1 h“)}$$
$$= 60\,\frac{\text{km}}{\text{h}} \quad \text{(„60 Kilometer durch Stunde“)}$$

In dem Term $60\frac{\text{km}}{\text{h}}$ ist $\frac{\text{km}}{\text{h}}$ das Zeichen für die Einheit der Geschwindigkeit, die Zahl 60 die Maßzahl.

b) Entsprechend spricht man auch vom Produkt zweier Größen.

Beispiel. Ein Zug fahe 2 Stunden lang mit einer mittleren Geschwindigkeit von $90\frac{\text{km}}{\text{h}}$. Wie lang ist die zurückgelegte Strecke?

Weg = Geschwindigkeit · Zeit.

Man erhält die „Größengleichung“

$$x\text{ km} = 90\,\frac{\text{km}}{\text{h}}\cdot 2\text{ h}$$
$$\Rightarrow \quad x = 90\cdot 2$$
$$\Rightarrow \quad x = 180$$

110.1

Antwort. Der Zug legt eine Strecke von 180 km zurück.

4. Wir können „Geschwindigkeit“ eine *abgeleitete Größe* nennen. Sie ist aus den Größen „Weg“ und „Zeit“ abgeleitet.

5. Aus der Größengleichung

$$180\text{ km} = 90\,\tfrac{\text{km}}{\text{h}} \cdot 2\text{ h}$$

kann man ablesen:

a) die aus den Maßzahlen gebildete Gleichung $180 = 90 \cdot 2$,

b) die aus den Einheiten gebildete „Gleichung“ $1\text{ km} = \tfrac{1\text{ km}}{1\text{ h}} \cdot 1\text{ h}$.

Kommt man überein, daß man diese Einheiten „wie Zahlen“ „kürzen“ darf, so erhält man die wahre Aussage $1\text{ km} = 1\text{ km}$.

6. Weitere Beispiele für abgeleitete Größen.

a) Frau A kauft 3 m Stoff für 24 DM.

Aus den Größen „Warenmenge“ (3 m) und „Gesamtpreis“ (24 DM) leiten wir die Größe „Einheitspreis in $\tfrac{\text{DM}}{\text{m}}$“ ab. Im Beispiel gilt:

$$\text{Einheitspreis} = \frac{\text{Gesamtpreis}}{\text{Warenmenge}} = \frac{24\text{ DM}}{3\text{ m}} = \frac{8\text{ DM}}{1\text{ m}} = 8\,\frac{\text{DM}}{\text{m}}.$$

Es gilt also die Größengleichung $24\text{ DM} = 3\text{ m} \cdot 8\,\frac{\text{DM}}{\text{m}}$.

Die Aussagen $24 = 3 \cdot 8$ und $1\text{ DM} = 1\text{ m} \cdot \frac{1\text{ DM}}{1\text{ m}}$ sind wahr.

b) Von einem Feld von $3\frac{1}{2}$ ha erntete Bauer B 98 t Kartoffeln. Aus den Größen „Feldgröße“ ($3\frac{1}{2}$ ha) und „Gesamternte“ (98 t) leiten wir die Größe „Einheitsertrag“ mit dem Einheitszeichen $\tfrac{\text{t}}{\text{ha}}$ ab.

$$\text{Einheitsertrag} = \frac{98\text{ t}}{3\frac{1}{2}\text{ ha}} = 28\,\frac{\text{t}}{\text{ha}}.$$

ÜBUNGEN

1. Für 6 m Stoff zahlte Herr W. 180 DM. Berechne den Einheitspreis in $\tfrac{\text{DM}}{\text{m}}$.

2. Für eine Wohnung von 80 m^2 Bodenfläche zahlt Herr H. 400 DM Miete. Berechne den Einheitspreis in $\tfrac{\text{DM}}{\text{m}^2}$.

3. Ein Händler bietet 125 kg Kartoffeln für 71,25 DM an. Berechne den Einheitspreis in $\tfrac{\text{DM}}{\text{kg}}$.

4. Eine Aufwartefrau erhält für $4\frac{1}{2}$ Stunden Arbeit 36 DM gezahlt. Wie hoch ist der Stundenlohn in $\tfrac{\text{DM}}{\text{h}}$.

5. Ein Lastkraftwagen brauchte für 75 km Fahrt 14,7 ℓ Benzin. Wie groß war der mittlere Verbrauch für 100 km Fahrt, angegeben in $\frac{\ell}{100\text{ km}}$?

6. Für 100 m braucht Ulli 15 Sekunden. Welche Strecke legt er in einer Sekunde zurück?

7. Ein Lkw hat in 4 Fuhren 11,8 t Erde abgefahren. Wieviel Tonnen Erde in einer Fuhre?

8. Ein Gärtner hat 11607 Salatpflanzen in 73 gleichen Reihen angepflanzt.

111.1

Erstes Beispiel

Lili arbeitet 5 Tage (d) in der Woche, täglich $7\frac{1}{2}$ Stunden (h). Sie erhält für die Stunde 7,20 DM. Wieviel erhält sie in der Woche?

Lösung

$$5\,\text{d}\cdot\frac{15}{2}\frac{\text{h}}{\text{d}}\cdot 7{,}20\,\frac{\text{DM}}{\text{h}} = \text{x DM}$$

$$5\cdot\frac{15}{2}\cdot 7{,}20 = \text{x}$$

$$270 = \text{x}$$

Schreibt man nur die Einheiten, so erhält man:

$$\cancel{1\text{d}}\cdot\frac{\cancel{1\text{h}}}{\cancel{1\text{d}}}\cdot\frac{1\,\text{DM}}{\cancel{1\text{h}}} = 1\,\text{DM}$$

$$1\,\text{DM} = 1\,\text{DM}$$

Antwort. Lili erhält in der Woche 270 DM.

Zweites Beispiel

3 Arbeiter, die gleichen Arbeitslohn erhalten, beenden die Arbeiten an einem Wohnblock in 5 Tagen. Der Gesamtlohn beträgt 960 DM.
Wieviel verdient jeder Arbeiter (A) in einem Tag (d)?

Lösung

$$3\,\text{A}\cdot\text{x}\,\frac{\text{DM}}{\text{d}}\cdot 5\,\frac{\text{d}}{\text{A}} = 960\,\text{DM}$$

$$3\cdot\text{x}\cdot 5 = 960$$

$$\text{x} = 64$$

$$\cancel{1\text{A}}\cdot\frac{1\,\text{DM}}{\cancel{1\text{d}}}\cdot\frac{\cancel{1\text{d}}}{\cancel{1\text{A}}} = 1\,\text{DM}$$

$$1\,\text{DM} = 1\,\text{DM}$$

Antwort. Jeder Arbeiter verdient täglich 64 DM.

ÜBUNGEN

1. Einsatz von Maschinen an einer Großbaustelle

	Anzahl der Maschinen (M)	Anzahl der Einsatzstunden pro Maschine $\frac{\text{h}}{\text{M}}$	Preis pro Einsatzstunde $\frac{\text{DM}}{\text{h}}$	Gesamtkosten (DM)
a)	3 (Mischmaschinen)	42	8,50	x
b)	6 (Lkw)	y	22,50	4995
c)	2 (Baukräne)	35	z	2747,50
d)	x (Bagger)	36,5	85	6205

2. Eine Firma kauft 4 Rohre zu 6,25 m pro Rohr zu einem Einheitspreis von 4,95 $\frac{\text{DM}}{\text{m}}$. Wie hoch ist der Gesamtpreis?

● *3.* Für 4 Kabel zu je 75 m Länge werden 1305 DM gezahlt. Wie hoch ist der Einheitspreis in $\frac{\text{DM}}{\text{m}}$?

● *4.* 5 Güterzüge mit 22 Wagen pro Zug beförderten 2200 t Getreide. Mit wieviel Tonnen Getreide war ein Wagen im Mittel beladen?

★ *5.* Bei der Errichtung eines Wohnblocks wurde 20 Tage lang täglich 42 Stunden gearbeitet. Die Arbeiter erhielten einen Stundenlohn von 13,86 DM. Die Gesamtkosten betrugen 209 563,20 DM. Wieviel Arbeiter waren eingesetzt?

13. Umformungen zwischen gewöhnlichen Brüchen und Dezimalbrüchen

13.1. Umformen eines gewöhnlichen Bruches in einen Dezimalbruch

1. Da $\frac{5}{8} = 5:8$ ist, braucht man nur die Division $5:8 = 0{,}625$ auszuführen, um den gewöhnlichen Bruch $\frac{5}{8}$ in den Dezimalbruch 0,625 umzuformen.

2. Prüfe die folgenden Beispiele und gib die auftretenden Unterschiede an.

A. a) $\frac{7}{20} = \frac{35}{100} = 0{,}35$ bzw. $\frac{7}{20} = 7:20 = 0{,}35$

b) $\frac{13}{50} = \frac{26}{100} = 0{,}26$ bzw. $\frac{13}{50} = 13:50 = 0{,}26$

Es entsteht ein *abbrechender* Dezimalbruch.

B. a) $\frac{1}{3} = 1:3 = 0{,}333\ldots$

Die 3 wiederholt sich ständig; sie heißt die Periode des Dezimalbruches. Man schreibt den Dezimalbruch auch $0{,}\overline{3}$ und liest: „Null Komma Periode drei".

b) $\frac{1}{7} = 1:7 = 0{,}142857142857\ldots = 0{,}\overline{142857}$

c) $\frac{5}{11} = 5:11 = 0{,}\overline{45}$ d) $\frac{44}{111} = 44:111 = 0{,}\overline{396}$

C. a) $\frac{5}{22} = 5:22 = 0{,}22727\ldots$ b) $\frac{5}{54} = 5:54 = 0{,}0\overline{925}$

c) $\frac{19}{150} = 19:150 = 0{,}12\overline{6}$ d) $\frac{7}{225} = 7:225 = 0{,}03\overline{1}$

Es entsteht ein *gemischt-periodischer* Dezimalbruch; d.h.: Nach dem Komma stehen vor der Periode noch andere Ziffern.

Kannst du den Brüchen schon ansehen, ob ein abbrechender, ein rein-periodischer oder ein gemischt-periodischer Dezimalbruch entsteht?

3. Zusammenfassung

Gewöhnlicher Bruch ⟶	Dezimalbruch
a) Der Nenner enthält **nur** die Primfaktoren 2 und/oder 5.	a) Es entsteht ein abbrechender Dezimalbruch.
b) Der Nenner enthält **nicht** die Primfaktoren 2 und 5.	b) Es entsteht ein nicht-abbrechender rein-periodischer Dezimalbruch.
c) Der Nenner enthält neben anderen Faktoren auch die Primfaktoren 2 oder 5.	c) Es entsteht ein nicht-abbrechender gemischt-periodischer Dezimalbruch.

4. Es gibt auch nicht-abbrechende nicht-periodische Dezimalbrüche, z.B. 0,1223334444...99999999910101010101010101010111...
Nach welchem Gesetz folgen die Ziffern aufeinander?

5. Nicht-abbrechende Dezimalbrüche rundet man nach den allgemeinen Regeln.
Beispiel. $27{,}3\overline{78} \approx 27{,}379$ $43{,}3\overline{42} \approx 43{,}342$

ÜBUNGEN

1. Gib die Maßzahlen der Größen als Dezimalbrüche an.

a) $\frac{1}{2}$ DM $\frac{3}{4}$ DM $\frac{4}{5}$ m $\frac{3}{8}$ kg $\frac{52}{1000}$ km $\frac{3}{10}$ m $3\frac{1}{4}$ km $3\frac{5}{8}$ kg

● b) $\frac{1}{10}$ DM $\frac{3}{10}$ DM $\frac{7}{100}$ m $\frac{5}{8}$ kg $\frac{526}{1000}$ km $\frac{7}{10}$ m $3\frac{3}{8}$ km $2\frac{5}{8}$ kg

2. Forme die Brüche durch Erweitern in Dezimalbrüche um.

a) $\frac{1}{2}$ $\frac{1}{4}$ $\frac{3}{4}$ $\frac{7}{8}$ $\frac{4}{5}$ $\frac{3}{8}$ b) $\frac{7}{20}$ $\frac{13}{50}$ $\frac{7}{25}$ $\frac{91}{200}$ $\frac{73}{125}$ $\frac{17}{40}$

3. Forme die Brüche durch Dividieren in einen Dezimalbruch um.

a) $\frac{2}{3}$ $\frac{7}{9}$ $\frac{5}{11}$ $\frac{4}{3}$ $\frac{3}{7}$ $\frac{5}{7}$ b) $\frac{5}{6}$ $\frac{7}{12}$ $\frac{8}{15}$ $\frac{11}{18}$ $\frac{19}{24}$ $\frac{25}{36}$

4. Bei welchen Nennern unter 10 erhält man nicht-abbrechende Dezimalbrüche?

★ *5.* Schreibe a) $\frac{1}{11}, \frac{2}{11}, \ldots, \frac{10}{11}$, b) $\frac{1}{7}, \frac{2}{7}, \ldots, \frac{6}{7}$ als Dezimalbrüche und vergleiche die Perioden. Was ist in b) besonders merkwürdig?

13.2. Umformen eines Dezimalbruches in einen gewöhnlichen Bruch

1. Abbrechender Dezimalbruch

a) $0{,}5 = \frac{5}{10} = \frac{1}{2}$ b) $0{,}86 = \frac{86}{100} = \frac{43}{50}$ c) $0{,}385 = \frac{385}{1000} = \frac{77}{200}$

Forme ebenso um: 0,7 0,25 0,404 1,23 4,045 5,607

Z

2. Nicht-abbrechender rein-periodischer Dezimalbruch

a)
$$\begin{aligned} x &= 0{,}\overline{4} \\ 10\cdot x &= 4{,}\overline{4} \\ x &= 0{,}\overline{4} \\ \hline 9\cdot x &= 4 \\ x &= \tfrac{4}{9} \end{aligned}$$

b)
$$\begin{aligned} x &= 0{,}\overline{06} \\ 100\cdot x &= 6{,}\overline{06} \\ x &= 0{,}\overline{06} \\ \hline 99\cdot x &= 6 \\ x &= \tfrac{6}{99} = \tfrac{2}{33} \end{aligned}$$

c)
$$\begin{aligned} x &= 0{,}\overline{063} \\ 1000\cdot x &= 63{,}\overline{063} \\ x &= 0{,}\overline{063} \\ \hline 999\cdot x &= 63 \\ x &= \tfrac{63}{999} = \tfrac{7}{111} \end{aligned}$$

Forme ebenso um: $0{,}\overline{3}$ $0{,}\overline{7}$ $0{,}\overline{01}$ $0{,}\overline{07}$ $0{,}\overline{15}$ $0{,}\overline{123}$ $0{,}\overline{007}$

3. Nicht-abbrechender gemischt-periodischer Dezimalbruch

a)
$$\begin{aligned} x &= 0{,}2\overline{5} \\ 100\cdot x &= 25{,}\overline{5} \\ 10\cdot x &= 2{,}\overline{5} \\ \hline 90\cdot x &= 23 \\ x &= \tfrac{23}{90} \end{aligned}$$

b)
$$\begin{aligned} x &= 0{,}2\overline{27} \\ 1000\cdot x &= 227{,}\overline{27} \\ 10\cdot x &= 2{,}\overline{27} \\ \hline 990\cdot x &= 225 \\ x &= \tfrac{225}{990} = \tfrac{5}{22} \end{aligned}$$

c)
$$\begin{aligned} x &= 0{,}15\overline{90} \\ 10000\cdot x &= 1590{,}\overline{90} \\ 100\cdot x &= 15{,}\overline{90} \\ \hline 9900\cdot x &= 1575 \\ x &= \tfrac{1575}{9900} = \tfrac{7}{44} \end{aligned}$$

Forme ebenso um: $0{,}3\overline{4}$ $0{,}2\overline{5}$ $0{,}3\overline{17}$ $0{,}1\overline{25}$ $0{,}4\overline{35}$ $0{,}71\overline{35}$

T **1.**

5,8	0,235	17,6	·	1,4	0,35

2.

0,32	17,6	254	:	3,4	0,738

ÜBUNGEN

1. Denke dir jeweils eine Zahlengerade und zeige, daß die folgenden Aussagen wahr sind.

a) $0{,}3 < \frac{1}{3} < 0{,}4$ (Der Abstand der Marken 0 und 1 betrage 10 cm.)
b) $0{,}33 < \frac{1}{3} < 0{,}34$ (Der Abstand der Marken 0 und 1 betrage 100 cm.)
c) $0{,}333 < \frac{1}{3} < 0{,}334$ (Der Abstand der Marken 0 und 1 betrage 1000 cm.)
d) Wie lauten die folgenden drei Aussagen?

2. Grundmenge für die folgenden Aussageformen sei $\mathbb{B}$. Schreibe aus der Lösungsmenge jeweils 3 Elemente (gewöhnliche Brüche bzw. Dezimalbrüche) auf.

Beispiel $x < \frac{1}{2}$ Es gilt z. B.: $\frac{3}{7}; 0{,}2; \frac{1}{4} \in \mathbb{L}$.

a) $\square < \frac{1}{2}$	b) $\triangle > \frac{5}{6}$	c) $\frac{1}{3} < \square < \frac{1}{2}$	d) $\frac{1}{4} > x > \frac{1}{5}$
e) $\frac{7}{6} > x$	f) $\frac{1}{5} > y$	g) $\frac{1}{8} < x < \frac{7}{8}$	h) $\frac{5}{3} > x > \frac{2}{3}$
★ i) $0{,}24 < x < \frac{2}{5}$	★ k) $0{,}\overline{6} < u < \frac{3}{4}$	★ l) $0{,}6 < y < 0{,}\overline{6}$	★ m) $0{,}7 < x < \frac{18}{25}$
★ n) $0{,}4 < x < 0{,}\overline{4}$	★ o) $0{,}95 < v < 1$	★ p) $0{,}2 < y < \frac{1}{3}$	★ q) $0{,}9 < z < 0{,}\overline{8}$

★ *3.* Gib die Lösungsmenge an. Als Grundmenge ist zugelassen:
(1) die Menge der Stammbrüche, (2) die Menge $\mathbb{N}^*$.

a) $x > \frac{1}{5}$ b) $y < \frac{1}{5}$ c) $z < 0{,}3$ d) $\frac{1}{4} < \square < \frac{1}{2}$ e) $0{,}1 > z > 0{,}01$

4. Forme in einen gewöhnlichen Bruch um und kürze, wenn es möglich ist.

a) $0{,}7$	b) $0{,}25$	c) $0{,}18$	d) $0{,}125$	e) $0{,}375$	f) $0{,}7\overline{3}$
$0{,}\overline{7}$	$0{,}\overline{25}$	$0{,}\overline{18}$	$0{,}1\overline{25}$	$0{,}37\overline{5}$	$0{,}7\overline{34}$
$0{,}0\overline{7}$	$0{,}2\overline{5}$	$0{,}1\overline{8}$	$0{,}\overline{125}$	$0{,}3\overline{75}$	$0{,}7\overline{345}$

5. a) $0{,}8$	b) $0{,}17$	c) $1{,}31$	d) $0{,}785$	e) $0{,}012$	f) $0{,}0\overline{12}$
$0{,}\overline{8}$	$0{,}3\overline{56}$	$1{,}3\overline{1}$	$0{,}7\overline{85}$	$0{,}12$	$0{,}\overline{12}$
$0{,}0\overline{8}$	$0{,}\overline{17}$	$0{,}\overline{31}$	$0{,}8\overline{85}$	$1{,}2$	$1{,}\overline{2}$

6. a) $0{,}47\overline{38}$	b) $0{,}11\overline{36}$	c) $0{,}479\overline{16}$	d) $0{,}33\overline{11}$
$0{,}473\overline{8}$	$0{,}1\overline{136}$	$0{,}47916$	$0{,}3311$
$0{,}4\overline{738}$	$0{,}113\overline{6}$	$0{,}47\overline{916}$	$0{,}3\overline{311}$
$0{,}\overline{4738}$	$0{,}\overline{1136}$	$0{,}4\overline{7916}$	$0{,}\overline{3311}$

T **1.** Kürze, ohne die im Zähler bzw. im Nenner auftretenden Produkte auszurechnen.

a) $\frac{8 \cdot 7}{14 \cdot 4}$ b) $\frac{9 \cdot 15}{27 \cdot 45}$ c) $\frac{20 \cdot 50}{100 \cdot 5}$ d) $\frac{18 \cdot 10 \cdot 12}{30 \cdot 9 \cdot 15}$ e) $\frac{25 \cdot 18 \cdot 7}{35 \cdot 27}$

2. a) $\frac{5}{6}$ von 240 kg $= x$ b) $\frac{a}{b}$ von 240 kg $=$ 300 kg c) $\frac{x}{y}$ von 300 kg $=$ 240 kg
d) $\frac{3}{7}$ von y $=$ 90 kg e) $\frac{7}{3}$ von x $=$ 490 kg f) $\frac{x}{y}$ von 540 kg $=$ 300 kg

3. Ordne der Größe nach: $\frac{3}{5}$ 0,6 $\frac{4}{8}$ 0,5 $\frac{1}{3}$ $\frac{2}{10}$ 0,55 $\frac{5}{8}$

13.3. Binäre Brüche

1. Ein „Rechenbrett“ (Bild 1) haben wir mehrfach zur Darstellung einer natürlichen Zahl im Binärsystem (Zweiersystem) verwendet. Dabei galten die folgenden Regeln:

a) Nur im (roten) Einerfeld hat jede Marke den Wert 1.

b) In jedem andern Feld hat jede Marke den Wert von zwei Marken des rechten Nachbarfeldes.

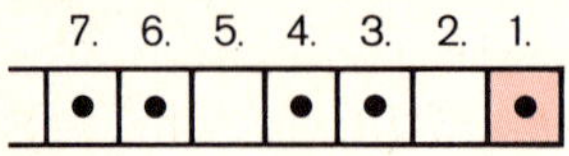

116.1

116.2

Übungen

a) Wieviel Marken muß man in das Feld 1 legen, um die in Bild 1 dargestellte Binärzahl durch eine einzige Menge von Marken darzustellen?

b) Stelle die Normalform für die Binärzahlen in Bild 2 her.

2. Uwe schlägt vor, das Rechenbrett nach rechts fortzusetzen (Bild 3). Die beiden Regeln sollen auch beim erweiterten Brett gelten. Was ist:

116.3

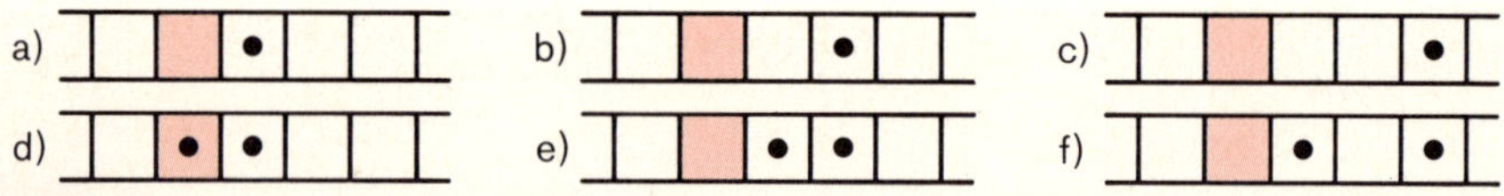

116.4

3. Ergebnis

Auf dem erweiterten Rechenbrett kann man Bruchzahlen im Binärsystem darstellen.

Darstellung auf dem Rechenbrett	Kommaschreibweise im Binärsystem	Bruchstrichschreibweise im Dezimalsystem	Bruchstrichschreibweise im Binärsystem
a) 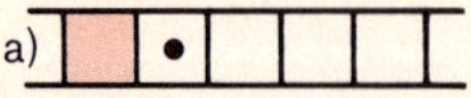	② 0,1	⑩ $\frac{1}{2}$	② $\frac{1}{10}$
b) 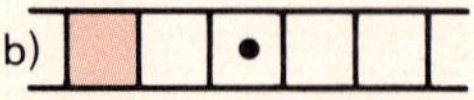	② 0,01	⑩ $\frac{1}{4}$	② $\frac{1}{100}$
c) 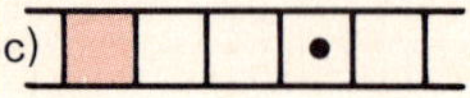	② 0,001	⑩ $\frac{1}{8}$	② $\frac{1}{1000}$

116.5

ÜBUNGEN

1. Prüfe und beachte: ② $0{,}011 =$ ② $0{,}01 + 0{,}001 =$ ⑩ $\frac{1}{4} + \frac{1}{8} =$ ⑩ $\frac{3}{8}$

Schreibe ebenso: ② 0,101 0,11 0,0011 0,0101 0,0111

Schreibe im Binärsystem: ⑩ $\frac{3}{2}$ $(= 1\frac{1}{2}!)$ $\frac{5}{2}$ $\frac{3}{4}$ $\frac{3}{8}$ $\frac{5}{8}$ $\frac{7}{8}$ $\frac{11}{8}$

Stelle am Rechenbrett dar und zeige:

⑩ $\frac{4}{8} = \frac{1}{2}$ $\frac{6}{8} = \frac{3}{4}$ $\frac{12}{16} = \frac{6}{8} = \frac{3}{4}$ $\frac{14}{16} = \frac{7}{8}$

2. Auf einer Zahlengeraden (Bild 1) ist die Strecke von 0 bis 1 durch fortgesetztes Halbieren in 8 gleiche Teilstrecken geteilt worden. Die Teilungspunkte sind oben dekadisch, unten binär bezeichnet. Prüfe! Führe zwei weitere Halbierungen durch und schreibe die Binärbrüche an.

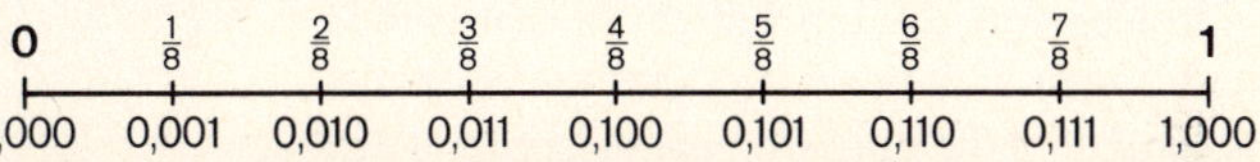

117.1

3. Zeige am Rechenbrett, daß man abbrechende Binärbrüche auch als nichtabbrechende Binärbrüche darstellen kann. Prüfe:

a) ② 1 = ② 0,111... b) ② 0,1 = ② 0,0111... c) ② 0,01 = ② 0,00111...

Versuche eine solche Darstellung für

d) ② 0,101 e) ② 0,11 f) ② 0,011 g) ② 0,111 h) ② 0,1011 i) ② 0,1111

4. **Von der Schreibweise mit Komma zur Schreibweise mit Bruchstrich**

(1) Abbrechender Binärbruch
$x = 0{,}101$

Lösung

$x =$ ② $\frac{101}{1000} =$ ⑩ $\frac{5}{8}$

(2) Periodischer Binärbruch
$x = 0{,}\overline{01}$

Lösung

$100 \cdot x = 1{,}\overline{01}$
$x = 0{,}\overline{01}$
$11 \cdot x = 1$
$x =$ ② $\frac{1}{11} =$ ⑩ $\frac{1}{3}$

(3) Gemischt-periodischer Binärbruch
$x = 0{,}00\overline{1}$

Lösung

$1000 \cdot x = 1{,}\overline{1}$
$100 \cdot x = 0{,}\overline{1}$
$100 \cdot x = 1$
$x =$ ② $\frac{1}{100} =$ ⑩ $\frac{1}{4}$

Rechne entsprechend bei a) $0{,}0\overline{1}$ $0{,}0\overline{01}$ $0{,}\overline{001}$ $0{,}1\overline{01}$ $0{,}\overline{101}$ $0{,}10\overline{1}$

b) $0{,}100\overline{1}$ $0{,}1001$ $0{,}10\overline{01}$ $0{,}1011$ $0{,}1\overline{001}$ $0{,}\overline{1001}$ $0{,}10011$

5. **Von der Schreibweise mit Bruchstrich zur Schreibweise mit Komma**

Es soll der Bruch ⑩ $\frac{5}{9}$ im Binärsystem (mit Komma) dargestellt werden. Wir führen die Division durch:

```
101,0 : 1001 = 0,1000111000111...
 1001        = 0,100011 (Periode über 100011)
 10000
  1001
   1110
   1001
    1010
    1001
       1
```

Es ist ⑩ $\frac{5}{9} =$ ② $\frac{101}{1001} = 0{,}\overline{100011}$.

Führe die gleiche Betrachtung durch für:

⑩ $\frac{3}{7}$ $\frac{5}{8}$ $\frac{4}{9}$ $\frac{3}{11}$

Z

14. Komplexe

14.1. Einfachere Aufgaben zur mündlichen Lösung

Reisen und Wandern

1. Dieter und Bernd planen eine 5tägige Radwanderung von 360 km Länge. In den beiden ersten Tagen wollen sie je 60 km zurücklegen. Wie groß muß die mittlere Tagesleistung in den übrigen Tagen sein?

118.1

2. Auf einer 12tägigen Studienfahrt gab Sonja während der ersten 8 Tage pro Tag 8 DM aus, während der übrigen Tage 10 DM pro Tag. Sie hatte 150 DM Taschengeld mitgenommen.

3. Auf einer Tagesfahrt zu einem 180 km entfernten Ausflugsziel fuhr Herr Möller auf der Hinfahrt mit einer Geschwindigkeit von 60 $\frac{\text{km}}{\text{h}}$, auf der Rückfahrt mit einer Geschwindigkeit von 90 $\frac{\text{km}}{\text{h}}$. Berechne die Fahrzeiten.

4. Herr Schütz tankt 25 ℓ Benzin zu 0,88 DM pro Liter und läßt $\frac{1}{2}$ ℓ Öl zu 7,50 DM pro Liter nachfüllen. Er zahlt mit einem 50-DM-Schein.

5. Während einer Autoreise konnte Frau Langer auf der Autobahn 4 Stunden lang mit einer mittleren Geschwindigkeit von 120 $\frac{\text{km}}{\text{h}}$ fahren. Die zweistündige Fahrt auf der anschließenden Bundesstraße ließ nur eine Geschwindigkeit von 80 $\frac{\text{km}}{\text{h}}$ zu.
Berechne die mittlere Geschwindigkeit für die Gesamtstrecke.

In der Zoo-Handlung

6. Jörg kauft 2 Zierfische zu je 60 Pf, 3 Zierfische zu je 75 Pf und 5 Wasserpflanzen zu je 35 Pf. Er zahlt mit einem 20-DM-Schein.

7. Zur Einrichtung eines kleinen Aquariums werden 3 kg Kies gebraucht. Ein Kilogramm gewaschener Kies kostet 35 Pf. Es werden 4 Aquarien eingerichtet.

8. Mit 2 Packungen Fischfutter konnte Achim seine Fische 6 Wochen lang versorgen. Heute kaufte er einen Vorrat für 15 Wochen. Wieviel Packungen?

T Erweitere (1) mit 2, (2) mit 3, (3) mit 5, (4) mit 10.

a) $\frac{2}{3}$ $\frac{3}{4}$ $\frac{4}{5}$ $\frac{5}{3}$ $\frac{2}{13}$ $\frac{11}{12}$ b) $\frac{15}{13}$ $\frac{21}{22}$ $\frac{25}{11}$ $\frac{36}{35}$ $\frac{41}{40}$ $\frac{40}{19}$

Beim Kaufmann

9. Kaufmann Ernst kauft 12 Kisten Pfirsiche, die Kiste zu 3,60 DM. Er sortiert 2 Kisten verdorbener Pfirsiche aus. Den Rest verkauft er für 5,60 DM pro Kiste. Berechne den Gewinn.

10. Für 15 gleiche Blumenvasen zahlte Kaufmann Melz 5 DM pro Stück. Eine Vase zerbrach beim Auspacken. Zwei Vasen verkaufte Herr Melz wegen kleiner Mängel für 4,50 DM pro Stück. Die restlichen Vasen wurden für 7,50 DM pro Stück verkauft. Wie groß war der Gewinn?

11. Frau Rath zahlte für 3 Handtücher 7,50 DM und für 6 Geschirrtücher 7,20 DM. Im Ausverkauf wurde der Preis für die Handtücher um ein Fünftel, der Preis für die Geschirrtücher um ein Viertel gesenkt. Wieviel kostete a) ein Handtuch, b) ein Geschirrtuch im Ausverkauf?

12. Eine Kleiderfabrik bestellt für 120 Damenkleider und für 90 Mädchenkleider Stoffe der gleichen Art. Es werden für ein Damenkleid 4,50 m, für ein Mädchenkleid 3,00 m Stoff gerechnet.
Wieviel Meter Stoff werden gebraucht?

★ *13.* Zwei Freunde bauen ein Seifenkisten-Auto. Sie kaufen für 2,40 DM Schrauben und Nägel, für 7,60 DM Holz und 4 alte Räder, das Stück zu 1,50 DM. Von den Unkosten tragen die Eltern die Hälfte, den Rest teilen beide Jungen unter sich auf. Wieviel zahlt jeder Junge?

119.1

Tiefbau

14. Für eine Kanalisation mußten 830 m Rohrleitung verlegt werden. In den ersten 4 Tagen wurden je 75 m verlegt, in den folgenden Tagen je 106 m. Wieviel Tage dauerte die Arbeit insgesamt?

15. Beim Bau einer Straße müssen in einem Einschnitt 2500 m^3 Erde abgetragen werden. In den beiden ersten Tagen wurden je 400 m^3 fortgeschafft. Der Rest kann in 5 Tagen abgetragen werden.
Berechne die Tagesleistung.

T **1.** Kürze möglichst weit. a) $\frac{25}{35}$ $\frac{16}{64}$ $\frac{125}{90}$ $\frac{48}{72}$ $\frac{35}{65}$

b) $\frac{25}{65}$ $\frac{125}{75}$ $\frac{175}{225}$ $\frac{50}{275}$ $\frac{125}{225}$ c) $\frac{144}{256}$ $\frac{132}{96}$ $\frac{108}{120}$ $\frac{24}{148}$ $\frac{128}{160}$

2. Löse durch Erweitern bzw. durch Kürzen.

a) $\frac{5}{6} = \frac{x}{18}$ b) $\frac{y}{4} = \frac{24}{32}$ c) $\frac{10}{z} = \frac{2}{3}$ d) $\frac{25}{35} = \frac{5}{x}$

e) $\frac{12}{48} = \frac{y}{8}$ f) $\frac{36}{x} = \frac{3}{7}$ g) $\frac{z}{8} = \frac{55}{88}$ h) $\frac{2}{13} = \frac{18}{x}$

3. Ordne der Größe nach: a) $\frac{1}{2}$ $\frac{2}{3}$ $\frac{2}{5}$ $\frac{3}{4}$ b) $\frac{1}{2}$ $\frac{3}{8}$ $\frac{3}{4}$ $\frac{5}{4}$

14.2. Aufgaben zur schriftlichen Lösung

Eine Baugrube stand unter Wasser. Um sie leerzupumpen, lief eine Pumpe 2 Stunden, eine zweite 30 Minuten. Die erste Pumpe hatte eine Förderleistung von $80 \frac{\ell}{\text{min}}$.

Wieviel Kubikmeter Wasser waren in der Grube?

Pumpzeit I	Förderleistung I	● Geförderte Menge I
Pumpzeit II	Förderleistung II	■ Geförderte Menge II
● Geförderte Menge I	■ Geförderte Menge II	Gesamte Wassermenge

1. Durch einen Wolkenbruch sind 30 m^3 Wasser in einen Keller eingedrungen. Die Feuerwehr setzt eine Pumpe mit einer Förderleistung von $120 \frac{\ell}{\text{min}}$ ein. Ein Motorschaden an der Pumpe verursacht eine Verzögerung von 50 Minuten. Nach wieviel Stunden ist der Keller leergepumpt?

2. Um einen Öltank reparieren zu können, wird sein Inhalt von 1200 ℓ Öl durch 2 Pumpen herausgepumpt. Die erste Pumpe läuft 12 Minuten mit einer Förderleistung von $60 \frac{\ell}{\text{min}}$, die zweite wird gleichzeitig mit der ersten in Betrieb genommen und nach 6 Minuten abgestellt. Wie groß ist die Förderleistung dieser Pumpe in Liter pro Min.?

3. Zwei Schüler messen die Wassermenge einer Glaswanne mit zwei verschieden großen Bechergläsern. Das eine Becherglas kann 400 cm^3 fassen, das andere halb soviel. Nachdem jeder 15mal ein volles Becherglas geschöpft hat, ist die Wanne leer. Wieviel Liter Wasser waren in der Wanne?

4. Die Flüssigkeitsmenge in einer 0,7-ℓ-Flasche soll überprüft werden. Es stehen zwei Meßzylinder zur Verfügung. Der größere faßt 200 cm^3, der kleinere 15 cm^3. Wird der größere Zylinder dreimal, der kleinere sechsmal gefüllt, dann ist die Flasche leer. Stimmt die Füllung mit der Mengenangabe auf der Flasche überein?

T Jedes Zahlenpaar geht aus dem Paar über dem Strich durch Multiplikation mit derselben Zahl hervor. Prüfe und ergänze!

1.

12	15
24	30
60	75
96	□
120	□

2.

15	25
30	□
□	125
120	□
□	250

3.

12	□
36	90
48	□
84	□
□	270

4.

□	24
60	72
□	120
160	□
□	240

Eine Betonpresse stellt in einer Stunde 30 Gehwegplatten (Pl) her. Die Presse war 2 Tage (d) lang je 6 Stunden (h) in Betrieb. Wieviel Platten?

Lösung $30 \frac{\text{Pl}}{\text{h}} \cdot 6 \frac{\text{h}}{\text{d}} \cdot 2\ \text{d} = \text{x Pl}$

Antwort. Die Presse stellte 360 Platten her.

5. Eine Betonpresse produzierte in 3 Tagen 720 Platten, in der Stunde 30 Stück. Wieviel Stunden war die Presse im Mittel pro Tag in Betrieb?

6. Ein Unternehmer hat einen Auftrag über 600 Platten angenommen. Die Presse kann täglich 10 Stunden mit einer stündlichen Leistung von 30 Platten in Betrieb sein. Wieviel Tage dauert die Produktion?

7. Eine Maschine produziert Gehwegplatten (Pl).

Platten pro Stunde	a) $25 \frac{\text{Pl}}{\text{h}}$	b) $x \frac{\text{Pl}}{\text{h}}$	c) $30 \frac{\text{Pl}}{\text{h}}$	d) $28 \frac{\text{Pl}}{\text{h}}$
Maschinenstunden pro Tag	$6 \frac{\text{h}}{\text{d}}$	$8 \frac{\text{h}}{\text{d}}$	$x \frac{\text{h}}{\text{d}}$	$10 \frac{\text{h}}{\text{d}}$
Anzahl der Arbeitstage	5 d	3 d	4 d	x d
Gesamtmenge	x Pl	1368 Pl	600 Pl	1260 Pl

8. Mit einem Kleintransporter (Nutzlast 900 kg) werden 270 kleine Bordsteine zu je 30 kg abgefahren. Wieviel Fahrten sind nötig?

9. An einer Straße, die 1,200 km lang ist, sind bisher auf beiden Seiten auf 800 m Bordsteine von 1m Länge verbaut. Für den Rest stehen nur noch Bordsteine von 0,80 m Länge zur Verfügung.
   a) Wieviel Bordsteine werden noch gebraucht?
   b) Wieviel Bordsteine waren auf einer Straßenseite verbaut worden, nachdem die gesamte Straße fertiggestellt worden war?

121.1

121.2

10. Eine Straße wird von einer Maschine mit einer Teerdecke versehen. Nach 3 Tagen sind 360 m fertiggestellt. In den folgenden 7 Tagen kann mit 2 Straßenbaumaschinen gearbeitet werden. Wieviel Meter Straße wurden in den 10 Tagen fertiggestellt?

11. Eine Laderaupe, deren Schaufel 2 m^3 Erde faßt, verlädt 2 Erdhalden (30 m^3 und 120 m^3) auf Lkw. Bisher sind 7 Lkw mit je 3 Schaufeln beladen worden. Wieviel Lkw-Ladungen müssen noch abgefahren werden?

T Lege aus 6 Quadraten gleicher Größe, von denen 4 gelb und 2 blau sind, Figuren a) mit einer Spiegelachse, b) mit zwei Spiegelachsen (siehe Bild 3).

121.3

Geometrie II

15. Parallelverschiebung (Verschiebung)

15.1. Einführung

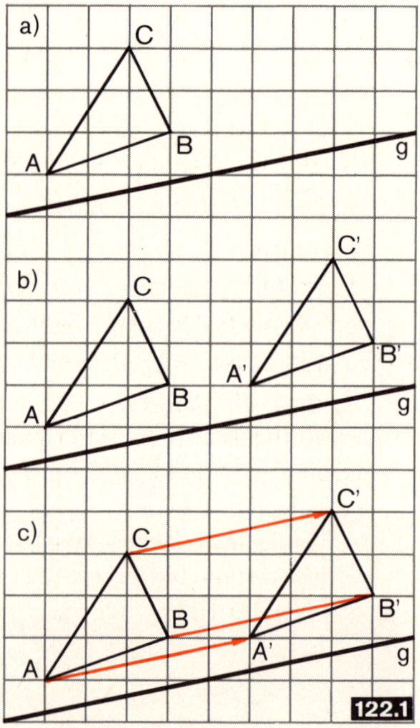

122.1

1. In Bild 1a) sind eine Gerade g und ein Dreieck ABC gezeichnet. Übertrage die Zeichnung auf durchsichtiges Papier.

Schiebe das Papier längs der Geraden g ein Stück nach rechts. Es entsteht Bild 1b).

Zeichne noch die Pfeile $\overrightarrow{AA'}$, $\overrightarrow{BB'}$ und $\overrightarrow{CC'}$ ein (Bild 1c).
Untersuche die Figur.

Wir sagen:
Wir haben das Originaldreieck ABC durch eine Verschiebung längs der Geraden g auf das Bilddreieck A′B′C′ (Schubbild) abgebildet.

Es heißen:
A′ der Bildpunkt des Punktes A,
$\overline{A'B'}$ das Schubbild der Strecke $\overline{AB}$,
$\overrightarrow{AA'}$ der Schubpfeil der Verschiebung.

2. Eigenschaften der Parallelverschiebung

a) Originalstrecke und Bildstrecke sind parallel und gleich lang.

b) Die Schubpfeile $\overrightarrow{AA'}$, $\overrightarrow{BB'}$, $\overrightarrow{CC'}$ sind gleich lang, parallel und gleichgerichtet.

c) Die Gerade g ist ihr eigenes Bild.

T **1.** Ergänze die Summe aus 7,5 und 2,384 zu 12, die Summe aus 5,8 und 9,4 zu 20.
2. Ergänze die Summe aus $3\frac{1}{2}$ und $2\frac{1}{3}$ zu 7, die Summe aus $3\frac{1}{4}$ und $2\frac{1}{5}$ zu 6.
3. Ergänze die Differenz aus 9,3 und 2,58 zu 11, die Differenz aus 8,7 und 5,9 zu 10.

3. In einem Quadratgitter (Bild 1) haben die Ecken des Rechtecks ABCD die Koordinaten
A(1|1), B(3|1), C(3|4), D(1|4).
Führe eine Verschiebung durch, die den Punkt A(1|1) in den Punkt A′(7|3) abbildet.
Wie findest du B′, C′, D′?
Die gleich langen und gleichgerichteten Schubpfeile in Bild 1 gibt man in der Form $\begin{pmatrix} 6\,\text{r} \\ 2\,\text{o} \end{pmatrix}$ an.

Das bedeutet:

Man muß einen Originalpunkt um 6 Gittereinheiten nach *rechts* und um 2 Gittereinheiten nach *oben* verschieben, um zu seinem Bildpunkt zu kommen.

Die Terme 6r und 2o sind die Koordinaten des Schubpfeils.

4. In den Bildern 2 und 3 ist je ein Dreieck ABC durch eine Verschiebung in ein Dreieck A′B′C′ abgebildet worden.
In Bild 2 ist:

A (1|3), B (4|1), C (3|5),
A′(6|5), B′(9|3), C′(8|7).

Die Koordinaten des Schubpfeils sind

$$\begin{pmatrix} 5\,\text{r} \\ 2\,\text{o} \end{pmatrix}$$

In Bild 3 ist:

A (5|4), B (9|5), C (7|7),
A′(1|1), B′(5|2), C′(3|4).

Die Koordinaten des Schubpfeiles sind

$$\begin{pmatrix} 4\,\ell \\ 3\,\text{u} \end{pmatrix}$$

5. In Bild 4 ist ein Pfeil (schwarz) und sein G e g e n p f e i l (rot) eingezeichnet. Der Pfeil hat die Koordinaten $\begin{pmatrix} 5\,\text{r} \\ 3\,\text{o} \end{pmatrix}$, der Gegenpfeil hat die Koordinaten $\begin{pmatrix} 5\,\ell \\ 3\,\text{u} \end{pmatrix}$.

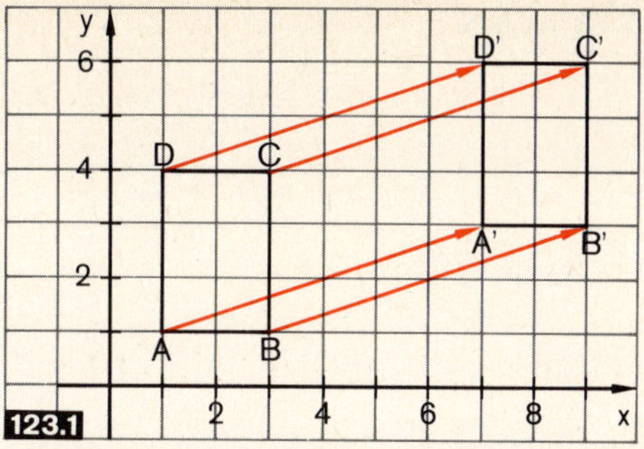

123.1

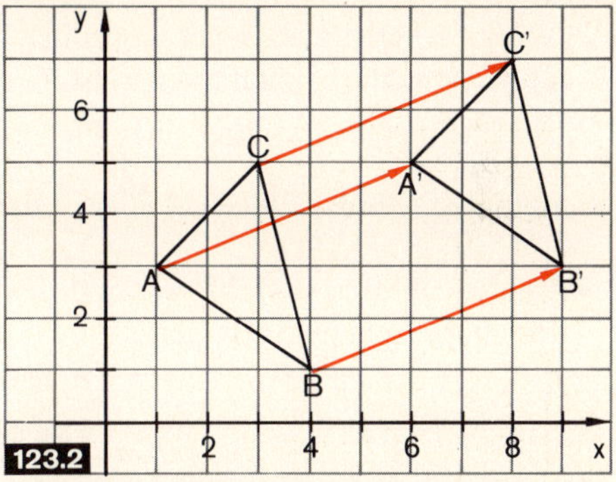

123.2

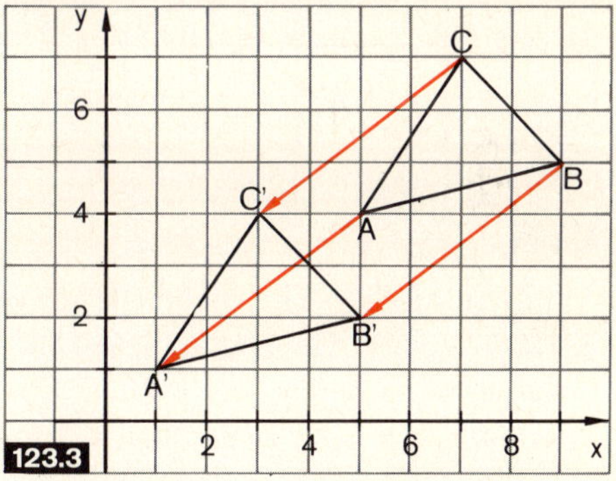

123.3

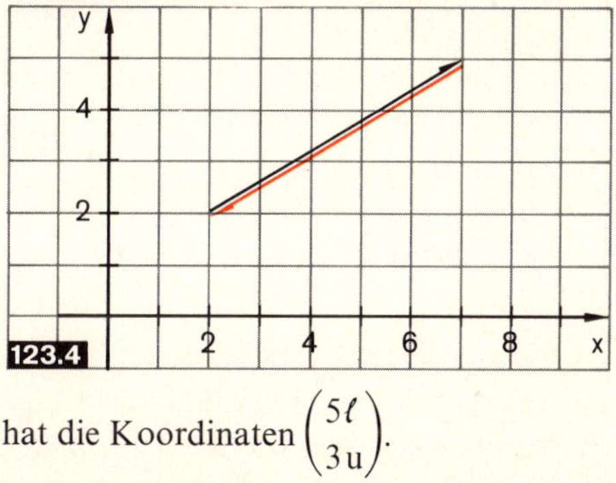

123.4

ÜBUNGEN

1. In Bild 1 ist neben anderen Pfeilen der Pfeil $\overrightarrow{AA'} = \begin{pmatrix} 2\,\text{r} \\ 2\,\text{o} \end{pmatrix}$ dargestellt.

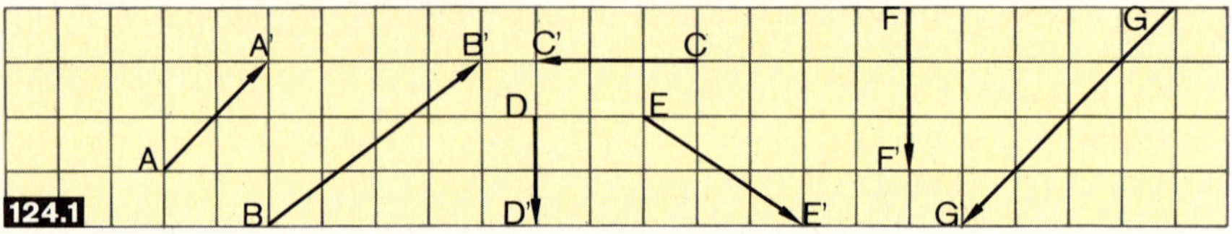

Gib auch die anderen Pfeile in der Koordinatenschreibweise an.

2. Woran erkennt man in der Koordinatenschreibweise, ob ein Pfeil
a) nach rechts, b) nach links, c) nach oben, d) nach unten zeigt?

3. Zeichne im Quadratgitter einen Pfeil mit den Koordinaten

a) $\begin{pmatrix} 3\,\text{r} \\ 4\,\text{o} \end{pmatrix}$ b) $\begin{pmatrix} 2\,\text{r} \\ 5\,\text{o} \end{pmatrix}$ c) $\begin{pmatrix} 3\,\ell \\ 1\,\text{o} \end{pmatrix}$ d) $\begin{pmatrix} 7\,\text{r} \\ 1\,\text{u} \end{pmatrix}$ e) $\begin{pmatrix} 0\,\text{r} \\ 5\,\text{u} \end{pmatrix}$ f) $\begin{pmatrix} 2\,\ell \\ 0\,\text{u} \end{pmatrix}$ g) $\begin{pmatrix} 0\,\text{r} \\ 0\,\text{u} \end{pmatrix}$

4. In den Bildern 2a) bis c) sind jeweils Originalfigur und Bildfigur einer Parallelverschiebung dargestellt.

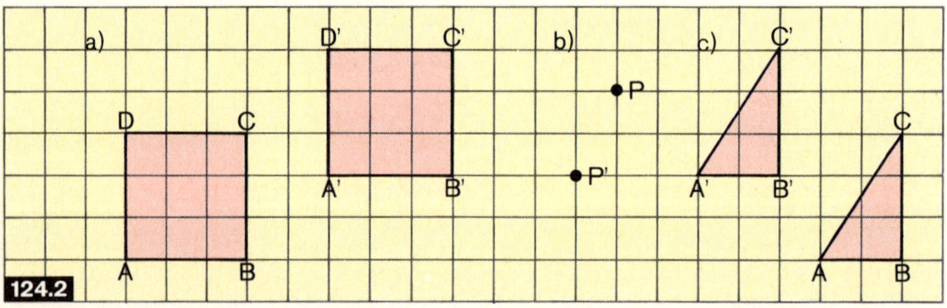

Gib die zugehörigen Schubpfeile in Koordinatenschreibweise an.

5. Das Rechteck ABCD (Bild 3) ist verschoben worden.
a) Bestimme die Koordinaten der Eckpunkte des Originals und des Schubbildes.
b) Wie heißt der Schubpfeil in Koordinaten-Schreibweise?

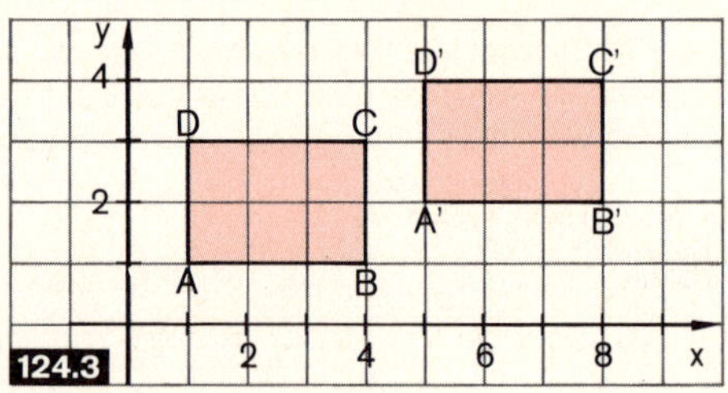

6. Zeichne in ein Quadratgitter das Quadrat ABCD mit A(0|0), B(3|0), C(3|3), D(0|3).
Verschiebe das Quadrat um die Pfeile

a) $\begin{pmatrix} 3\,\text{r} \\ 0\,\text{o} \end{pmatrix}$ b) $\begin{pmatrix} 6\,\text{r} \\ 3\,\text{o} \end{pmatrix}$ c) $\begin{pmatrix} 3\,\text{r} \\ 6\,\text{o} \end{pmatrix}$ d) $\begin{pmatrix} 0\,\text{r} \\ 3\,\text{o} \end{pmatrix}$

und zeichne jeweils das Bildquadrat rot.
Welche Figur entsteht durch die roten Bildquadrate?

7. a) Zeichne auf Gitterpapier den offenen Streckenzug ABCDE mit
A(2|1), B(4|2), C(4|3), D(3|5), E(6|6).
b) Unterwirf den Streckenzug der Verschiebung mit dem Schubpfeil $\begin{pmatrix} 4\,\text{r} \\ 1\,\text{o} \end{pmatrix}$.
c) Stelle die Koordinaten der Originalpunkte und der Bildpunkte in einer Tabelle übersichtlich zusammen.

Schubpfeil $\begin{pmatrix} 4\,\text{r} \\ 1\,\text{o} \end{pmatrix}$

Originalpunkt	Bildpunkt
A (2|1)	

125.1

8. a) Der Originalpunkt P(3|3) ist der Verschiebung $\begin{pmatrix} 2\,\ell \\ 3\,\text{u} \end{pmatrix}$ unterworfen worden. Welche Koordinaten hat der Bildpunkt P′?
b) Der Bildpunkt Q′ mit dem Koordinaten (5|7) ist aus dem Originalpunkt Q durch die Verschiebung $\begin{pmatrix} 2\,\text{r} \\ 5\,\text{o} \end{pmatrix}$ hervorgegangen. Welche Koordinaten hat Q?
c) Die Punkte R(1|1) und R′(6|4) sind Original und Bild in einer Verschiebung. Gib die Koordinaten des Schubpfeiles an.

9. Von den drei kennzeichnenden Angaben einer Verschiebung:
Originalpunkt – Schubpfeil – Bildpunkt
sind jeweils zwei gegeben. Bestimme die dritte Angabe.

a) $\begin{pmatrix} 2\,\text{r} \\ 1\,\text{u} \end{pmatrix}$

A (3|1)	A'
B (4|2)	B'
C (3|5)	C'

b) $\begin{pmatrix} 2\,\ell \\ 1\,\text{u} \end{pmatrix}$

A	A' (7|8)
B	B' (6|6)
C	C' (5|9)

c) ( )

A (3|4)	A' (7|8)
B (1|5)	
C (4|9)	

d) ( )

A (1|3)	A' (2|9)
	B' (5|8)
	C' (1|10)

10. Bandornamente erhält man durch fortgesetzte Verschiebung eines Elementarornaments um den gleichen Schubpfeil. In Bild 2a) gilt: $\begin{pmatrix} 2\,\text{r} \\ 0\,\text{u} \end{pmatrix}$.

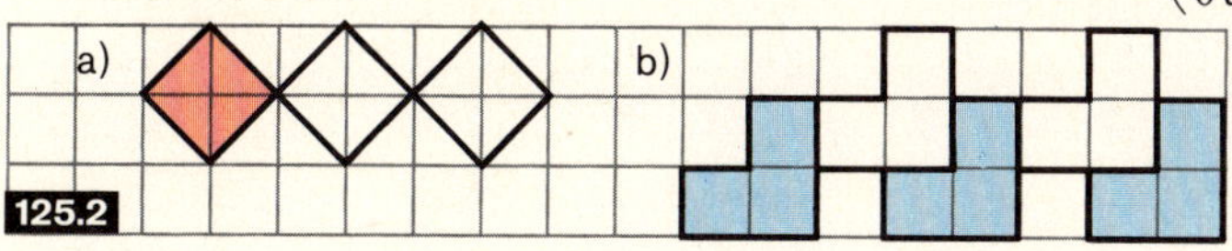

125.2

a) Übertrage das Elementarornament in dein Heft und verschiebe es mehrfach, bis du ein Bandornament erhältst.
b) Welche Verschiebungen erzeugen das Bandornament in Bild 1 b)?
c) Zeichne selbst Bandornamente. Gib den Schubpfeil an.

11. Bestimme jeweils den Gegenpfeil der folgenden Pfeile und zeichne Pfeil und Gegenpfeil in ein Quadratgitter ein.

a) $\begin{pmatrix} 3\,\text{r} \\ 1\,\text{u} \end{pmatrix}$ b) $\begin{pmatrix} 2\,\ell \\ 3\,\text{o} \end{pmatrix}$ c) $\begin{pmatrix} 5\,\ell \\ 4\,\text{u} \end{pmatrix}$ d) $\begin{pmatrix} 10\,\text{r} \\ 4\,\text{u} \end{pmatrix}$ e) $\begin{pmatrix} 4\,\text{r} \\ 7\,\text{u} \end{pmatrix}$ f) $\begin{pmatrix} 2\,\text{r} \\ 0\,\text{u} \end{pmatrix}$

15.2. Vektoren

1. In einer Ebene E (Bild 1) sind mehrere Punkte A, B, C, D markiert. Außerdem ist eine Gerade g gezeichnet. Übertrage Punkte und Gerade auf ein durchsichtiges Blatt und verschiebe das Blatt längs der Geraden g.

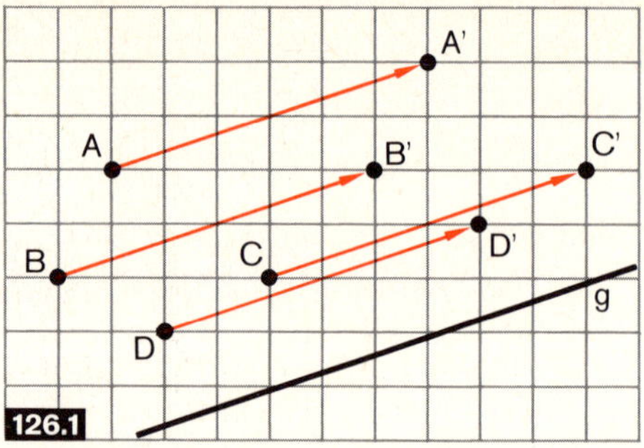

Wenn du die Punkte auf dem Blatt durchstichst, erhältst du in E die Bilder A′, B′, C′, D′ der Ausgangspunkte.
Verbinde A mit A′, B mit B′, ... Was entdeckst du alles?
Ergebnis
Die Ebene E ist durch eine Verschiebung auf sich selbst abgebildet worden, denn wir können uns vorstellen, daß in jedem Punkt P der Ebene E ein Pfeil $\overrightarrow{PP'}$ ansetzt. Alle diese Pfeile sind gleich lang parallel und gleichgerichtet.
Die Menge dieser Pfeile heißt ein Vektor.
Jeder Pfeil der Menge ist Repräsentant des Vektors.
Ein Vektor wird in der gleichen Weise wie ein Pfeil angegeben; in unserem Falle durch $\begin{pmatrix} 6\,r \\ 2\,o \end{pmatrix}$.

2. Jeder Vektor bestimmt eine Abbildung einer Ebene auf sich selbst.

3. In Bild 2 ist der Punkt A(1|1) durch die Verschiebung $\begin{pmatrix} 6\,r \\ 1\,o \end{pmatrix}$ in den Punkt A′(7|2) abgebildet worden, anschließend der Punkt A′ durch die Verschiebung $\begin{pmatrix} 2\,r \\ 4\,o \end{pmatrix}$ in den Punkt A″(9|6).

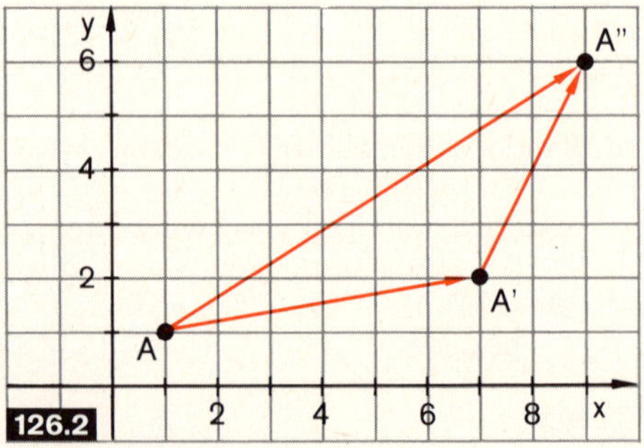

Beide Verschiebungen können durch eine einzige Verschiebung ersetzt werden:

$$\begin{pmatrix} 6\,r \\ 1\,o \end{pmatrix} \circ \begin{pmatrix} 2\,r \\ 4\,o \end{pmatrix} = \begin{pmatrix} 6\,r + 2\,r \\ 1\,o + 4\,o \end{pmatrix} = \begin{pmatrix} 8\,r \\ 5\,o \end{pmatrix}$$

Die Verkettung zweier Verschiebungen ist wieder eine Verschiebung.

Man sagt auch: Wir haben die beiden Vektoren $\begin{pmatrix} 6\,r \\ 1\,o \end{pmatrix}$ und $\begin{pmatrix} 2\,r \\ 4\,o \end{pmatrix}$ additiv verknüpft und in $\begin{pmatrix} 8\,r \\ 5\,o \end{pmatrix}$ einen neuen Vektor erhalten.

ÜBUNGEN

Z

1. Verkette folgende Vektoren

a) $\begin{pmatrix}2r\\5o\end{pmatrix}\circ\begin{pmatrix}3r\\2o\end{pmatrix}$ b) $\begin{pmatrix}7\ell\\2u\end{pmatrix}\circ\begin{pmatrix}2\ell\\1u\end{pmatrix}$ c) $\begin{pmatrix}2r\\4o\end{pmatrix}\circ\begin{pmatrix}3\ell\\2o\end{pmatrix}$ d) $\begin{pmatrix}3\ell\\2u\end{pmatrix}\circ\begin{pmatrix}4\ell\\5o\end{pmatrix}$ e) $\begin{pmatrix}3r\\2u\end{pmatrix}\circ\begin{pmatrix}6\ell\\4o\end{pmatrix}$

2. Stelle die folgenden Vektoren als Verkettung von zwei Vektoren dar.

Beispiel $\begin{pmatrix}6r\\5u\end{pmatrix}=\begin{pmatrix}2r\\3u\end{pmatrix}\circ\begin{pmatrix}4r\\2u\end{pmatrix}$

a) $\begin{pmatrix}3r\\5o\end{pmatrix}$ b) $\begin{pmatrix}7\ell\\4u\end{pmatrix}$ c) $\begin{pmatrix}0r\\0o\end{pmatrix}$ d) $\begin{pmatrix}6\ell\\5o\end{pmatrix}$ e) $\begin{pmatrix}7r\\7u\end{pmatrix}$ f) $\begin{pmatrix}10r\\10o\end{pmatrix}$

★ *3.* Bestimme den Gegenvektor.

a) $\begin{pmatrix}5r\\2u\end{pmatrix}\circ\begin{pmatrix}3\ell\\4o\end{pmatrix}$ b) $\begin{pmatrix}8\ell\\6u\end{pmatrix}\circ\begin{pmatrix}5r\\2o\end{pmatrix}$ c) $\begin{pmatrix}5r\\3u\end{pmatrix}\circ\begin{pmatrix}5\ell\\3u\end{pmatrix}$ d) $\begin{pmatrix}5\ell\\0u\end{pmatrix}\circ\begin{pmatrix}5r\\0u\end{pmatrix}$

★ *4.* a) Wähle im Quadratgitter einen beliebigen Gitterpunkt P und verschiebe ihn um

$$\begin{pmatrix}4r\\1u\end{pmatrix}\circ\begin{pmatrix}2r\\2o\end{pmatrix}\circ\begin{pmatrix}2\ell\\6u\end{pmatrix}\circ\begin{pmatrix}3\ell\\2u\end{pmatrix}\circ\begin{pmatrix}1\ell\\7o\end{pmatrix}.$$

Was stellst du fest?

b) Vertausche die Reihenfolge der verketteten Pfeile und verschiebe den Punkt P erneut. Was beobachtest du jetzt?

T In Bild 1 ist außer dem Trapez ABCD noch ein zweites gleiches Trapez gezeichnet.

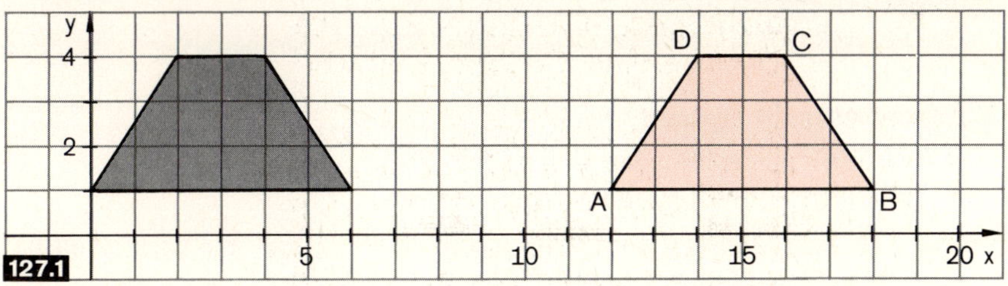

127.1

a) Das Trapez ABCD werde durch Spiegelung in das zweite abgebildet.
b) Das Trapez ABCD gehe durch Parallelverschiebung in das zweite über.
Fülle jeweils die folgenden Tabellen aus:

a)	Original	Spiegelbild
	A(12|1)	A′(|)
	B(|)	B′(|)
	C(|)	C′(|)
	D(|)	D′(|)

b)	Original	Schubbild
	A(|)	A′(|)
	B(|)	B′(|)
	C(|)	C′(|)
	D(|)	D′(|)

16. Drehung

16.1. Einführung

1. Ein Beispiel

In Bild 1 sind in einer Ebene E das (rot gerasterte) Dreieck ABC und ein Winkel mit dem Scheitelpunkt M und der Größe α gegeben.

Wir übertragen das Dreieck und den Winkel auf durchsichtiges Papier. Es entsteht auf dem Papier ein Dreieck A*B*C*. Wir drehen das Blatt um M, bis der Schenkel g des Winkels auf den Schenkel g′ fällt, und übertragen das Dreieck A*B*C* durch Einstechen auf die Ebene E. Es entsteht das (weiße) Dreieck A′B′C′.

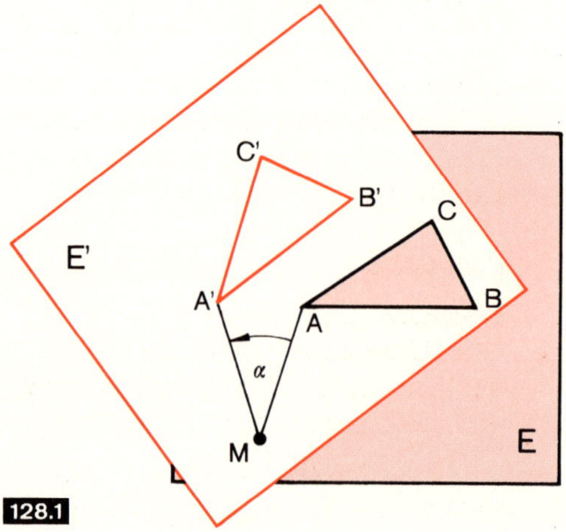

128.1

Wir haben die Ebene E um den Punkt M durch einen Winkel der Größe α linksherum gedreht.
Das Dreieck A′B′C′ heißt das *Drehbild* des Originaldreiecks ABC.

2. Eigenschaften der Drehung

a) Eine Drehung ist festgelegt durch: den Mittelpunkt M der Drehung, die Größe α des Drehwinkels, durch den Drehsinn.

b) Durch eine Drehung wird jeder Punkt P der Ebene auf einen Punkt P′ abgebildet. Es ist: Länge von $\overline{MP}$ = Länge von $\overline{MP'}$.

c) Der Mittelpunkt der Drehung ist sein eigenes Bild.

d) Bei einer Drehung bleibt der Umlaufsinn einer Figur erhalten.
Was ist damit gemeint?

e) Beträgt der Drehwinkel 360°, so geht jeder Punkt der Ebene bei der Drehung in sich über.

T Löse die folgenden Ungleichungen in natürlichen Zahlen.

1. $\frac{x}{8} < \frac{3}{4}$ **2.** $1 + \frac{y}{3} < 2$ **3.** $\frac{x}{5} < \frac{5}{x}$ ★ **4.** $3 + \frac{u}{8} < 4\frac{1}{2}$ ★ **5.** $\frac{z}{8} < \frac{2}{z}$

3. Äquivalente Drehungen

In Bild 1 sind die Strecken $\overline{MA}$ und $\overline{MA'}$ gleich lang und bilden einen Winkel der Größe $\alpha = 35°$. Wieviel Drehungen gibt es, die den Punkt A in den Punkt A' abbilden?

Ergebnis. Es gibt unendlich viele Drehungen, die das bewirken.

a) Linksdrehungen $35° + n \cdot 360°, n \in \mathbb{N}$

b) Rechtsdrehungen $325° + n \cdot 360°, n \in \mathbb{N}$

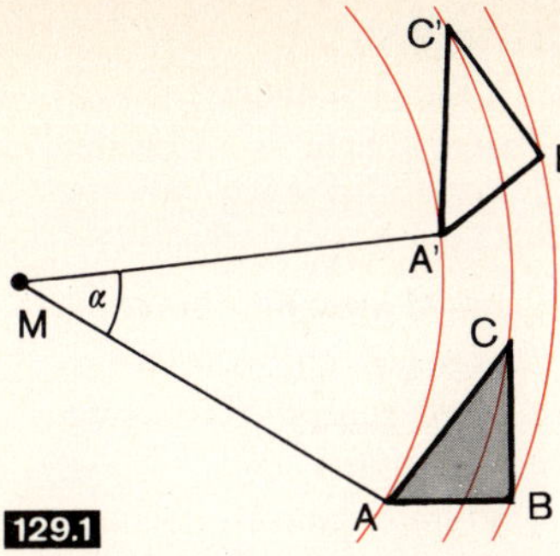

129.1

Definition. Zwei Drehungen um denselben Mittelpunkt M heißen gleich (äquivalent), wenn sie dieselbe Originalfigur auf dieselbe Bildfigur abbilden.

Beachte. Wir verwenden nur Linksdrehungen und geben sie durch den kleinstmöglichen Winkel an.

4. Umwendung

Definition. Eine Drehung durch 180° heißt Umwendung (Bild 2).

Bei einer Umwendung liegen Original- und Bildpunkt mit dem Mittelpunkt der Drehung auf einer Geraden.

Oder auch:

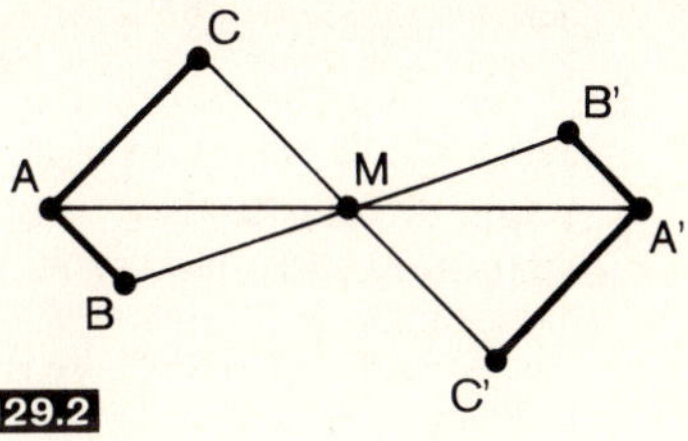

129.2

Der Mittelpunkt einer Umwendung halbiert die Strecke, die von einem Punkt und seinem Bildpunkt gebildet wird.

T **1.** Drehe in Bild 3 die Punkte A, B und C um M linksherum durch
a) 90°, b) 180°, c) 360°.

2. Übertrage Bild 3 in dein Heft.
Spiegele die gesamte Figur an den beiden Gittergeraden, die durch den Punkt C gehen.

3. Ein Dreieck ABC (Bild 4) ist durch die Angabe der Koordinaten der Eckpunkte festgelegt.
Spiegele das Dreieck an der Gittergeraden, die durch B geht und zur Hochachse parallel ist. Fülle die Tabelle aus.

Original	Spiegelbild
A(|)	A'(|)
B(|)	B'(|)
C(2|4)	C'(|)

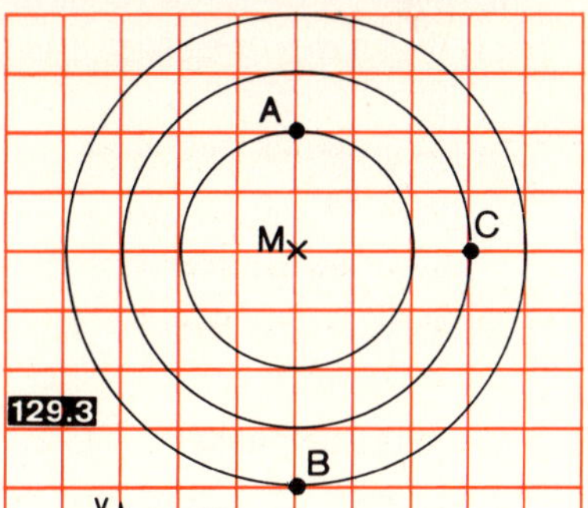

129.3

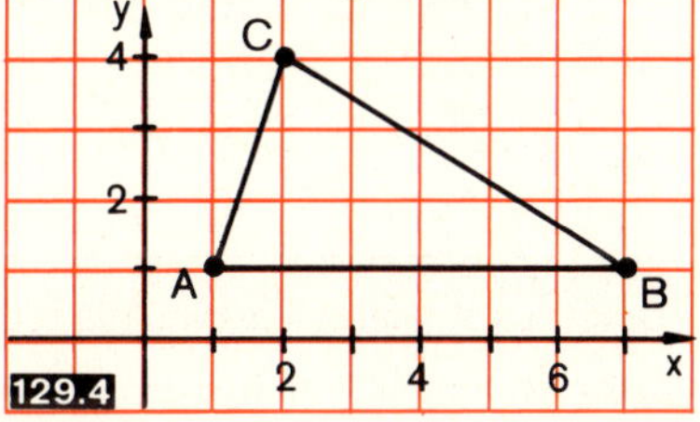

129.4

ÜBUNGEN

1. In Bild 1 schließen je zwei benachbarte Geraden einen Winkel von 30° ein. Prüfe nach!
Um M sind die Punkte A bis K gedreht worden.
a) Bestimme die Größe der Drehwinkel.
b) Nimm eine Klasseneinteilung der Drehungen nach der Größe der Drehwinkel vor.

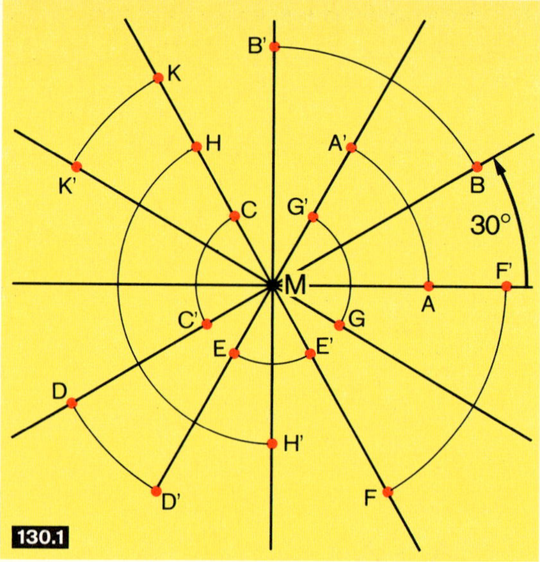

130.1

2. Zeichne durch einen Punkt M 6 Geraden wie in Übung 1. Benutze dabei Lineal, Geodreieck und Zirkel.
Markiere auf einer Geraden vier Punkte A, B, C, D. Drehe um M linksherum:
a) den Punkt A durch 30°, b) den Punkt B durch 90°, c) den Punkt C durch 60°, d) den Punkt D durch 120°.

3. Zeichne mit dem Zirkel die Rosette in Bild 2. Wähle den Radius 3 cm lang.
a) Es bedeute $1 \rightarrow 2$ die Linksdrehung um M, die den Punkt 1 in den Punkt 2 überführt. Wie groß ist der Drehwinkel?
b) Gib bei den folgenden Linksdrehungen um M die Größe des Drehwinkels an und die Zuordnung zwischen Original- und Bildpunkten.

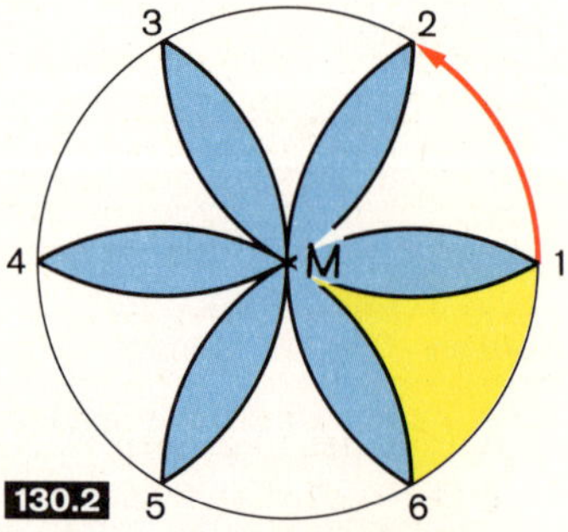

130.2

(1)

$3 \rightarrow 5$
$\alpha =$
$1 \rightarrow$
$5 \rightarrow$
$2 \rightarrow$

(2)

$2 \rightarrow 3$
$\alpha =$
$\rightarrow 6$
$\rightarrow 3$
$\rightarrow 5$

(3)

$1 \rightarrow 4$
$\alpha =$
$3 \rightarrow$
$\rightarrow 2$
$4 \rightarrow$

△ Gerd hat mit zwei Würfeln dreimal gewürfelt.
Beim zweiten Wurf waren es 12 Augen.
Beim dritten Wurf waren es dreimal soviel Augen wie beim ersten Wurf.
Zusammen hat Gerd achtmal soviel Augen wie beim ersten Wurf geworfen.

130.3

4. Nimm eine Klasseneinteilung der Sterne in Bild 1 vor. Sterne, die sich durch die gleiche Drehung auf sich selbst abbilden lassen, kommen in die gleiche Klasse.

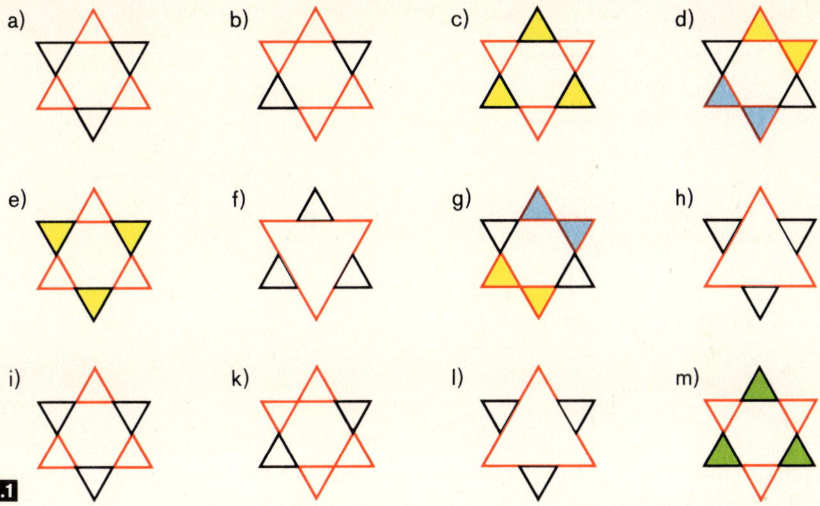

131.1

5. In Bild 2a ist das schwarze Rechteck um den Punkt M in die rot eingezeichnete Lage gedreht worden. Übertrage die Figuren b) bis d) in dein Heft und markiere den Mittelpunkt der Drehung.

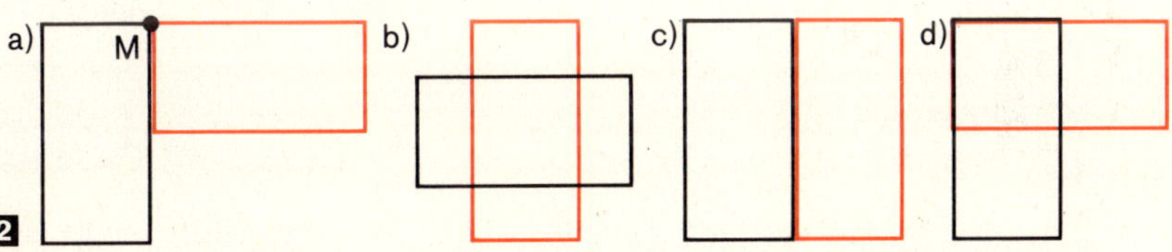

131.2

6. Welche der folgenden Druckbuchstaben lassen sich durch eine Umwendung auf sich selbst abbilden?

a) N O B b) D Z M c) I S H d) Y X P

131.3

Übertrage die Buchstaben in dein Heft und bezeichne jeweils den Mittelpunkt der Umwendung.

★ *7.* Zeichne eine Strecke $\overline{AB}$, die 5 cm lang ist. Drehe sie um A linksherum durch 30°.

T **1.** Addiere zur Summe aus 7,3 und 2,78 die Differenz der Zahlen.
2. Addiere zur Summe aus $\frac{1}{2}$ und $\frac{1}{3}$ die Differenz beider Brüche.
3. Addiere zum Produkt aus 8,5 und 3,4 ihren Quotienten.

Z

16.2. Verkettung von Drehungen

1. In Bild 1 sind zwei Drehungen um den Punkt M vorgenommen worden. Die Drehwinkel der beiden Drehungen haben die Größen α bzw. β.

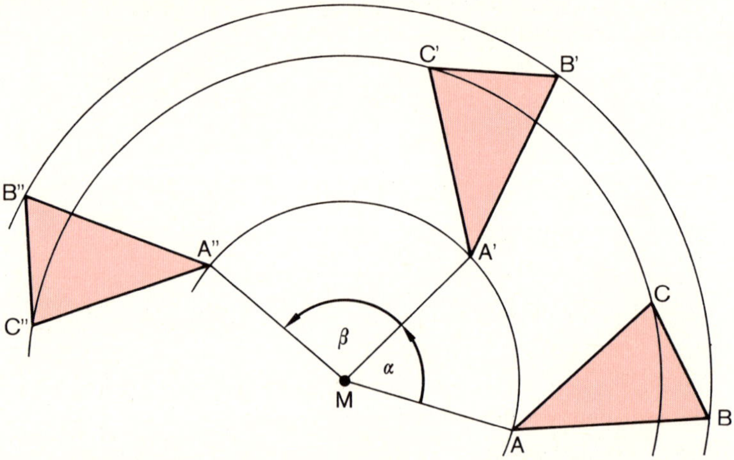

132.1

Das Dreieck ABC geht durch die erste Drehung in das Dreieck A′B′C′ über, dieses geht durch die zweite Drehung in das Dreieck A″B″C″ über.

Es gibt ersichtlich eine dritte Drehung um M, die das Dreieck ABC unmittelbar in das Dreieck A″B″C″ überführt. Ihr Drehwinkel hat die Größe $(\alpha + \beta)$.

★ **2.** Zeige:

a) Die Verkettung von zwei Drehungen um denselben Mittelpunkt ist stets ausführbar.

b) Diese Verkettung ist kommutativ und assoziativ.

c) Es gibt eine „neutrale“ Drehung. Ihr Drehwinkel hat die Größe 0°.

d) Zu jeder Drehung gibt es die inverse Drehung.

T **1.** Bilde Gleichungen vom Typ $a \cdot b = c$ und löse sie.

	a)	b)	c)	d)	e)	f)	g)	h)
a	56	y	$\frac{7}{9}$	z	$3\frac{3}{5}$	x	9,06	$4\frac{1}{2}$
b	x	29	$\frac{6}{7}$	$2\frac{2}{3}$	u	7,3	y	$2\frac{2}{3}$
c	2576	1073	z	16	10	17,568	290,826	z

2. Subtrahiere von der Summe der Zahlen 9,7 und 3,85 ihre Differenz.

3. Subtrahiere von der Summe aus $\frac{3}{4}$ und $\frac{2}{5}$ die Differenz der Bruchzahlen.

Z

ÜBUNGEN

1. Auf einer Unterlage ist ein Sechseck um den Punkt M drehbar befestigt (Bild 1). Auf der Unterlage sind die Punkte A bis F, auf dem beweglichen Sechseck die Punkte A′ bis F′ markiert. Es werden Linksdrehungen um M ausgeführt. Wie groß ist der Drehwinkel, wenn die Drehung den Punkt A′ abbildet.
a) auf B, b) auf C, c) auf D?

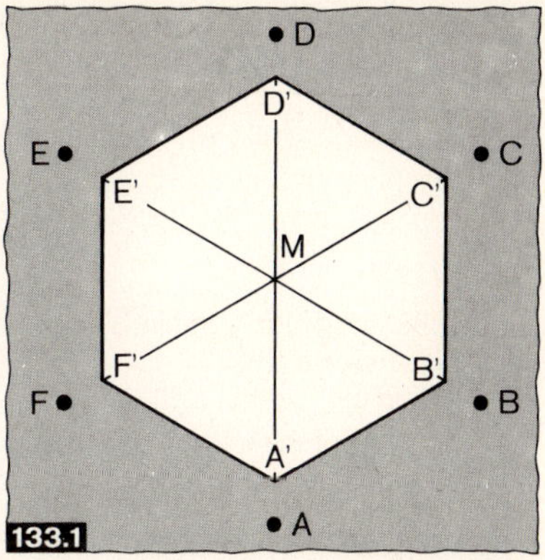

133.1

2. Es heißen
D_0 eine Linksdrehung um M durch 0°,
D_{60} eine Linksdrehung um M durch 60°,
D_{120} eine Linksdrehung um M durch 120°,
D_{180} eine Linksdrehung um M durch 180°.
Das Sechseck (Bild 1) wird einer ersten und anschließend einer zweiten Linksdrehung unterworfen. Fülle die Tabelle aus.

		1. Drehung	2. Drehung	Verkettung	Größe des Drehwinkels
	a)	D_{60}	D_{120}	$D_{60} \circ D_{120}$	
	b)	D_{180}	D_{60}		
	c)	D_0	D_{120}		
★	d)	D_{120}			180°
★	e)		D_{60}		240°

★ *3.* Welche Punkte werden nach Bild 1 bei einer Drehung um M aufeinander abgebildet?

a) $D_{60} \circ D_{60}$
A′ → C
D′ →
F′ →
E′ →

b) $D_{60} \circ D_{120}$
A′ →
C′ →
B′ →
F′ →

c) $D_{120} \circ D_{60}$
B′ →
D′ →
E′ →
C′ →

T **1.** Bilde Gleichungen vom Typ a + b = c und löse sie.

	a)	b)	c)	d)	e)	f)	g)	h)
a	7	6	$\frac{3}{4}$	y	$1\frac{5}{6}$	z	2,46	x
b	x	y	$\frac{5}{8}$	$\frac{5}{9}$	z	0,958	3,958	2,8
c	26	13	y	$\frac{11}{12}$	$2\frac{1}{3}$	1,075	z	5,3

2. In welchen Fällen muß man den Hauptnenner von zwei oder mehreren Brüchen bestimmen?

3. Wie heißen die Teiler a) von 120, b) von 9000, c) von 250?

16.3. Drehachsen von Körpern

Auch Körper lassen sich drehen. Viele Körper besitzen eine Drehachse oder mehrere Drehachsen (Bild 1). Was heißt das? Gib weitere Beispiele.

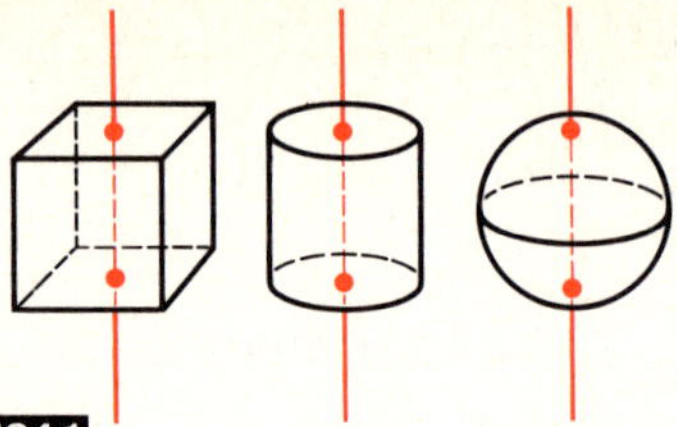
134.1

ÜBUNGEN

Beachte bei den folgenden Übungen:
Auf einem Spielwürfel haben die Augen auf den Gegenflächen die Augensumme 7. Wie sind die Augen verteilt?

Wieviel Sorten von Spielwürfeln gibt es – mathematisch betrachtet?

1. In Bild 2 a) ist ein Spielwürfel dargestellt. Welche Drehung mußt du mit ihm ausführen, damit er den Anblick der Bilder b) bis h) liefert?

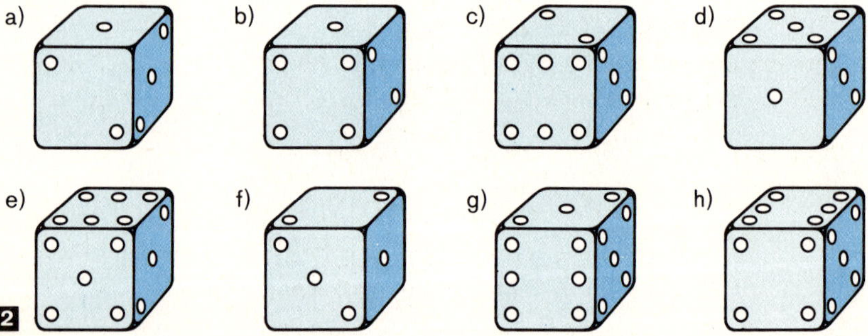

134.2

2. Schneide einen Würfel aus einer Kartoffel aus und versieh ihn nach Bild 1 mit Augen. Verdeutliche die Drehachsen mit Stricknadeln und führe die Drehungen der vorigen Aufgabe aus.

3. Zeichne zu den Würfeln des Bildes 2 jeweils ein Netz und zeichne die Augen richtig ein.

★ *4.* Durchbohrte einen Kartoffelwürfel von der Mitte einer Kante zur Mitte der Gegenkante mit einer Stricknadel. Ist die Stricknadel eine Drehachse des Würfels? Wieviel solcher Drehachsen hat der Würfel?

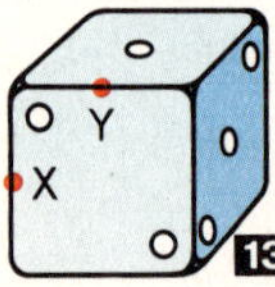

134.3

★ *5.* Ein Würfel (Bild 3) wird a) um die durch den Punkt X, b) um die durch den Punkt Y laufende Drehachse gedreht. Zeichne die Augen des gedrehten Würfels in ein Schrägbild ein.

★ *6.* Durchbohre einen Kartoffelwürfel von einer Ecke zur Gegenecke mit einer Stricknadel. Ist die Stricknadel eine Drehachse? Wieviel solcher Drehachsen gibt es?

17. Deckabbildungen von Rechteck und Quadrat

17.1. Deckabbildungen des Rechtecks

1. Die Ecken eines Rechtecks (Bild 1) sind farbig bezeichnet. Das Rechteck wird durch vier Deckabbildungen auf sich selbst abgebildet:

a) die identische Abbildung (I),

b) die Umwendung um M (U),

c) die Spiegelung an der Mittellinie m_1 (M_1),

d) die Spiegelung an der Mittellinie m_2 (M_2).

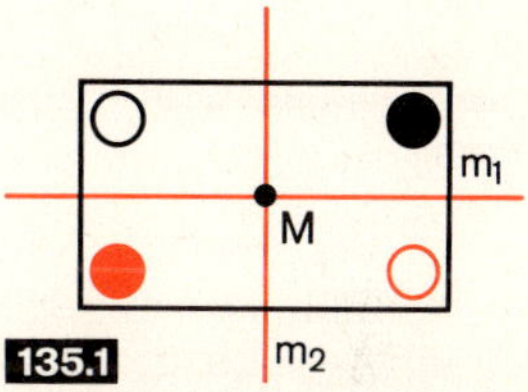

135.1

Führt man eine dieser Abbildungen in Bild 1 aus, so bietet das Rechteck von Bild 1 einen der folgenden Anblicke (Bild 2).

Durch die Abbildung	(I)	(U)	(M_1)	(M_2)
entsteht der Zustand	[I]	[U]	[M_1]	[M_2]

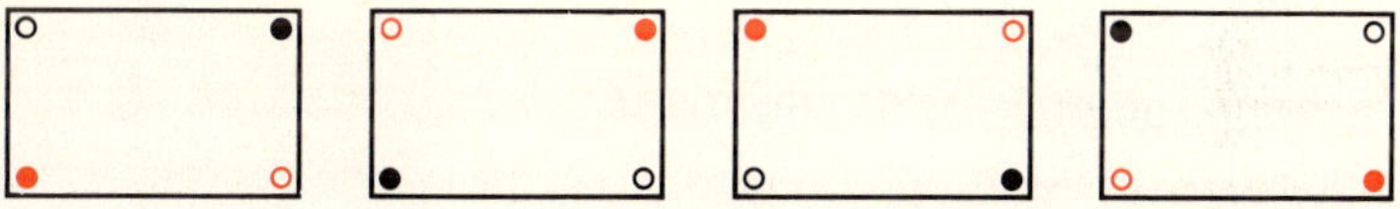
135.2

2. Zeichne die Rechtecke aus Bild 2 auf vier einzelne Kartonrechtecke und prüfe:

a) Der Zustand [I] geht durch (U) über in den Zustand [U].

b) Der Zustand [U] geht durch (U) über in den Zustand [I].

c) Der Zustand [M_1] geht durch (U) über in den Zustand [M_2].

d) Der Zustand [M_2] geht durch (U) über in den Zustand [M_1].

Sprich analoge Sätze aus, wenn die Zustände [I], [U], [M_1], [M_2] der Spiegelung (M_1) bzw. der Spiegelung (M_2) unterworfen werden.

T **1.** Ein Graben soll 1260 m lang werden. In den ersten Tagen werden täglich 56 m ausgehoben, in den folgenden Tagen täglich 78 m. In wieviel Tagen ist der Graben fertig?

135.3

2. 90,375 kg + 750 g + 0,736 kg + 1000 g

3. Wir legen ein Rechteck [R] aus farbigen Pfeilen (Pfeilrechteck; Bild 1 a).

Es wird den Abbildungen (I), (U), (M_1), (M_2) unterworfen. Wir erhalten die Bilder 1 a) bis d),

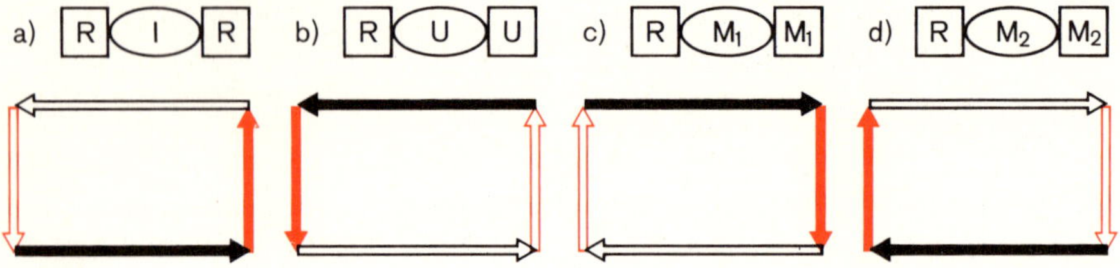

136.1

a) Bei welchen Abbildungen bleibt der Umlaufsinn erhalten, bei welchen Abbildungen ändert er sich?

b) Wie ändern sich bei den einzelnen Abbildungen Lage und Richtung der Pfeile?

Z

★ **4.** Die Aussagen in Nr. 2 einschließlich der Ergänzungen sind in Bild 2 in der G r u p p e n t a f e l für die Deckabbildungen des Rechtecks übersichtlich dargestellt.

∘	I	U	M_1	M_2
I	I	U	M_1	M_2
U	U	I	M_2	M_1
M_1	M_1	M_2	I	U
M_2	M_2	M_1	U	I

136.2

Für die Menge der Deckabbildungen gilt bezüglich der Verkettung:

a) Die Menge ist abgeschlossen.

b) Die Menge enthält ein neutrales Element. Das ist die Deckabbildung (I).

c) Zu jedem Element der Menge gibt es ein inverses Element.

Es ist (I) ∘ (I) = (I) (U) ∘ (U) = (I)

(M_1) ∘ (M_2) = (I) (M_2) ∘ (M_1) = (I)

d) Es gilt das assoziative Gesetz:

[(A) ∘ (B)] ∘ (C) = (A) ∘ [(B) ∘ (C)]

Für A, B, C kannst du eine der Deckabbildungen setzen.

e) Es gilt das kommutative Gesetz:

(A) ∘ (B) = (B) ∘ (A)

Auf Grund der Eigenschaften a) bis d) sagt man:

Die Deckabbildungen des Rechtecks bilden eine Gruppe.

Da außerdem noch die Eigenschaft e) gilt, sagt man:

Die Deckabbildungen des Rechtecks bilden eine kommutative Gruppe.

17.2. Deckabbildungen des Quadrates

1. Die vier Spiegelungen

Ein Quadrat hat vier Spiegelachsen (Bild 1):
die Mittellinien m_1 und m_2,
die Diagonalen d_1 und d_2.
Es gelten die Bezeichnungen, wie in Bild 1 angegeben.
Die Spiegelungen bezeichnen wir mit

(M_1), (M_2), (D_1), (D_2).

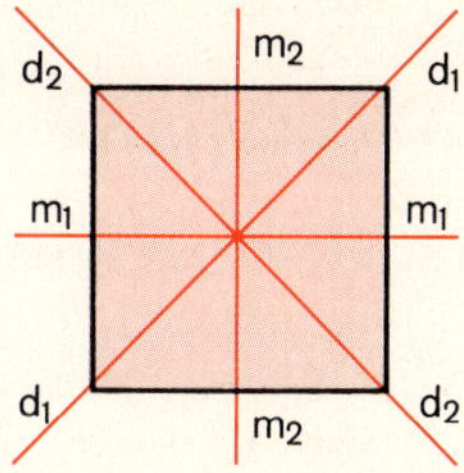

137.1

2. Die vier Drehungen

Das Quadrat besitzt noch vier weitere Deckabbildungen: vier Drehungen. Wir bezeichnen sie mit

(R_0) = Drehung durch 0° (identische Abb.), (R_1) = Drehung durch 90°,

(R_2) = Drehung durch 180°, (R_3) = Drehung durch 270°.

3. In Bild 2 ist aufgezeigt, in welche verschiedenen Zustände das Quadrat kommt, wenn die Abbildungen auf den Anfangszustand (Bild a) einwirken.

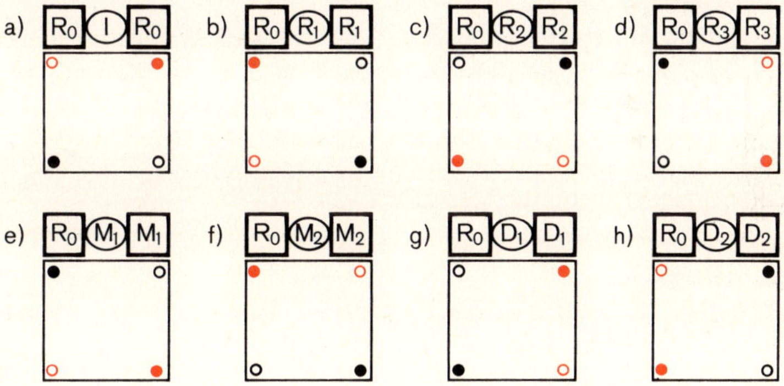

137.2

4. Wir verketten Deckabbildungen des Quadrates. Was ist

a) $(I) \circ (M_1)$ $(I) \circ (D_1)$ $(I) \circ (R_3)$ $(I) \circ (M_1)$ $(R_1) \circ (D_2)$ $(R_1) \circ (R_2)$

b) $(R_2) \circ (R_2)$ $(M_1) \circ (M_2)$ $(M_1) \circ (R_2)$ $(R_2) \circ (M_1)$ $(M_1) \circ (D_2)$ $(M_2) \circ (R_2)$

5. Zeichne ein Pfeilquadrat mit seinen Deckabbildungen (siehe Seite 136). Beantworte die entsprechenden Fragen.

★ **6.** Stelle die Gruppentafel für die Deckabbildungen des Quadrates auf. Suche ihre Eigenschaften gemäß S. 136 Nr. 4 aufzustellen.

Z

Wahrscheinlichkeitsrechnung

18. Häufigkeit und Stichproben

18.1. Zufallsexperiment und Ereignisraum

1. Erstes Beispiel

Man wirft eine Münze hoch und beobachtet bei jedem Wurf, ob Wappen (W) oder Zahl (Z) oben liegt.

Bei einem solchen Spiel sprechen wir von einem Zufallsexperiment, weil der Ausfall jedes einzelnen Wurfes nicht vorhergesehen werden kann.

Es gibt zwei mögliche Ausfälle des Experimentes: entweder Wappen oder Zahl. Wir sagen: In dem Experiment können zwei Ausfälle eintreten: Diese Tatsache ist im Ereignisbaum (Bild 1) festgehalten.

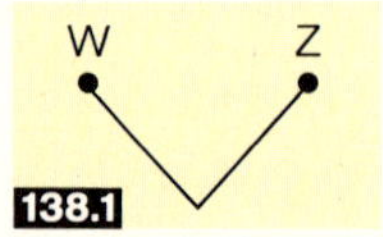

138.1

2. Zweites Beispiel

Wir würfeln mit einem Spielwürfel. Die einzelnen Würfe unterscheiden sich nach der Zahl der Augen, die oben liegen.

Das Zufallsexperiment besitzt 6 (mögliche) Ausfälle, die wir am einfachsten durch die Zahlen 1 bis 6 kennzeichnen. Der Ereignisbaum (Bild 2) wird künftig aus praktischen Gründen von links nach rechts gezeichnet.

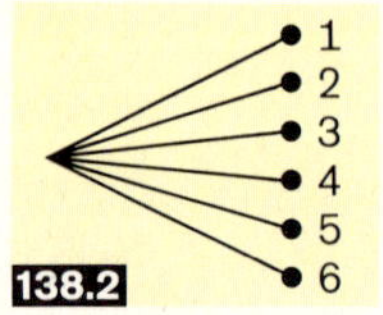

138.2

3. Drittes Beispiel

Wir werfen mit zwei Münzen gleichzeitig, die als 1. und 2. Münze unterscheidbar sind, z. B. ein DM-Stück und ein 10-Pf-Stück.

Wir schreiben (W|Z), wenn bei einem Wurf die 1. Münze Wappen, die zweite Münze Zahl gezeigt hat. Im Ereignis (Z|W) zeigt dagegen die 1. Münze Zahl und die zweite Münze Wappen. (Siehe Band 5. Schuljahr).

Der Ereignisbaum ist in Bild 3 dargestellt.

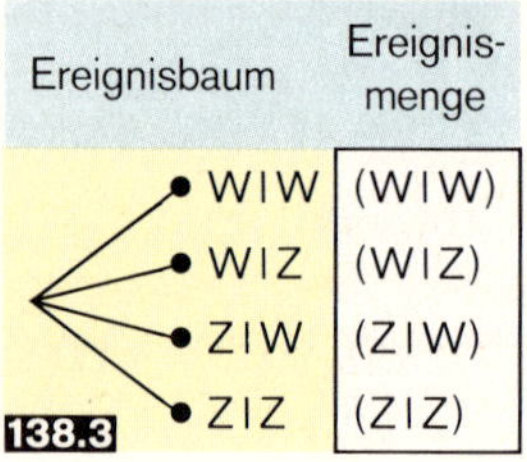

138.3

Definition. Die Menge aller möglichen Ausfälle heißt der *Ereignisraum* dieses Experimentes.

Es ist $\mathbb{S} = \{(W|W), (W|Z), (Z|W), (Z|Z)\}$.

4. Viertes Beispiel
Wir werfen zweimal mit einer Münze und fassen beide Würfe zusammen als **einen** Versuch auf. Lies die möglichen Ausfälle am *Ereignisbaum* ab (Bild 1).
Der *Ereignisraum* ist die Menge
$\mathbb{S} = \{(W|W), (W|Z), (Z|W), (Z|Z)\}$.

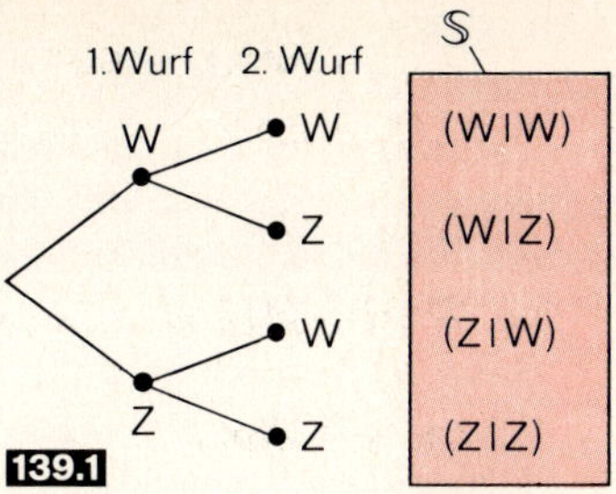

139.1

5. Fünftes Beispiel
Wir würfeln mit einem Tetraeder[1] (Bild 2). Bei jedem Wurf ist die Zahl gültig, die unten liegt (nicht sichtbar ist). Jeder einzelne Versuch des Experimentes besteht aus einmaligem Werfen. Welches ist der Ereignisraum? Zeichne den Ereignisbaum.

139.2

6. Sechstes Beispiel
Wir werfen das Tetraeder zweimal und fassen beide Würfe zusammen als **einen** Versuch auf. Jeder Ausfall besteht aus einem geordneten Zahlenpaar; z. B. bedeutet (2|3), daß der erste Wurf den Ausfall 2, der zweite Wurf den Ausfall 3 zeigte. Den Ereignisraum erkennst du am Ereignisbaum (Bild 3).

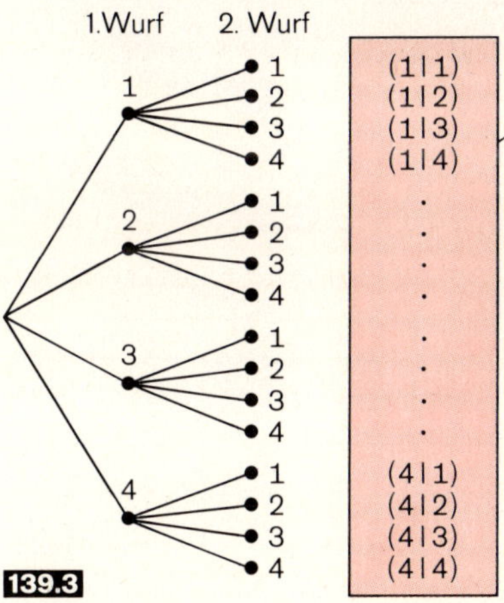

139.3

$$\mathbb{S} = \left\{ \begin{array}{l} (1|1), (1|2), (1|3), (1|4), \\ (2|1), (2|2), (2|3), (2|4), \\ (3|1), (3|2), (3|3), (3|4), \\ (4|1), (4|2), (4|3), (4|4) \end{array} \right\}$$

139.4

T Bilde Gleichungen vom Typ $a - b = c$ und löse sie.

	a)	b)	c)	d)	e)	f)	g)	h)
a	126	7	y	$\frac{7}{8}$	$3\frac{1}{5}$	0,9	u	x
b	x	x	3	z	$2\frac{2}{3}$	u	13,424	26,873
c	57	2	5	$\frac{5}{12}$	z	0,718	25,09	45,1

[1] regelmäßiges Vierflach

ÜBUNGEN

1. Säge von einem Rundholz einen Zylinder ab (Bild 1), dessen Höhe doppelt so lang wie der Radius ist. Würfele mit dem Zylinder.

a) Welche möglichen Ausfälle kann der Versuch haben?

G sei der Ausfall, wenn die Grundfläche unten liegt,

M sei der Ausfall, wenn die Mantellinie unten liegt.

b) Zeichne einen Ereignisbaum und bestimme den Ereignisraum $\mathbb{S}$.

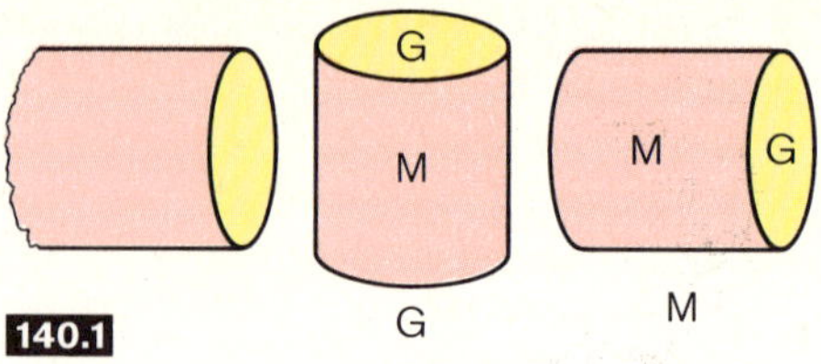

140.1

2. Ein Wörterbuch wird willkürlich aufgeschlagen. Es wird darauf geachtet, ob die Zehnerziffer der Seitenzahl der linken Seite gerade oder ungerade ist (Null zählt als gerade).

Zeichne den zugehörigen Ereignisbaum.

140.2

3. Auf die Grundfläche eines quaderförmigen offenen Pappkartons werden die Diagonalen gezeichnet (Bild 3) und zwei der vier entstehenden Dreiecke rot gefärbt. In die Schachtel wird ein Spielwürfel geworfen. Das Experiment ist ausgeführt, wenn der Würfel auf einem roten (r) oder weißen (w) Feld zur Ruhe kommt.

Es werden bei jedem Wurf an erster Stelle die Farbe, an zweiter Stelle die Augenzahl notiert.

a) Zeichne den Ereignisbaum und schreibe den Ereignisraum $\mathbb{S}$ auf.

b) Welche der folgenden Aussagen sind wahr?

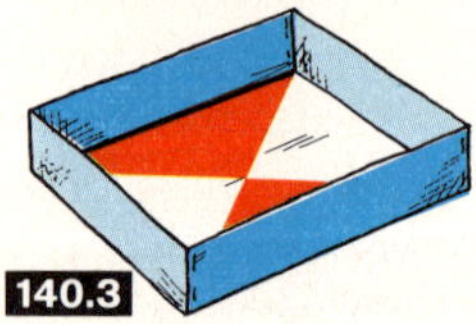

140.3

$(r|6) \in \mathbb{S}$ $\quad (w|1) \in \mathbb{S}$ $\quad (r|0) \notin \mathbb{S}$ $\quad (5|w) \in \mathbb{S}$ $\quad (r|2) \in \mathbb{S}$

T In Bild 4 ist eine Menge von 10 Flächen gezeichnet. Nimm eine Klasseneinteilung nach der Größe des Flächeninhaltes vor.

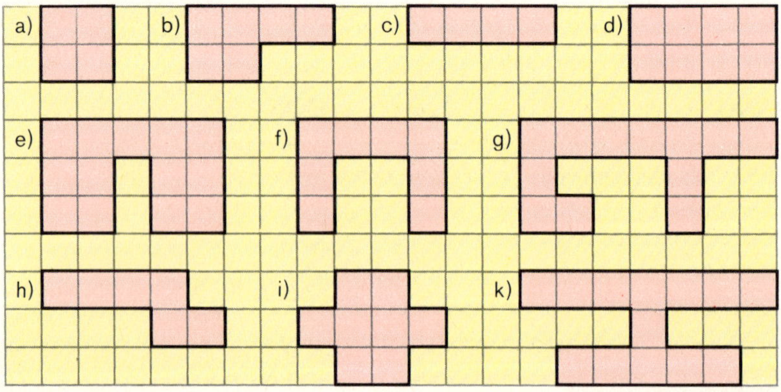

140.4

4. Zeichne einen Kreis mit einem Radius von 3 cm Länge ins Arbeitsheft. Nimm zwei Streichhölzer, die als erstes bzw. zweites gekennzeichnet sind, und laß beide zugleich aus 30 cm Höhe auf den Kreis fallen (Bild 1). Notiere die Lage der Streichhölzer und gib an, ob sie im Innern (i) des Kreises, auf dem Rand (r) oder im Äußeren (a) liegen.

a) Zeichne den Ereignisbaum.

b) Gib die Menge $\mathbb{S}$ aller möglichen Ausfälle an.

141.1

● *5.* Für eine statistische Übersicht macht jeder Schüler deiner Klasse drei Angaben:

(1) Junge (J) oder Mädchen (M),

(2) am Schulort wohnend (S) oder nicht am Schulort wohnend (N),

(3) mit dem Rad (R), dem Autobus (A), der Bahn (B) oder zu Fuß (F) die Schule erreichend.

a) Zeichne den Ereignisbaum.

b) Dein Nachbar schreibt (J|N|B) auf. Was bedeutet das?

c) Erläutere (M|S|F), (M|N|R), (J|N|R) und (M|S|R).

★ *6.* Ein Pappkarton, in dessen Deckel ein Loch geschnitten wurde (Bild 2) und dadurch als Urne betrachtet werden kann, ist mit einem kurzen weißen, einem kurzen roten und einem langen roten Legostein gefüllt. Es wird das Zufallsexperiment „Ziehen eines Legosteins" durchgeführt. Dabei wird in die Öffnung des Kartons gegriffen, ein Legostein herausgeholt, seine Länge notiert (lang: l, kurz: k), der Stein in den Karton zurückgelegt, gemischt, ein zweites Mal in den Karton gegriffen und wiederum die Länge notiert.

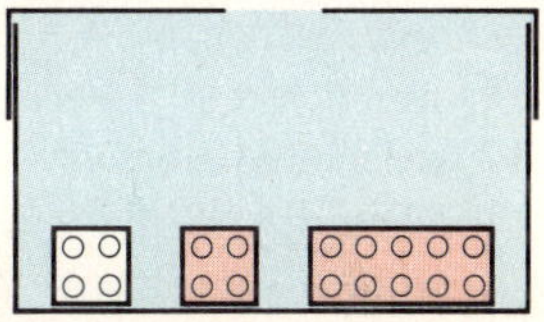
141.2

a) Zeichne den Ereignisbaum.

b) Schreibe alle Elemente des Ereignisraumes in Rechteckform auf.

c) Zeichne den Ereignisbaum für den Fall, daß als kennzeichnendes Merkmal die Farbe (rot: r, weiß: w) gewählt wird.

d) Zeichne nun einen Ereignisbaum für den Fall, daß Farbe und Länge gleichzeitig beachtet werden.

T **1.** Bestimme die Lösungsmengen in der Grundmenge $\mathbb{G} = \{\frac{1}{2}, \frac{1}{3}, \frac{1}{4}, \ldots\}$.

a) $\frac{1}{7} < x < \frac{1}{4}$ b) $\frac{1}{2} < y < 1$ c) $0 < y < \frac{1}{10}$ d) $\frac{1}{8} < z < \frac{1}{9}$

2. Bestimme die Lösungsmenge in $\mathbb{G} = \{\frac{1}{8}, \frac{2}{8}, \frac{3}{8}, \frac{4}{8}, \ldots\}$.

a) $\frac{1}{2} < \square < \frac{3}{4}$ b) $\frac{1}{4} < \triangle < 1$ c) $\frac{5}{16} < \square < \frac{3}{2}$ d) $\frac{5}{8} < \triangle < \frac{6}{8}$

18.2. Relative Häufigkeit

1. Stichprobe

Uwe macht ein Experiment mit dem Werfen einer Münze. Er führt 5 Versuchsreihen durch zu je 60 Würfen. Das Ergebnis des Experimentes hat er in einer Tabelle zusammengefaßt.

	1.	2.	3.	4.	5.	Summe
W	34	29	35	26	30	154
Z	26	31	25	34	30	146
Summe	60	60	60	60	60	300

Wir sagen: Uwe hat 5 *Stichproben* vom Umfang 60 ausgeführt. Alle Würfe zusammen sind eine Stichprobe vom Umfang 300.

2. Häufigkeit

Die Zahlen, die Uwe in der Tabelle aufgeschrieben hat, bedeuten die *Häufigkeit* für das Auftreten von W bzw. von Z in den einzelnen Stichproben.
In der 1. Stichprobe tritt W 34mal auf; d.h. von den 60 Würfen der Stichprobe haben 34 den Ausfall Wappen gezeigt.

Bestimme alle Häufigkeiten, die du der Tabelle entnehmen kannst.

3. Relative Häufigkeit

Wichtiger ist die Feststellung der *relativen Häufigkeit* eines Ausfalles. Die relative Häufigkeit h(W) für das Auftreten des Ausfalles W in einer Stichprobe ist definiert als

$$\mathbf{h(W) = \frac{Anzahl\ der\ Würfe\ mit\ dem\ Ausfall\ W}{Anzahl\ aller\ Würfe\ der\ Stichprobe}}$$

Wir finden (auf 3 Dezimalstellen genau)
in der 1. Stichprobe $h(W) = \frac{34}{60} = 0{,}567$
in der 5. Stichprobe $h(W) = \frac{30}{60} = 0{,}500$
in allen Stichproben zusammen $h(W) = \frac{154}{300} = 0{,}513$

Übung. Zeige: In jeder Versuchsreihe der Tabelle ist $h(W) + h(Z) = 1$.

T Marlene zeichnet drei konzentrische Kreise mit dem Mittelpunkt M (Bild 1) und markiert auf jedem Kreisrand einen Punkt (A, B, C). Sie konstruiert ferner die Punkte, die durch Linksdrehung um M durch 60° aus A, B, C hervorgehen. Sie setzt diese Konstruktion fort, solange es geht.
Zeige: Die Endfigur ist drehsymmetrisch.

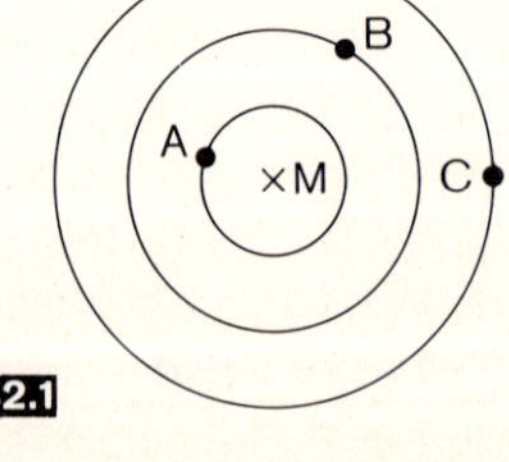

142.1

4. Satz über die relativen Häufigkeiten

a) Beispiel. Es liege eine Versuchsreihe von 120 Würfen vor. Es sei:

Mögliche Ausfälle	1	2	3	4	5	6
Ihre Häufigkeit	17	20	33	21	19	20

Dann ist $17 + 20 + 33 + 21 + 19 + 20 = 120$

und $\frac{17}{120} + \frac{20}{120} + \frac{33}{120} + \frac{21}{120} + \frac{19}{120} + \frac{20}{120}$

$= \frac{17 + 20 + 33 + 21 + 19 + 20}{120} = 1$

b) Allgemein. Es sei bei einer Versuchsreihe von n Elementen:

Mögliche Ausfälle	a_1	a_2	a_3	...	a_{12}
Ihre Häufigkeit	n_1	n_2	n_3	...	n_k

Dann ist $n_1 + n_2 + n_3 + \ldots + n_k = n$

und $\frac{n_1}{n} + \frac{n_2}{n} + \frac{n_3}{n} + \ldots + \frac{n_k}{n} = 1$

Die Brüche auf der linken Seite dieser Gleichung bedeuten die relativen Häufigkeiten der einzelnen Ausfälle. Wir finden daher:

In einer Versuchsreihe ist die Summe der relativen Häufigkeiten aller möglichen Ausfälle gleich 1.

5. Der Wurf mit zwei Münzen

Beim Werfen mit 2 Münzen führen 8 Schüler je eine Stichprobe von 50 Würfen durch. Sie haben folgende Ergebnisse erzielt.

Ausfälle	1.	2.	3.	4.	5.	6.	7.	8.	Summe
W|W	11	13	11	12	14	11	12	14	98
W|Z	13	14	13	11	9	14	13	12	99
Z|W	16	14	12	13	10	13	12	12	102
Z|Z	10	9	14	14	17	12	13	12	101
Summe	50	50	50	50	50	50	50	50	400

Für die Stichprobe, die aus allen 400 Würfen besteht, gilt:

a) $h(W|W) = \frac{98}{400} = 0{,}2450$ b) $h(W|Z) = \frac{99}{400} = 0{,}2475$

c) $h(Z|W) = \frac{102}{400} = 0{,}2550$ d) $h(Z|Z) = \frac{101}{400} = 0{,}2525$

Alle vier Ausfälle haben annähernd die gleiche relative Häufigkeit. Wie groß ist die Summe der vier relativen Häufigkeiten?

T Setze das richtige Zeichen (< oder = oder >).

1. $38 \cdot 45 \;\square\; 1862$ **2.** $2336 : 73 \;\square\; 31$ **3.** $430 \cdot 405 \;\square\; 174140$

$93 \cdot 27 \;\square\; 2501$ $3784 : 43 \;\square\; 88$ $386 \cdot 430 \;\square\; 166800$

ÜBUNGEN

1. a) Wirf einen Würfel 60mal und notiere die Ausfälle in einer Strichliste (Bild 1).
b) Berechne die relativen Häufigkeiten h(1) bis h(6).
c) Erweitere die Stichprobe bis zum Umfang von 120 Würfen und berechne erneut die relativen Häufigkeiten.

1	2	3	4	5	6

144.1

● *2.* „Würfele“ mit dem zylindrischen Holzstück von Seite 140, Bild 1 und mache eine Stichprobe vom Umfang 160.
a) Lege dazu eine Strichliste an.
b) Berechne die relative Häufigkeit der beiden möglichen Ausfälle.

3. Schlage ein dickes Buch 50mal auf und achte darauf, ob die Einerziffern der aufgeschlagenen Seiten 0 oder 1, 2 oder 3, 4 oder 5, 6 oder 7, 8 oder 9 heißen.
a) Zeichne den Ereignisbaum dieses Zufallsexperimentes.
b) Lege eine Strichliste für den Umfang 50 der Stichprobe an.

4. An einem Ort in Norddeutschland wurden für April und September täglich die vorherrschende Bewölkung bzw. die Niederschläge notiert. Es bedeuten:

○ wolkenlos	◐ bewölkt	● bedeckt	Regen	Gewitter
April 1 ● Gewitter	7 ◐	13 ◐	19 ● Regen	25 ● Regen
2 ● Regen	8 ○	14 ◐	20 ● Regen	26 ◐
3 ● Regen	9 ● Regen	15 ●	21 ◐	27 ○
4 ● Regen	10 ● Regen	16 ○	22 ● Gewitter	28 ● Regen
5 ● Gewitter	11 ● Gewitter	17 ◐	23 ◐	29 ● Regen
6 ◐	12 ● Gewitter	18 ● Regen	24 ◐	30 ●
September 1 ○	7 ◐	13 ○	19 ◐	25 ● Regen
2 ○	8 ◐	14 ◐	20 ◐	26 ◐
3 ○	9 ● Regen	15 ◐	21 ○	27 ○
4 ○	10 ● Gewitter	16 ◐	22 ○	28 ● Regen
5 ◐	11 ○	17 ◐	23 ○	29 ●
6 ◐	12 ○	18 ○	24 ◐	30 ●

144.2

Stelle die beiden Monate gegenüber und berechne die relative Häufigkeit jeweils für die Tage
a) mit wolkenlosem, b) mit bewölktem, c) mit bedecktem Himmel,
d) mit Regen, e) mit Gewitter.
Welcher Monat hat das beständigere Urlaubswetter?

5. Sieh dir auf einem Maßstab eine Strecke von 4 cm genau an. Lege nun den Maßstab fort.

a) Schneide von einer Rolle Garn nach Augenmaß 50 Stücke von 4 cm Länge ab.

b) Miß die Längen der Garnstücke und nimm eine Klasseneinteilung vor.

1. Klasse: Stücke von der Länge $x \leqq 3{,}7$ cm
2. Klasse: Stücke von der Länge $3{,}7 \text{ cm} < x < 4{,}3$ cm
3. Klasse: Stücke von der Länge $x \geqq 4{,}3$ cm.

c) Lege eine Strichliste an. Welchen Umfang hat die Stichprobe?

d) Wie sieht der zugehörige Ereignisbaum aus?

e) Berechne die relative Häufigkeit für die Stücke in den drei Klassen.

6. a) Würfele 50mal mit zwei Münzen, die als erste und zweite Münze unterscheidbar sind, und lege eine Strichliste in Spalte 1 an.

b) Trage in den Spalten 2 bis 4 die Ausfälle des gleichen Experimentes von drei Nachbarn ein.

145.1

II / I	1	2	3	4	Summe
(W|W)					
(W| Z)					
(Z |W)					
(Z | Z)					

c) Welchen Umfang hat deine Stichprobe (haben alle vier Stichproben)?

d) Berechne die relativen Häufigkeiten der einzelnen Ausfälle
(1) für dein Experiment, (2) für alle vier Experimente zusammen.

e) Berechne die Summe der relativen Häufigkeiten

$$h(W|W) + h(W|Z) + h(Z|W) + h(Z|Z).$$

★ 7. a) Würfele mit einem Spielwürfel 100mal und achte auf den Ausfall „1 oder 6“. Berechne nach jeweils 10 Würfen die relative Häufigkeit.

Anzahl der Würfe	10	20	30	40	50	60	70	80	90	100
Strichliste	卌	||||	||||	|||						
Häufigkeit	5	9	13	16						
rel. Häufigkeit	0,5	0,45	0,43	0,40						

b) Vergleiche dein Ergebnis nach 100 Würfen mit dem Ergebnis deines Nachbarn.

c) Stelle in der Klasse die relative Häufigkeit für 1000 Würfe zusammen.

d) Welcher Zahl scheint sich die relative Häufigkeit immer mehr zu nähern?

● 8. Die Körpergröße ist u.a. auch von zufälligen Einflüssen abhängig. Lege eine Strichliste für die Körpergröße der Schüler deiner Klasse an und berechne die relative Häufigkeit dafür, daß die Körpergröße in einen bestimmten 1 dm breiten Abschnitt fällt.

Körpergröße in cm	130 bis unter 140	140 bis unter 150	150 bis unter 160	160 bis unter 170	Summe
Strichliste					
Häufigkeit					
rel. Häufigkeit					

18.3. Ereignis und Ereignismenge

1. Begriffe

Wir werfen zwei Münzen 400mal, achten aber nur darauf, ob mindestens einmal Wappen auftritt. Von den vier möglichen Ausfällen

$$(W|W), (W|Z), (Z|W), (Z|Z)$$

erfüllen nur die drei ersten Ausfälle die Bedingung „mindestens einmal Wappen“. Wir fassen diese drei Ausfälle unter dem Namen zusammen:

das Ereignis „mindestens einmal Wappen“.

Diesem Ereignis ordnen wir die Ereignismenge $\mathbb{E}$ zu:

$$\mathbb{E} = \{(W|W), (W|Z), (Z|W)\}.$$

Die Ereignismenge $\mathbb{E}$ ist diejenige Menge, die dem Ereignis E „mindestens einmal Wappen“ zugeordnet ist. Das Wort meint nicht eine Menge von Ereignissen.

2. Beispiel

In dem Experiment 5 auf Seite 143 „Werfen mit zwei Münzen“ kann man verschiedene Ereignisse betrachten. Hier sind einige Möglichkeiten angegeben. Die relative Häufigkeit ist auf Grund der Tabelle auf Seite 143 berechnet worden.

	Ereignis	Ereignismenge	Relative Häufigkeit
a)	„Beide Münzen zeigen gleiche Bilder“.	$\mathbb{E}_1 = \{(W\|W), (Z\|Z)\}$	$h_1 = \frac{199}{400} = 0{,}4975$
b)	„Es tritt genau einmal W auf.“	$\mathbb{E}_2 = \{(W\|Z), (Z\|W)\}$	$h_2 = \frac{201}{400} = 0{,}5025$
c)	„Die erste Münze zeigt W.“	$\mathbb{E}_3 = \{(W\|W), (W\|Z)\}$	$h_3 = \frac{197}{400} = 0{,}4925$
d)	„Beide Münzen zeigen Z.“	$\mathbb{E}_4 = \{(Z\|Z)\}$	$h_4 = \frac{101}{400} = 0{,}2525$

3. Die Ereignismengen als Teilmengen des Ereignisraumes

In Bild 1 ist zu jedem Ereignis von Nr. 2 der Ereignisbaum gezeichnet. Er besteht jeweils aus den roten Zweigen des Gesamtbaumes. Die roten Zweige bestimmen die Ereignismenge $\mathbb{E}$ des jeweils betrachteten Ereignisses.

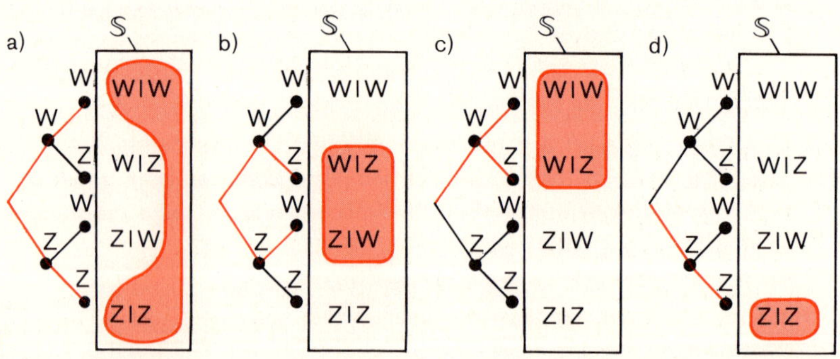

146.1

Ergebnis. **Jedem Ereignis in einem Ereignisraum $\mathbb{S}$ ist eine bestimmte Menge $\mathbb{E}$ zugeordnet. Sie ist eine Teilmenge des Ereignisraumes $\mathbb{S}$.**

4. Sonderfälle

a) Zu dem Ereignis „mindestens einmal W oder einmal Z" gehört die Ereignismenge $\mathbb{S}$; denn jeder Ausfall erfüllt die Forderung. Das genannte Ereignis tritt sicher ein. Es ist $h(\mathbb{S}) = 1$.

b) Das Ereignis „genau dreimal W" kann nicht vorkommen. Es ist ein unmögliches Ereignis. Die zugehörige Ereignismenge ist die leere Menge. Es ist $h(\{\ \}) = 0$.

★ **5. Elementarereignisse**

Wir untersuchen noch einmal die Ereignisse im Zufallsexperiment „Werfen mit 2 Münzen". Jeden der möglichen Ausfälle

$$(W|W), (W|Z), (Z|W), (Z|Z)$$

können wir als ein Ereignis auffassen, wie es in Nr. 2d) bereits geschehen ist; denn

$$\{(W|W)\}, \{(W|Z)\}, \{(Z|W)\}, \{(Z|Z)\}$$

sind ebenfalls Teilmengen von $\mathbb{S}$, was der Satz in Nr. 3 als Merkmal für ein Ereignis fordert. Wir nennen diese 4 Ausfälle Elementarereignisse. Der Unterschied ist der folgende:

Die früher betrachteten „Ereignismengen" haben mindestens 2 Elemente und daher außer der leeren Menge und sich selbst noch mindestens 2 weitere Teilmengen.

Die Elementarereignisse dagegen haben nur ein einziges Element und besitzen daher außer der leeren Menge und sich selbst keine weiteren Teilmengen.

ÜBUNGEN

1. Wirf mit einem Würfel und schreibe die Ereignismengen auf, die den folgenden Ereignissen zugeordnet sind: Die Augenzahl ist:

a) ungerade	b) gerade	c) eine Primzahl	d) $\geqq 3$
e) $\leqq 5$	f) < 2	g) $3 \leqq x \leqq 6$	h) $4 > x > 1$

2. a) Zeichne zu jedem Experiment in Übung 1 den Ereignisbaum. Trage alle Zweige der Ausfälle rot ein, die zum geforderten Ereignis gehören.

b) Zeichne zu Übung 1 ein Mengenbild des Ereignisraumes $\mathbb{S}$ mit der jeweiligen Ereignismenge $\mathbb{E}$ als Teilmenge.

★ *3.* Beim Wurf mit zwei verschiedenen Würfeln ist die Menge der möglichen Ausfälle $\mathbb{S} = \{(1|1), (1|2), \ldots, (6|6)\}$. Welche Ereignismengen gehören zu den folgenden Ereignissen?

a) ($\mathbb{E}_1$): Die Summe der Augenzahlen ist durch 4 teilbar.

b) ($\mathbb{E}_2$): Die Summe der Augenzahlen ist eine Primzahl.

c) ($\mathbb{E}_3$): Die Summe der Augenzahlen besteht aus 2 gleichen Summanden.

T Gib drei Brüche an, die die folgende Ungleichung lösen.

a) $x < \frac{1}{2}$ b) $\frac{1}{2} < y$ c) $x > \frac{3}{4}$ d) $\frac{3}{4} > y$ e) $\frac{4}{5} < x$

★ *4.* Würfele mit zwei Würfeln, die als erster und zweiter Würfel unterscheidbar sind.

a) Zur Ereignismenge $\mathbb{E}_1$ gehören alle Ausfälle, wenn der erste Würfel eine 3 zeigt und die Summe beider Augenzahlen eine Primzahl ist.

b) Zur Ereignismenge $\mathbb{E}_2$ gehören alle Ausfälle, wenn der erste Würfel 5 zeigt und die Summe beider Augenzahlen gerade ist.

★ *5.* Von zwei Würfeln ist der eine ein gewöhnlicher Spielwürfel, der andere hat keine Augen, sondern die Gegenflächenpaare tragen die Farben weiß (w), rot (r) und schwarz (s) (Bild 1). Es wird mit beiden Würfeln zugleich gewürfelt.

148.1

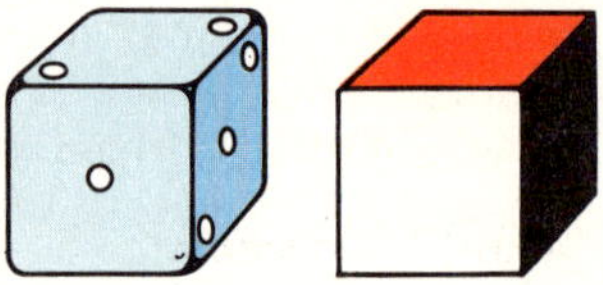

a) Zeichne den Ereignisbaum.

b) Ein möglicher Ausfall ist „rot, 3“, schreibe (r|3).
Gib den Ereignisraum $\mathbb{S}$ in aufzählender Form an.

c) Bei welcher Teilmenge $\mathbb{E}_1$ von $\mathbb{S}$ tritt die rote Farbe auf?

d) Es sei $\mathbb{E}_2$ die Ereignismenge für: „die weiße Farbe tritt nicht auf“.
Zeichne das Mengenbild für $\mathbb{E}_2 \subset \mathbb{S}$.

e) Beschreibe das Ereignis: „Der Farbwürfel zeigt blau“.

6. Aus einem roten, einem weißen und einem schwarzen Stein wird ein Turm gebaut und dabei auf die Reihenfolge der Steine von unten nach oben geachtet.

a) Wieviel verschiedene Türme kann man bauen?

b) Bei wieviel Türmen ist der schwarze Stein unten?

c) Bei wieviel Türmen ist der rote Stein oben?

d) Die Steine werden einer Urne entnommen und in der Reihenfolge der Entnahme zu einem Turm zusammengesetzt. Zeichne den Ereignisbaum.

148.2

e) Wie groß ist die relative Häufigkeit dafür, daß oben ein roter oder ein weißer Stein liegt?

T **1.** a) In einem Quadrat sind die Seiten 4 cm lang. Berechne den Umfang und den Flächeninhalt.

b) In diesem Quadrat (Bild 3) werden die Mittelpunkte der Seiten reihum verbunden. Was für eine Figur entsteht? Wie groß ist der Flächeninhalt?

2. Uwe baut aus Würfeln von 2 cm Kantenlänge einen Quader mit a = 6 cm, b = 8 cm, c = 10 cm. Wieviel Würfel braucht er?

148.3

★ *7.* In einer Urne liegen drei rote und zwei weiße Plättchen (Bild 1). Die roten Plättchen sind mit 1, 2, 3, die weißen Plättchen mit 1, 2 numeriert. – Zieh ein Plättchen, lege es zurück, ziehe ein zweites Plättchen.

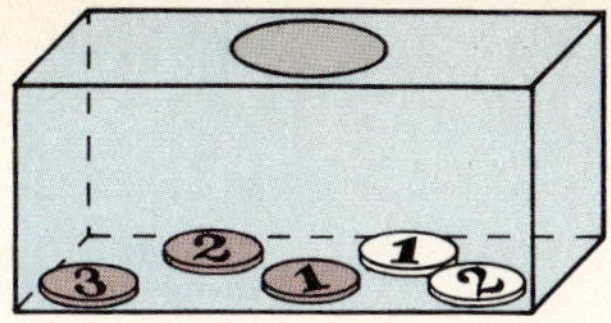

149.1

Zeichne die Ereignismengen der folgenden Ereignisse und gib ihre relative Häufigkeit in Tabellenform an. Verwende dabei den Ereignisbaum.

a) Wieviel Elementarereignisse hat der Ereignisraum?

b) Im 1. Zug wird die rote 1 gezogen.

c) Im 1. Zug wird ein weißes Plättchen gezogen.

d) Im 1. Zug wird die rote 3, im 2. Zug ein weißes Plättchen gezogen.

e) Im 1. Zug wird weiß, im 2. Zug wird rot gezogen.

f) Im ersten Zug wird eine 2, im zweiten Zug wird weiß gezogen.

g) Im 2. Zug wird ein weißes Plättchen gezogen.

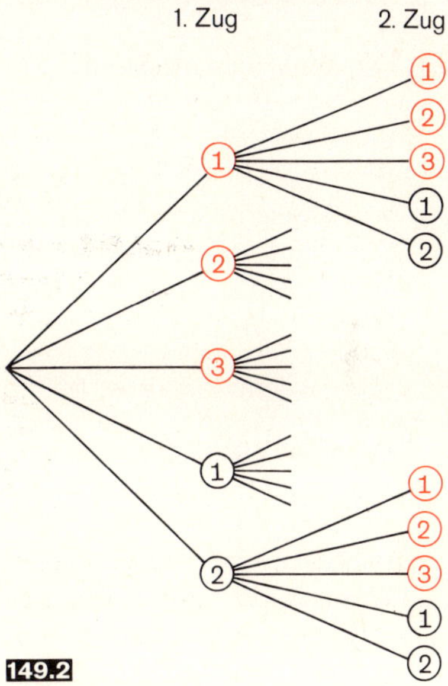

149.2

h) Im 1. Zug wird nicht rot, im 2. Zug nicht weiß gezogen.

△ **1.** Es stehen sieben Stäbchen mit den folgenden Längen zur Verfügung (Bild 3):
1 cm, 2 cm, 3 cm, 3 cm, 4 cm, 5 cm, 6 cm.
Aus den Stäbchen soll der Rand eines Rechtecks mit möglichst großem Flächeninhalt gelegt werden.

149.3

2. Werner und Thomas gehen auf einer geraden Landstraße von einem Punkt aus in entgegengesetzten Richtungen. Die Schrittlänge beträgt bei Werner 50 cm, bei Thomas 60 cm.
Während Thomas 4 Schritte macht, macht Werner nur 3 Schritte. Wieviel Meter sind sie voneinander entfernt, wenn Werner 45 m zurückgelegt hat?

3. Welche Zahl ergibt beim Teilen durch 2, 3, 4, 5, 6, 7, 8 oder 9 jedesmal den Rest 1?

4. Wieviel Tage würdest du brauchen, um bis zu 1 Million zu zählen, wenn du für jede Zahl 1 Sekunde rechnest und du täglich 8 Stunden zählst?

19. Wahrscheinlichkeit von Ereignissen

19.1. Die Wahrscheinlichkeit

1. Erstes Beispiel

Bei 1000 Würfen mit einer Münze bestimmen wir nach 100, 200, ..., 1000 Würfen die relative Häufigkeit für das Auftreten von „Zahl“ (Z). Wir finden etwa die folgende Tabelle, in der n die Anzahl aller Würfe, n_1 die Anzahl der Würfe mit „Zahl“ bedeuten.

n	100	200	300	400	500	600	700	800	900	1000
n_1	46	95	156	198	252	305	347	403	449	501
h(Z)	0,460	0,475	0,520	0,495	0,504	0,508	0,496	0,504	0,499	0,501

Diese und noch umfangreichere Stichproben besagen:
Setzt man das Werfen einer Münze nur genügend lange fort, so werden Zahl und Wappen je zur Hälfte der Fälle auftreten.
Immer mehr wird sein: $h(Z) = \frac{1}{2}$ und $h(W) = \frac{1}{2}$.
Wir erwarten dieses Ergebnis auch, da wir beide Ereignisse für „gleichwahrscheinlich“ halten.

In der betrachteten Stichprobe handelt es sich um den Ereignisraum $\mathbb{S} = \{W, Z\}$.
Außerdem treten die Ereignismengen $\{W\}$ und $\{Z\}$ auf.
Der Ereignisraum hat 2 Elemente, jede Ereignismenge hat 1 Element.
Für beide Ereignisse gilt:

$$\frac{\text{Anzahl der Elemente der Ereignismenge } \mathbb{E}}{\text{Anzahl der Elemente des Ereignisraumes } \mathbb{S}} = \frac{1}{2}.$$

Es fällt auf, daß sich bei der Betrachtung der Stichprobe und bei der Mengenbetrachtung die gleiche Zahl $\frac{1}{2}$ ergibt.

2. Zweites Beispiel

Wir betrachten den Wurf mit zwei Münzen. Wir legen die Stichproben von Seite 143 zu Grunde. Prüfe die folgenden Zahlen und vergleiche.

Die relative Häufigkeit beträgt				
für \ bei	100 Würfen	200 Würfen	300 Würfen	400 Würfen
W|W	$\frac{24}{100} = 0{,}240$	$\frac{47}{200} = 0{,}235$	$\frac{72}{300} = 0{,}240$	$\frac{98}{400} = 0{,}2450$
W|Z	$\frac{27}{100} = 0{,}270$	$\frac{51}{200} = 0{,}255$	$\frac{74}{300} = 0{,}247$	$\frac{99}{400} = 0{,}2475$
Z|W	$\frac{30}{100} = 0{,}300$	$\frac{55}{200} = 0{,}275$	$\frac{78}{300} = 0{,}260$	$\frac{102}{400} = 0{,}2550$
Z|Z	$\frac{19}{100} = 0{,}190$	$\frac{47}{200} = 0{,}235$	$\frac{76}{300} = 0{,}253$	$\frac{101}{400} = 0{,}2525$

Wir finden wieder: Die relativen Häufigkeiten für die vier Ausfälle weichen umso weniger voneinander und also vom Wert $\frac{1}{4}$ ab, je umfangreicher die Stichprobe ist. Wir erwarten dieses Ergebnis, weil wir die vier Ausfälle für gleichwahrscheinlich halten.

Die Stichproben beziehen sich auf den Ereignisraum

$$\mathbb{S} = \{(W|W), (W|Z), (Z|W), (Z|Z)\}$$

von vier Elementen und die Ereignismengen $\{(W|W)\}$, $\{(W|Z)\}$, $\{(Z|W)\}$, $\{(Z|Z)\}$ mit je einem Element. Es ist für jede dieser Ereignismengen

$$\frac{\text{Anzahl der Elemente der Ereignismenge}}{\text{Anzahl der Elemente des Ereignisraumes } \mathbb{S}} = \frac{1}{4}.$$

3. Drittes Beispiel

Wir werfen mit zwei Münzen und betrachten das Ereignis „mindestens einmal Wappen". In dem Ereignisraum

$$\mathbb{S} = \{(W|W), (W|Z), (Z|W), (Z|Z)\}$$

mit 4 Elementen betrachten wir die Ereignismenge

$$\mathbb{E} = \{(W|W), (W|Z), (Z|W)\}$$

mit 3 Elementen. Für das Ereignis $\mathbb{E}$ gilt:

$$\frac{\text{Anzahl der Elemente des Ereignisses } \mathbb{E}}{\text{Anzahl der Elemente des Ereignisraumes } \mathbb{S}} = \frac{3}{4}.$$

Anzahl der Würfe	Relative Häufigkeit
100	$\frac{81}{100} = 0{,}810$
200	$\frac{153}{200} = 0{,}765$
300	$\frac{224}{300} = 0{,}747$
400	$\frac{299}{400} = 0{,}7475$

Wir erwarten, daß in einer genügend umfangreichen Stichprobe das Ereignis „mindestens einmal Wappen" in $\frac{3}{4}$ aller Fälle auftritt. Solche Stichproben haben wir auf S. 143 in Nr. 5 durchgeführt. Aus den Zahlen der dortigen Tabelle können wir die relative Häufigkeit für das Ereignis $\mathbb{E} = \{(W|W), (W|Z), (Z|W)\}$ berechnen.

Schon bei einem Umfang von 400 Würfen weicht die relative Häufigkeit (0,7475) nur wenig vom Wert $\frac{3}{4}$ ab.

4. Definition der Wahrscheinlichkeit

Die vorangehenden Beispiele legen die folgende Definition nahe:

Unter der Wahrscheinlichkeit eines Ereignisses versteht man die relative Häufigkeit, mit der dieses Ereignis in einer genügend umfangreichen Stichprobe auftritt. Für „die Wahrscheinlichkeit für das Ereignis $\mathbb{E}$" schreibt man $w(\mathbb{E})$. Tritt das betrachtete Ereignis in n Versuchen gerade n_1-mal auf, so ist

$$w(\mathbb{E}) = h(\mathbb{E}) = \frac{n_1}{n} \qquad \text{bei genügend großem n.}$$

Sind die Ereignisse in einem Ereignisraum gleichwahrscheinlich, so kann man auch sagen:

$$w(\mathbb{E}) = \frac{\text{Anzahl der Elemente der Ereignismenge } \mathbb{E}}{\text{Anzahl der Elemente des Ereignisraumes } \mathbb{S}}.$$

5. In manchen Fällen halten wir uns für berechtigt, die Wahrscheinlichkeit eines Ereignisses anzugeben, ohne zuvor Stichproben vorzunehmen.
Beim Würfeln mit einem Würfel erwarten wir, daß jede der 6 Augenzahlen gleiche Chance hat, also gleichwahrscheinlich ist. Daher ist die Wahrscheinlichkeit für das Auftreten von 1, 2, ..., 6 Augen

$$w(1) = w(2) = w(3) = \ldots = w(6) = \tfrac{1}{6}.$$

Diese Erwartung wird durch umfangreiche Stichproben bestätigt.
Sollten sich bei einem Würfel merkbare Abweichungen zeigen, so nehmen wir an, daß es sich um einen „falschen" Würfel handelt. Ein solcher – absichtlich hergestellter – „falscher" Würfel zeigt in der Tat Unterschiede in den relativen Häufigkeiten der einzelnen Augenzahlen auch in sehr umfangreichen Stichproben.

6. Wir werfen mit zwei Würfeln und fragen: Mit welcher Wahrscheinlichkeit tritt das Ereignis „die Augensumme ist 7" auf?
Der Ereignisraum $\mathbb{S}$ hat 36 Elemente, wie man aus der Rechteckdarstellung (Bild 1) erkennt.

152.1

$$\mathbb{S} = \begin{Bmatrix} (1|1), & (1|2), & (1|3), & (1|4), & (1|5), & (1|6), \\ (2|1), & (2|2), & (2|3), & (2|4), & (2|5), & (2|6), \\ (3|1), & (3|2), & (3|3), & (3|4), & (3|5), & (3|6), \\ (4|1), & (4|2), & (4|3), & (4|4), & (4|5), & (4|6), \\ (5|1), & (5|2), & (5|3), & (5|4), & (5|5), & (5|6), \\ (6|1), & (6|2), & (6|3), & (6|4), & (6|5), & (6|6) \end{Bmatrix}$$

Diese 36 möglichen Ausfälle sind alle gleichwahrscheinlich. Von ihnen liefern gerade 6 die Augensumme 7.
Man sagt daher oft auch kurz:

$$w(7) = \frac{\text{Anzahl der günstigen Fälle}}{\text{Anzahl aller möglichen Fälle}} = \frac{6}{36} = \frac{1}{6}.$$

Wie hängt diese Sprechweise mit der in Nr. 4 zusammen?
Bei z. B. 600 Würfen kann man bei $\frac{1}{6} \cdot 600 = 100$ Würfen mit der Augensumme 7 rechnen.

7. Satz über Wahrscheinlichkeiten
Für die Wahrscheinlichkeit eines Ereignisses $\mathbb{E}$ gilt immer:

$$0 \leqq w(\mathbb{E}) \leqq 1.$$

Dabei bedeutet $w(\mathbb{E}) = 0$: das Ereignis $\mathbb{E}$ ist unmöglich.
$w(\mathbb{E}) = 1$: das Ereignis $\mathbb{E}$ ist sicher.

T **1.** Runde (1) auf Zehntel genau, (2) auf Hundertstel genau.

a) 27,563 b) 0,074 c) 0,8195 d) 1,0445 e) 10,125
f) $27{,}5\overline{63}$ g) $27{,}\overline{78}$ h) $27{,}\overline{18}$ i) $27{,}1\overline{8}$ k) $27{,}0\overline{18}$

2. Forme in einen gewöhnlichen Bruch oder in einen Dezimalbruch um.

a) $\dfrac{2{,}5 \cdot 0{,}16}{0{,}48 \cdot 0{,}75}$ b) $\dfrac{0{,}75 \cdot 0{,}32}{1{,}25 \cdot 6{,}4}$ c) $\dfrac{0{,}04 \cdot 5{,}5}{0{,}11 \cdot 0{,}1}$ d) $\dfrac{0{,}1 \cdot 0{,}01}{0{,}02 \cdot 0{,}2}$

ÜBUNGEN

1. Würfele mit zwei Münzen, die als erste und zweite Münze unterscheidbar sind. Begründe deine Antworten auf die folgenden Fragen am Ereignisbaum.
a) Du führst 20, 60, 80, 100, 200 Würfe aus. Wie oft erwartest du jeweils, daß das Ereignis „zweimal Wappen" auftritt?
b) Wie groß ist die Wahrscheinlichkeit $w(Z|W$ oder $W|Z)$ bei 30, 50, 100, 300, 500 Würfen?
c) Berechne die Wahrscheinlichkeit für das Eintreten des Ereignisses „zweimal Wappen oder mindestens einmal Zahl".

2. In einer Lotterie von 80000 Losen sind 4000 Gewinne. Wie groß ist die Wahrscheinlichkeit, a) einen Gewinn, b) eine Niete zu ziehen?

3. Das Sparprämiensystem einer Bank ist wie folgt aufgebaut:
Der Gewinn beträgt 1 DM, wenn die Einerstelle der Losnummer gleich der Einerstelle der gezogenen Gewinn-Nummer ist.
Der Gewinn beträgt 5 DM, wenn Einer- und Zehnerstelle übereinstimmen.
Der Gewinn beträgt 50 DM, wenn Einer-, Zehner- und Hunderterstelle übereinstimmen.
a) Wie groß ist die Gewinnchance (Wahrscheinlichkeit) für den Gewinn (1) von 1 DM, (2) von 5 DM, (3) von 50 DM.

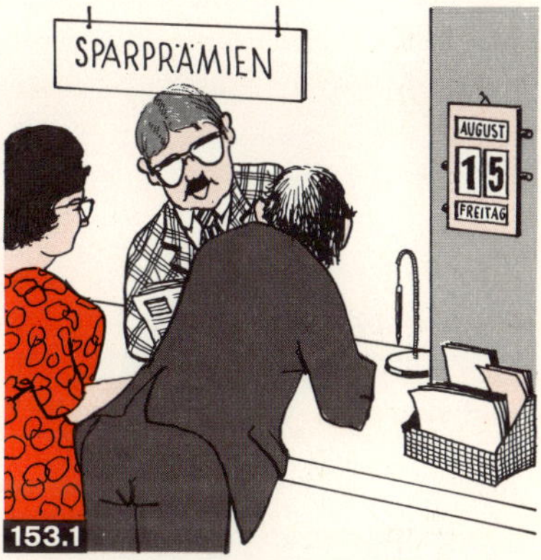

153.1

★ b) Es kauft jemand 2 Lose (5 Lose). Mit welcher Wahrscheinlichkeit kann er mit einem Gewinn von 1 DM (von 5 DM) rechnen?

● *4.* Wir werfen mit einem Würfel. Wie groß ist die Wahrscheinlichkeit für
a) den Ausfall 5,
b) das Ereignis „1 oder 3",
c) das Ereignis „1 oder 3 oder 5",
d) das Ereignis „eine Primzahl",
e) das Ereignis „eine gerade Augenzahl",
f) das Ereignis „eine ungerade Augenzahl"?

⊤ **1.** a) Bei einem Quader können alle Kanten die gleiche Länge haben: $a = b = c$. Wie heißen diese Quader?
b) Bei einem Quader kann sein: $a = b$, aber $a \neq c$ und $b \neq c$. Diese Quader heißen auch quadratische Säulen. Beschreibe sie. Gib Beispiele.
c) Bei einem Quader kann endlich sein $a \neq b$, $b \neq c$ und $a \neq c$.
d) Zeige: Menge der Würfel $\subset$ Menge der quadratischen Säulen $\subset$ Menge der Quader.

2. Es sei $\mathbb{W}$ die Menge aller Würfel, $\mathbb{S}$ die Menge aller quadratischen Säulen, $\mathbb{Q}$ die Menge aller Quader. Beschreibe: $\mathbb{Q} \cap \mathbb{S}$, $\mathbb{Q} \cap \mathbb{W}$, $\mathbb{Q} \cup \mathbb{W}$, $\mathbb{Q} \setminus \mathbb{S}$, $\mathbb{Q} \cap \mathbb{S} \cap \mathbb{W}$.

5. Wir werfen mit einem Würfel. Wie groß ist die Wahrscheinlichkeit für die Ausfälle (die Augenzahl sei x):
a) $x < 5$, b) $x \geqq 2$, c) $2 < x < 6$, d) $2 \leqq x \leqq 6$?

● 6. Kai macht a) 15, b) 45, c) 60, d) 120, e) 300, f) 1200 Würfe mit einem Würfel. Wie oft kann er jeweils das Ereignis „die Augenzahl beträgt 1 oder 2“ erwarten?

7. Elke wirft zweimal mit einem Würfel. Wie groß ist die Wahrscheinlichkeit,
a) mit dem ersten Wurf eine 6 zu werfen,
b) mit dem ersten Wurf „gerade“, mit dem zweiten Wurf „ungerade“ zu werfen? Gib jedesmal die Ereignismenge an.

8. Wie groß ist die Wahrscheinlichkeit, mit zwei Würfeln zu werfen:
a) zwei gleiche Augenzahlen, b) die Augensumme 5,
c) die Augensumme 2 oder 12, d) die Augensumme 8,
e) eine Augensumme „mindestens 10“, f) eine Augensumme „höchstens 10“,
g) eine Augensumme „mindestens 5“, h) eine Augensumme „höchstens 5“?

★ 9. Ein Würfelspiel auf einem Quadratgitter (Bild 1) unterliegt der folgenden Regel:
Wird mit dem Würfel „gerade“ geworfen, dann rückt der Stein S von dem Startpunkt S um eine Gittereinheit nach rechts; wird „ungerade“ geworfen, um eine Gittereinheit nach oben.
a) Bei zwei Würfen rückte der Stein über S′ nach S″. Was zeigte der Würfel beim ersten (beim zweiten) Wurf?
b) Mit wieviel Würfen kann man von S aus die Punkte A, B, C, D erreichen?

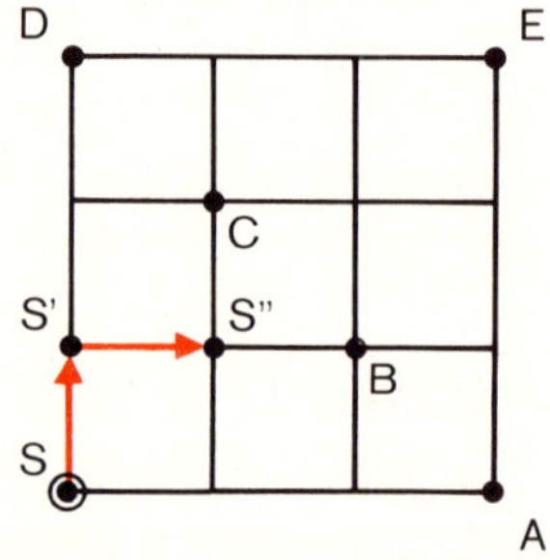

154.1

c) Wie groß ist die Wahrscheinlichkeit, von S aus den Punkt B (den Punkt A) zu erreichen?
d) Mit wieviel Zügen ist Punkt E erreichbar?
e) Muß Punkt E notwendig in 6 Zügen erreicht werden?
f) Mit welcher Wahrscheinlichkeit ist Punkt E höchstens erreichbar?

T **1.** Bestimme die fehlenden Stücke eines Quaders.

	a)	b)	c)	d)	e)
Länge der Kante a	15 cm	25 cm	410 mm	33 mm	5 cm
Länge der Kante b	16 cm	30 cm	530 mm		7 cm
Länge der Kante c	17 cm		755 mm	40 mm	
Größe der Oberfläche					$286\ cm^2$
Volumen		$3000\ cm^3$		$72600\ mm^3$	

2. Gib drei Brüche an, die die folgende Ungleichung lösen.
a) $\frac{1}{3} < x < \frac{1}{2}$ b) $\frac{1}{3} > y > \frac{1}{4}$ c) $\frac{2}{3} < x < \frac{3}{2}$ d) $\frac{4}{5} < x < \frac{5}{4}$

10. In einer Urne befinden sich eine schwarze Kugel, vier weiße Kugeln und drei rote Kugeln.

155.1

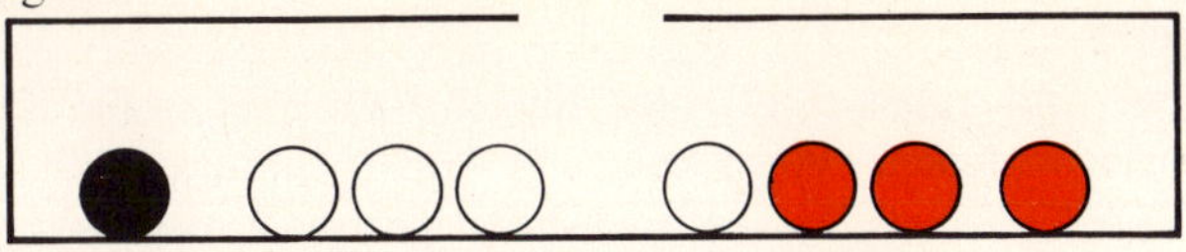

Wie groß ist die Wahrscheinlichkeit für das Ziehen

a) einer schwarzen Kugel, b) einer nicht-schwarzen Kugel,
c) einer weißen Kugel, d) einer nicht-weißen Kugel,
e) einer roten Kugel, f) einer nicht-roten Kugel?

★ *11.* Drei in einer Ecke zusammenstoßende Flächen eines Würfels werden weiß, die übrigen drei Flächen rot eingefärbt (Bild 2).

155.2

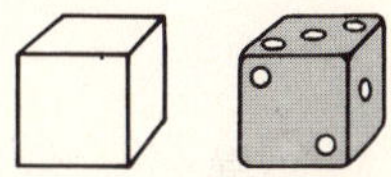

Ein Spielwürfel wird hinzugenommen und mit beiden Würfeln nach der folgenden Spielregel gewürfelt:
Auf der Marke O einer nach links und rechts mit 6 Marken versehenen Strecke (Bild 3) liegt ein Spielstein, der bei weiß um die gewürfelte Augenzahl nach rechts, bei rot nach links verschoben wird.

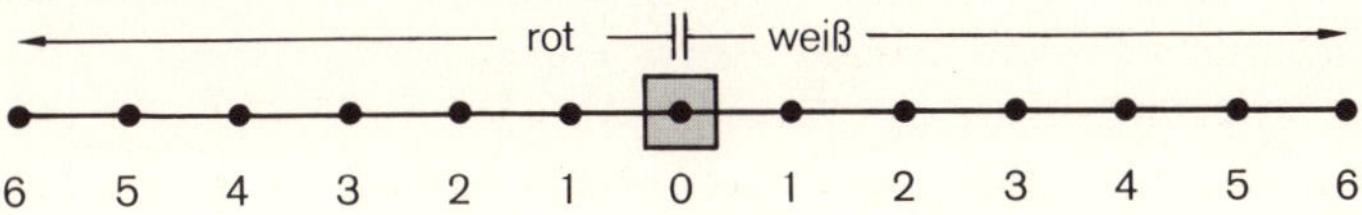

155.3

a) Zeichne den Ereignisbaum dieses Zufallsspiels.
b) Gib den Ereignisraum an.
c) Sind die Ausfälle gleichwahrscheinlich oder ist ein Ausfall bevorzugt?
d) Wie groß ist die Wahrscheinlichkeit für den Wurf (weiß|5)?
e) Gib die Wahrscheinlichkeiten an für:

① (rot|gerade) ② (rot|Primzahl) ③ (weiß| < 5)
④ (blau|1) ⑤ (weiß|7) ⑥ (weiß oder rot| < 7)

T **1.** Ein Landbriefträger mußte früher die Wege für die Zustellung der Post zu Fuß machen. Er hatte an jedem Arbeitstag 25 km zurückzulegen.
Rechne 300 Arbeitstage im Jahr und 40 Dienstjahre.
a) Wieviel Kilometer Weg legte ein Landbriefträger in seinem Dienst zurück?
b) Der Erdäquator hat eine Länge von etwa 40000 km. Vergleiche!

2. Ein Fußballspieler läuft in einem Spiel durchschnittlich 8500 m. Der Spieler A nahm 7 Jahre lang jährlich an 40 Spielen teil.

T **3.** In einer neuen Siedlung stieg die Schülerzahl. Sie betrug

1971	*1972*	*1973*	*1974*	*1975*
550 Sch.	640 Sch.	700 Sch.	760 Sch.	795 Sch.

Zeichne senkrechte Strecken und verbinde ihre Endpunkte durch einen Streckenzug (1 cm ≙ 100 Schüler).

19.2. Berechnung von Wahrscheinlichkeiten

1. Erstes Beispiel

In einer Urne sind außer einer roten Kugel noch zwei weiße Kugeln. Die weißen Kugeln sind durch die Zeichen ① und ② unterscheidbar gemacht. Wir ziehen eine Kugel, notieren den Ausfall, legen die Kugel zurück, mischen und ziehen noch einmal eine Kugel. Beide Züge zusammen bilden ein Elementarereignis unseres Experimentes.
Alle möglichen Elementarereignisse zeigt der Ereignisbaum in Bild 1.

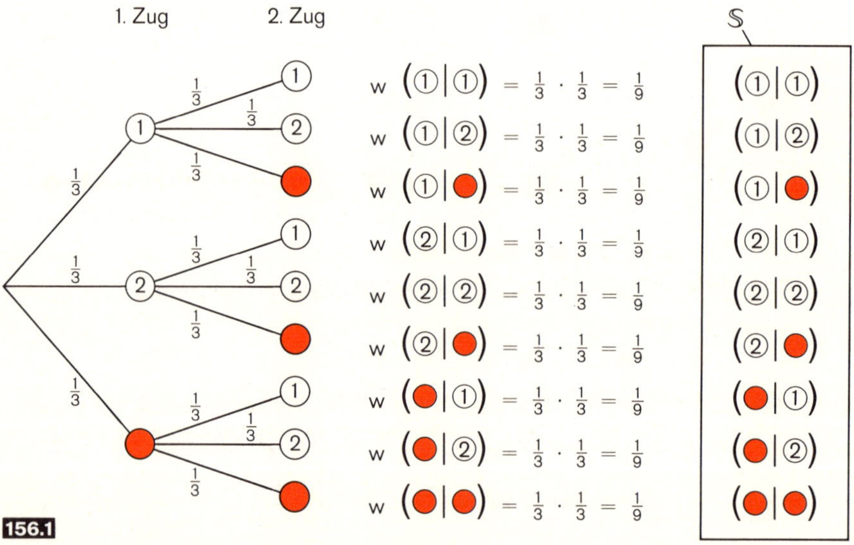

156.1

Der Ereignisraum 𝕊 besteht aus neun Elementen:

𝕊 = {(①|①), (①|②), (①|●), . . . , (●|●)}

Da alle Elementarereignisse gleichwahrscheinlich sind, ist die Wahrscheinlichkeit für jedes Elementarereignis $\frac{1}{9}$.

Wir können auch die folgende Überlegung anstellen. Beim ersten Zug ist die Wahrscheinlichkeit für jede Kugel $\frac{1}{3}$, beim zweiten Zug ebenfalls. Diese Wahrscheinlichkeiten sind an die Zweige des Baumes geschrieben. Jedes Elementarereignis (= jede Folge von zwei Zweigen) hat daher die Wahrscheinlichkeit $\frac{1}{3}$ von $\frac{1}{3}$, das ist aber $\frac{1}{3} \cdot \frac{1}{3} = \frac{1}{9}$.

Ergebnis. Im Ereignisbaum ist jedes Elementarereignis durch eine Folge von zwei Zweigen dargestellt, die der Folge von zwei Zügen entsprechen. An jedem Zweig steht die Wahrscheinlichkeit für diesen einen Zug.
Die Wahrscheinlichkeit für ein Elementarereignis ist das Produkt der Wahrscheinlichkeiten, die an den betreffenden Zweigen angeschreiben sind.

2. Zweites Beispiel

In einer Urne sind außer einer roten Kugel zwei weiße Kugeln, die weißen Kugeln sind nicht unterscheidbar. Im übrigen machen wir das gleiche Experiment wie in Nr. 1.

Alle möglichen Ereignisse sind im Ereignisbaum (Bild 1) dargestellt.

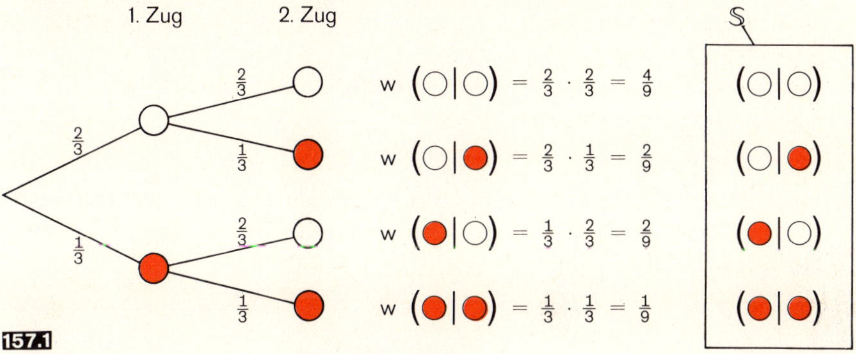

157.1

Es ist $\mathbb{S}$ = {(○|○), (○|●), (●|○), (●|●)}.

Die Wahrscheinlichkeiten für die einzelnen Elemente von $\mathbb{S}$ (die Elementarereignisse) sind in Bild 1 angeschrieben.

Es ist z. B. w((○|●) oder (●|○)) = $\frac{2}{9} + \frac{2}{9} = \frac{4}{9}$

Ergebnis. Die Wahrscheinlichkeit für ein Ereignis, das aus der Vereinigung von mehreren Elementarereignissen besteht, ist gleich der Summe der Wahrscheinlichkeiten der Elementarereignisse.

3. Drittes Beispiel

In einer Urne sind 3 weiße und 2 rote Kugeln. Im übrigen führen wir das gleiche Experiment aus wie in Nr. 1.

Alle möglichen Ereignisse sind am Ereignisbaum (Bild 2) dargestellt. Prüfe alle Angaben in Bild 2.

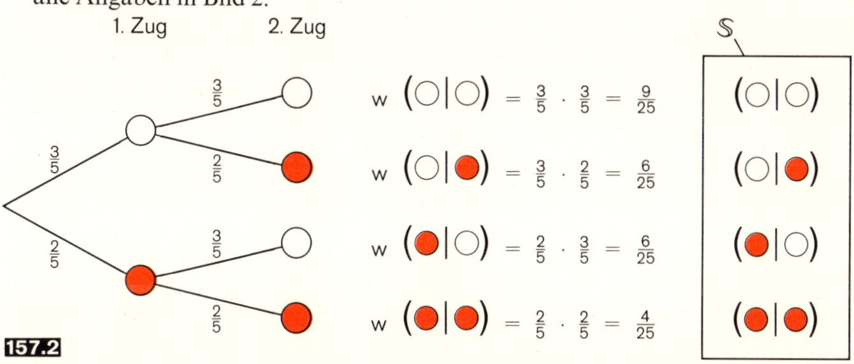

157.2

Wie groß ist die Wahrscheinlichkeit, zwei verschiedenfarbige Kugeln zu ziehen?

ÜBUNGEN

1. Zu einem Angelspiel (Bild 1) gehören 2 kleine rote, 2 große rote Fische und ein großer weißer Fisch. Sie lassen sich aus einem nicht einsehbaren Karton mit Hilfe eines Magneten „angeln“. Im „Angelexperiment“ sollen nacheinander zwei nach der Größe unterscheidbare Fische geangelt werden. Der zuerst geangelte Fisch wird wieder zurückgesetzt, bevor der zweite geangelt wird.

158.1

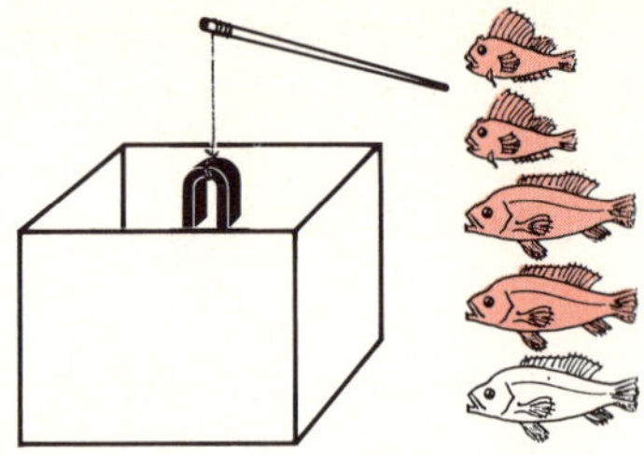

a) Übertrage den Ereignisbaum (Bild 2) in dein Heft und schreibe an die Zweige die Wahrscheinlichkeiten für das Angeln der nach der Größe unterscheidbaren Fische.

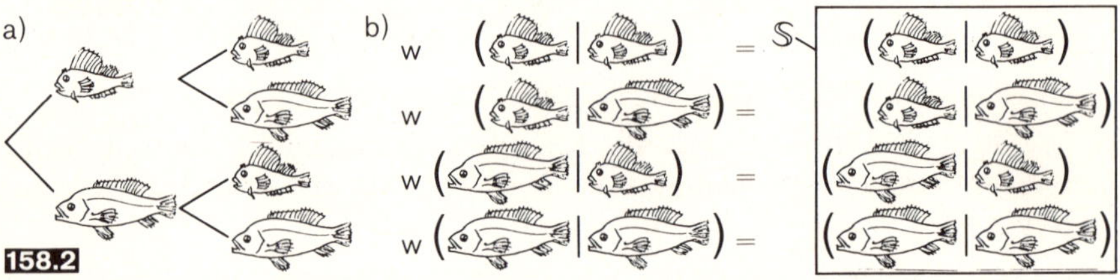

158.2

b) Berechne die Wahrscheinlichkeit (k = kleiner Fisch, g = großer Fisch):
① w(k|k) ② w(k|g) ③ w(g|k) ④ w(g|g).
Gib den Ereignisraum an.

c) Mit welcher Wahrscheinlichkeit wird zuerst ein kleiner Fisch geangelt?

d) Mit welcher Wahrscheinlichkeit wird der große Fisch zuletzt geangelt?

★ e) Zeichne einen Ereignisbaum für das Angeln von zwei Fischen, die nach der Farbe unterscheidbar sind (Bild 1). Schreibe wie in Bild 2a) die Wahrscheinlichkeiten an die Zweige des Ereignisbaumes und gib den Ereignisraum an.

★ f) Wie groß ist die Wahrscheinlichkeit dafür, daß zwei rote (zwei weiße) Fische geangelt werden?

★ g) Frage selber nach der Wahrscheinlichkeit, zwei Fische in einer andern Farbzusammenstellung zu angeln.

Schreibe in der gleichen Einheit und addiere.

T **1.** 6,25 m + 63 dm + 48 cm + 5,3 dm
7,35 m + 74 dm + 92 cm + 4,8 dm
3,07 m + 25 dm + 32 cm + 3,5 dm

2. 8,4 dm + 72 cm + 3,8 cm + 215 mm
9,2 dm + 68 cm + 4,5 cm + 98 mm
2,6 dm + 17 cm + 0,9 cm + 305 mm

★ 2. Jörg weiß, daß eine von vier äußerlich nicht unterscheidbaren kleinen Glühbirnen durchgebrannt ist und kontrolliert sie deshalb mit einer Batterie (Bild 1).

159.1

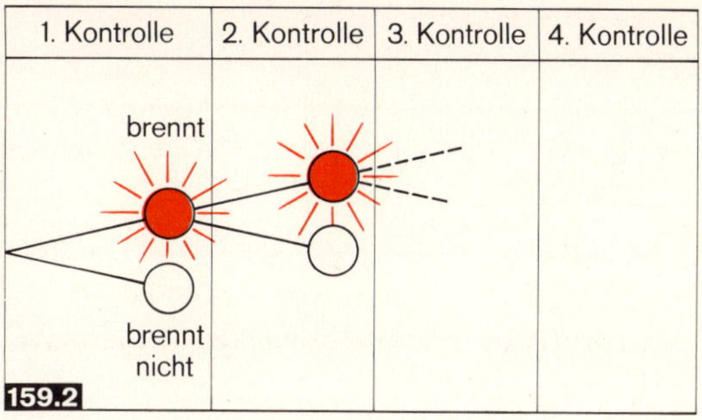

159.2

a) Wieviel Glühbirnen muß Jörg im ungünstigsten Falle höchstens kontrollieren, um die nicht brennende Glühbirne zu finden?

b) Zeichne den Ereignisbaum mit seinen Zweigen jeweils nur so weit, bis die nicht brennende Glühbirne gefunden ist. Ergänze den Ereignisbaum in Bild 2.

c) Schreibe die Wahrscheinlichkeiten an die Zweige des Ereignisbaumes.

d) Wie groß ist die Wahrscheinlichkeit dafür, daß die nicht brennende Glühbirne ① in der ersten Kontrolle, ② in der zweiten Kontrolle, ③ in der dritten Kontrolle gefunden wird?

e) Vergleiche die Wahrscheinlichkeiten, die nicht brennende Glühbirne in der ersten bzw. in der zweiten Kontrolle zu finden.
Welche Wahrscheinlichkeit ist größer?

T **1.** Die in Bild 3 angegebenen Grundstücke sollen mit Draht eingezäunt werden. (Die Zahlen bedeuten Meter.) Wie lang muß der Draht sein?

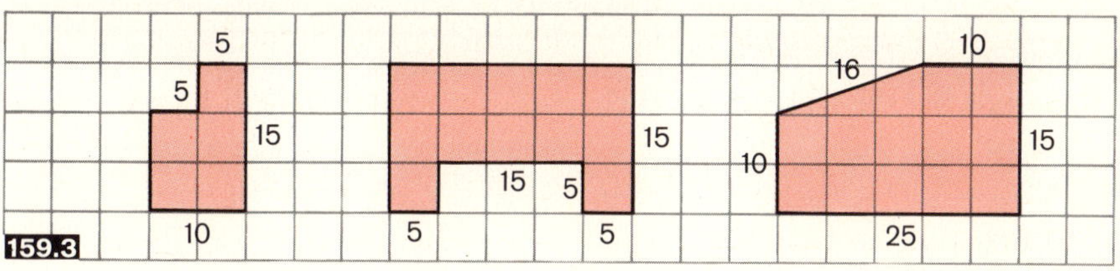

159.3

2. Ein Zimmer ist 4,50 m breit und 7,20 m lang. Es hat zwei Türen von je 1 m Breite. Die Fußleiste soll erneuert werden.

3. Familie Wimmer macht am Sonntag einen Ausflug mit dem Auto. Der Kilometerzähler zeigte vor der Fahrt 39815, nach der Fahrt 40212.

4. Ein Hochhaus hat 11 Stockwerke. Der Keller ragt ohne seine Decke 1 m aus dem Boden, jedes Zimmer ist 2,50 m hoch, die Zimmerdecke 0,25 m dick.

5. a) ② 11101 = ⑩ □ ○ b) ③ 1021 = ⑩ □ ★ c) ⑩ 77 = ② □

3. Unterscheide beim Wurf mit einem Würfel die beiden Ereignisse „höchstens 2 zu werfen“ bzw. „mindestens 3 zu werfen“.

a) Definiere beide Ereignisse in aufzählender Form mit Hilfe der Elementarereignisse.

b) Zeichne den Ereignisbaum für das Eintreten dieser Ereignisse bei zweimaligem Würfeln. Notiere die Wahrscheinlichkeiten an den Zweigen des Baumes.

c) Wie groß ist die Wahrscheinlichkeit, zweimal nacheinander „höchstens 2“ zu werfen?

★ d) Bestimme die Wahrscheinlichkeit für die Folge von zwei anderen Ereignissen.

4. Eine Urne enthält 3 weiße und eine Anzahl von roten Kugeln.
Kurt weiß, daß die Wahrscheinlichkeit für das Ziehen einer roten Kugel
a) $\frac{1}{2}$, b) $\frac{3}{4}$, c) $\frac{5}{8}$, d) $\frac{7}{10}$ ist.
Nenne jeweils die Anzahl der roten Kugeln.

5. In einer Urne (Bild 1) liegen 5 weiße und 3 rote Kugeln. Ziehe eine Kugel, notiere ihre Farbe, lege die Kugel zurück, mische und ziehe eine zweite Kugel.

160.1

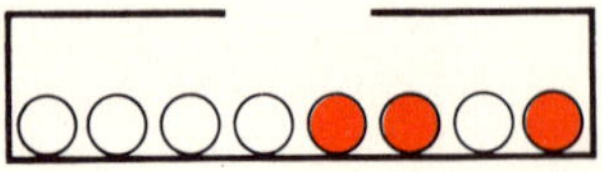

a) Zeichne den vereinfachten Ereignisbaum und schreibe an seine Zweige die Wahrscheinlichkeiten. Schreibe den Ereignisraum auf.

b) Wie groß ist die Wahrscheinlichkeit, zuerst eine weiße und dann eine rote Kugel zu ziehen?

c) Berechne die Wahrscheinlichkeit dafür, daß zwei weiße oder zwei rote Kugeln gezogen werden.

d) Berechne die Wahrscheinlichkeit, daß 2 verschiedenfarbige Kugeln gezogen werden.

T **1.** Bestimme die Lösungsmenge in $\mathbb{B}$.

a) $x + \frac{1}{2} = \frac{2}{3}$ b) $\frac{1}{2} + y = \frac{3}{5}$ c) $\frac{1}{2} + \frac{2}{3} = x + \frac{1}{4}$
d) $y + \frac{2}{3} = \frac{3}{2}$ e) $\frac{4}{5} + x = \frac{9}{7}$ f) $\frac{3}{4} + y = \frac{1}{3} + \frac{5}{12}$

2. Welche natürlichen Zahlen lösen die Ungleichung?

a) $\frac{1}{2} + \frac{2}{3} < x$ b) $y > \frac{4}{3} - \frac{2}{5}$ c) $x < \frac{3}{4} + \frac{4}{3}$
d) $\frac{8}{7} - \frac{1}{3} < y$ e) $x > \frac{5}{9} + \frac{1}{10}$ f) $y < \frac{4}{3} + \frac{2}{5}$

3. Löse in $\mathbb{N}$.

a) $\frac{3}{4} < x < \frac{10}{4}$ b) $\frac{5}{7} < y < \frac{50}{7}$ c) $\frac{100}{3} > x > \frac{1}{3}$
★ d) $\frac{2}{3} < x < \frac{5}{4}$ ★ e) $\frac{7}{2} < x < \frac{16}{3}$ ★ f) $\frac{13}{2} > x > \frac{12}{7}$

★ 6. In einer Urne sind außer einer roten Kugel noch drei weiße Kugeln. Eine Kugel wird der Urne entnommen und ohne Zurücklegen wird eine zweite Kugel entnommen.

161.1

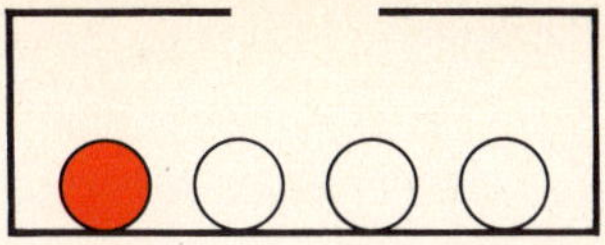

a) Berechne die Wahrscheinlichkeit für das Ziehen einer roten und danach einer weißen Kugel.

b) Zeichne den Ereignisbaum und gib die Wahrscheinlichkeiten der einzelnen Zweige an.

c) Berechne die Wahrscheinlichkeiten für das Zufallsexperiment.

d) Stelle eine solche Urne her und führe eine Stichprobe vom Umfang 120 durch. Vergleiche die bei der Stichprobe ermittelten relativen Häufigkeiten mit den vorher berechneten Wahrscheinlichkeiten.

7. In einer Urne befinden sich 2 weiße und 3 rote Kugeln. Man entnimmt der Urne mit einem Griff 2 Kugeln.

a) Zeichne den Ereignisbaum und schreibe die Wahrscheinlichkeiten an die Zweige.

b) Wie groß ist die Wahrscheinlichkeit, mit einem Griff zwei weiße (zwei rote) Kugeln zu ziehen?

c) Wie groß ist die Wahrscheinlichkeit, zwei gleichfarbige Kugeln zu ziehen?

★ d) Wie kann man überprüfen, daß alle möglichen Wahrscheinlichkeiten richtig berechnet wurden?

e) Überprüfe an einer Stichprobe vom Umfang 200, ob die Wahrscheinlichkeit für den Griff von 2 weißen Kugeln in der Nähe der relativen Häufigkeit liegt.

8. Eine Urne enthält schwarze (S) und weiße (W) Kugeln. Man kennt die Wahrscheinlichkeit für das Ziehen von schwarzen und weißen Kugeln. Berechne die Mindestzahl der Kugeln jeder Farbe, wenn ist:

a) $w(S) = \frac{1}{5}$; $w(W) = \frac{4}{5}$ b) $w(S) = \frac{3}{7}$; $w(W) = \frac{4}{7}$ ★ c) $w(S) = 2 \cdot w(W)$

d) Welche Anzahlen schwarzer und weißer Kugeln könnten in Übung a) außerdem vorliegen?

T **1.** Zwei Kreise k_1 und k_2 (Bild 2) haben die Kreisflächen A_1 bzw. A_2. Bestimme $k_1 \cap k_2$, schraffiere $A_1 \cap A_2$.

2. Zeichne zwei Kreislinien k_1 und k_2 mit den Flächen A_1 bzw. A_2, so daß

a) $A_1 \subset A_2$ b) $A_1 \cap A_2 = \{\ \}$

c) $A_1 \cap A_2 = A_1$ d) $A_1 \cap A_2 = \{P\}$, wo P ein Punkt der Ebene bedeutet.

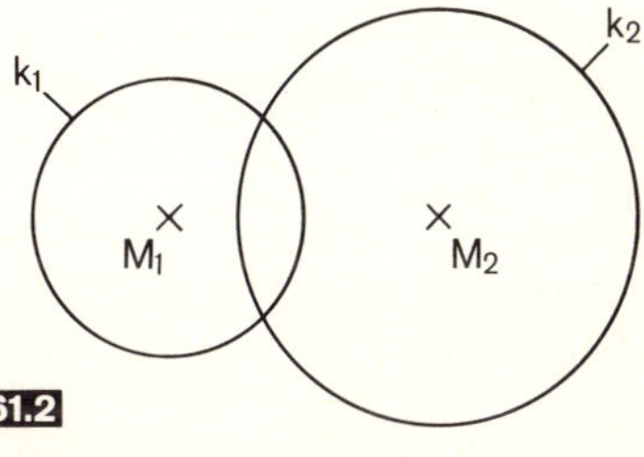

161.2

Register